MAITRE PAUL

SIMPLES RÉCITS SUR LA SCIENCE

Lectures courantes pour les écoles primaires

PAR

J.-HENRI FABRE

Ancien instituteur primaire, Docteur ès sciences
Chevalier de la Légion d'honneur, Officier de l'Instruction publique
Membre correspondant de l'Institut

PARIS

LIBRAIRIE CH. DELAGRAVE

15, RUE SOUFFLOT, 15

MAITRE PAUL

SIMPLES RÉCITS SUR LA SCIENCE

SOCIÉTÉ ANONYME D'IMPRIMERIE DE VILLEFRANCHE-DE-ROUERGUE
Jules Barboux, Directeur.

MAITRE PAUL

SIMPLES RÉCITS SUR LA SCIENCE

Lectures courantes pour les écoles primaires

PAR

J.-HENRI FABRE

Ancien Instituteur primaire, Docteur ès sciences
Chevalier de la Légion d'honneur, Officier de l'Instruction publique
Membre correspondant de l'Institut.

PARIS

LIBRAIRIE CH. DELAGRAVE

15, RUE SOUFFLOT, 15

1889

MAITRE PAUL

SIMPLES RÉCITS SUR LA SCIENCE

I. — Le Cerf-Volant.

Entouré de quelques écoliers désireux d'apprendre, maître Paul commença de la sorte ses récits :

Une des joies de votre âge est certainement l'insecte, si curieux dans ses manières de vivre, si varié dans ses formes et ses colorations. Vous poursuivez d'une fleur à l'autre le papillon superbe ; vous élevez le hanneton sur un lit de feuilles fraîches ; avec une paille, vous obligez le grillon de quitter son terrier. L'insecte qui vous amuse peut aussi vous instruire. En nos modestes études, causons d'abord de lui.

Quel est celui-ci, vêtu d'une robuste cuirasse couleur marron ? Sa large tête, sculptée de plis saillants, est armée de deux pinces branchues, qui s'ouvrent ainsi que des tenailles, puis se referment et meurtrissent entre leurs dents le doigt saisi. Gare à l'étourdi qui se laissera prendre ! Le traquenard serre toujours plus fort et ne veut plus lâcher.

Si vigoureuses que soient ses tenailles, l'insecte n'est pas à craindre, pourvu qu'on se méfie des pinces. Avec son air menaçant, c'est, au fond, un animal pacifique. Attachez-le par la patte, il volera en rond comme le hanneton. Son nom est *cerf-volant*. La dénomination s'explique d'elle-même. L'insecte a des mandibules branchues imitant les cornes du cerf ; de plus, il vole. Rapprochez les deux termes, et vous aurez « cerf-volant ».

La singulière bête n'a pas toujours été ce qu'elle est
aujourd'hui. En son jeune âge, pas plus tard que l'an
dernier, elle ne possédait ni les tenailles actuelles, ni
les six pattes, ni les ailes, ni la carapace marron. Sa
forme n'avait rien de commun avec celle de maintenant.
C'était alors un gros ver pansu, gras à lard, à peau fine
et blanche, n'ayant que des pattes si petites et si faibles
qu'il ne vaut vraiment pas la peine d'en parler.

Tout l'animal consistait presque en une traînante
bedaine sans protection. Seule la tête était fortifiée par
une solide calotte de corne. Elle portait en outre, l'une
à droite, l'autre à gauche de la bouche, deux courtes
et fortes dents, propres à tailler par miettes le bois du
chêne, sa seule nourriture.

Pareil ver, tout nu, ne peut évidemment pas vivre en
plein air, où les mille aspérités du sol blesseraient à
chaque instant sa peau délicate. Il lui faut un abri sûr,
d'où jamais il ne sorte tant qu'il ne sera pas devenu
l'insecte si bien cuirassé d'aujourd'hui. Le ver du cerf-
volant vit, en effet, à l'intérieur du chêne, qui lui fournit
à la fois le vivre et le couvert. Là, dans les profondeurs
du tronc, est son inviolable retraite.

De ses deux dents, dures et tranchantes ainsi qu'un outil
de charron, il y découpe patiemment, parcelle à parcelle,
le bois frais, imbibé de sève. Chaque fragment détaché
est une bouchée pour lui. Comme la nourriture est des
plus maigres, il lui en faut beaucoup pour s'alimenter.
Aussi ne cesse-t-il de ronger autour de lui, ce qui agrandit d'autant le domicile, bientôt devenu un labyrinthe
de galeries qui montent, descendent, se croisent, plongent plus avant dans le tronc ou se rapprochent de la
surface, au gré de l'habitant, dont le choix se porte sur
les morceaux le mieux de son goût.

Pendant trois ou quatre ans, le ver n'a pas d'autre genre
de vie. Se faire gros et gras est son unique affaire. Il y
travaille, et rudement. Je vous laisse à penser ce que
doit devenir un chêne travaillé par une douzaine de ces
rongeurs. Sous l'écorce presque intacte, le tronc est une

Le Cerf-Volant. — En haut le mâle avec ses grandes mandibules; en bas la femelle, à mandibules bien plus petites. — La larve, rongeant l'intérieur du tronc d'un chêne; la chrysalide, renfermée dans sa loge.

vaste plaie, sillonnée de galeries obstruées de vermoulure, et d'où suinte un jus brun à odeur de tannerie. Si
le forestier n'y porte remède au plus vite, l'énorme chêne
est perdu. Laissons-lui ce soin et continuons notre histoire.

Quand il est assez gros et assez gras, au bout de trois
ans au moins de bombance continuelle, le ver se
prépare à changer de forme. A proximité de la surface,
pour rendre sa future sortie plus aisée, il se creuse une
ample chambre ovalaire, tapissée d'une sorte de molle-
ton que l'animal obtient avec les fibres les plus fines du
bois. Ainsi seront protégées de tout rude contact les
tendres chairs renouvelées.

Ces précautions prises, la bête se transfigure. Le ver
se fend tout de son long sur le dos, se dépouille de sa
peau, la rejette en arrière, pareille à un chiffon mis au
rebut, et naît pour ainsi dire une seconde fois, mais avec
une forme toute différente. Ce n'est plus le ver, tant s'en
faut ; et ce n'est pas encore le cerf-volant, bien que l'insecte soit déjà reconnaissable.

La bête est complètement immobile, comme morte.
Les pattes, ployées avec ordre sous le ventre, sont transparentes ainsi que du cristal. Les pinces sont appliquées
sur la poitrine. Les ailes, non encore étalées, ont l'aspect
d'une courte écharpe contournant les flancs. Tout cela
est emmailloté de langes dont la finesse dépasse celle
de la pellicule d'oignon ; tout cela est au repos comme si
la vie s'en était retirée ; tout cela est blanc ou cristallin,
et si tendre qu'un rien le meurtrit. Au grossier ver du
début a succédé la plus délicate créature.

Avec les matériaux amassés par le vorace appétit du
rongeur de bois, un nouvel être se façonne. Les chairs,
d'abord presque fluides, lentement prennent consistance ;
la peau durcit, se colore de marron, acquiert la fermeté
de la corne ; enfin, au retour des chaleurs, l'insecte se
réveille de ce profond sommeil, qui n'était pas la mort et
lui ressemblait tant. Il s'agite, il déchire les langes sous
lesquelles s'est effectuée sa seconde naissance, il se dé-

pouille de son maillot; et voici finalement l'insecte dans
sa pleine perfection, voici le cerf-volant.

Il sort du chêne natal. Il prend son essor sous le couvert du bois; il stationne, d'un arbre à l'autre, aux rayons
du soleil. La liberté du plein air, les réjouissances de la
lumière, sont pour lui les suprêmes fêtes auxquelles il
s'est préparé par trois ou quatre ans de tenace travail
dans les ténébreuses galeries d'un vieux chêne.

Désormais il ne grandit plus. Tel il est en sortant de sa
cellule, tel il sera jusqu'à la fin, sans augmentation aucune ni de poids ni de taille. Aussi est-il d'une grande
sobriété. A l'état de ver, la famélique bête rongeait le
bois nuit et jour; sa vie était une perpétuelle digestion.
Maintenant il lui suffit, pour se sustenter, de quelques
rares lampées de l'humeur sucrée suant des écorces.

Mais ses jours de liesse sont comptés; il n'a guère
qu'une paire de mois à dépenser joyeusement sur les
chênes. Alors l'insecte dépose ses œufs un à un dans les
crevasses des arbres pour laisser descendance; et, cela
fait, il ne tarde pas à mourir. Son rôle est fini. De ces
œufs proviendront des vers qui patiemment s'introdui-
ront dans le bois, y creuseront leurs galeries et recom-
menceront le genre d'existence de leurs prédécesseurs.

La plupart des insectes font comme le cerf-volant : ils
passent par différents états avant de parvenir à la forme
finale. Tous, les plus petits comme les plus grands, sans
exception aucune, proviennent d'œufs déposés par la
mère en des points choisis, où la nourriture, si variable
d'une espèce à l'autre, soit facile à trouver.

De l'œuf sort, non l'insecte avec ses traits distinctifs,
mais une créature provisoire, ne rappelant en rien, fort
souvent, l'animal qui précède et celui qui en résultera.
Cette forme du début, nous l'avons appelée « ver » en
parlant du cerf-volant. La dénomination est alors méritée; mais dans une foule de cas elle serait incorrecte,
ne s'accordant pas avec la tournure de l'animal. Nous
l'appellerons *larve*.

La larve est donc l'insecte sous la forme qu'il possède

au sortir de l'œuf. Sa durée est plus longue que celle de la bête parvenue à sa perfection. Celle du cerf-volant vit de trois à quatre ans ; le cerf-volant lui-même ne vit qu'une paire de mois. Son unique occupation est de manger, toujours manger, pour acquérir de l'embonpoint et amasser de quoi suffire aux changements futurs.

Devenue assez grosse, la larve se crée une retraite, se creuse une cellule, se file un cocon, où doit se faire, dans l'immobilité, le délicat travail de la transformation. Elle se dépouille de sa peau et devient un corps inerte, à chairs naissantes, que l'on appelle *nymphe*.

Finalement la nymphe, arrivée au point convenable de maturité, rejette ses enveloppes et se trouve changée en *insecte parfait*. Ses œufs sont pondus, et la même série de transformations recommence. L'œuf, la larve, la nymphe, l'insecte parfait, voilà les quatre étapes de la vie de l'insecte. Ces changements de forme se nomment *métamorphoses*.

II. — Les Insectes à élytres.

Voici le *scarabée,* tout de noir habillé. Ami passionné du soleil, il ne s'écarte guère des provinces confinant à la Méditerranée. Il fait partie de la corporation des *Bousiers,* groupe de beaux insectes qui, se nourrissant d'ordure, sont préposés à l'assainissement des gazons souillés par les troupeaux.

Son régal, à lui, c'est le crottin du cheval et du mulet. Avec les bords dentelés de sa tête, il fouille la bouse ; avec ses larges pattes de devant, à grosses dents de scie, il la découpe, la pétrit et la façonne en une boule de la grosseur d'un abricot. La pelote faite, il s'agit de se retirer loin de la mêlée des convives, attirés par le fumet d'un kilomètre à la ronde ; il s'agit de voiturer le butin en lieu sûr pour l'y consommer à l'aise, sans crainte d'être dépossédé par des envieux.

Cette besogne se fait à deux. L'un s'attelle à l'avant

de la boule et tire, la tête en haut; l'autre pousse à l'arrière, la tête en bas. Et hardi ! cela chemine, cela roule, sous les efforts combinés des deux associés. Sur les pentes, à tout instant, le faix entraîne l'attelage, qui culbute, se relève et reprend le charroi avec une ardeur impossible à lasser. Sous les rayons d'un violent soleil, les provisions de bouche sont ainsi longtemps trimbalées à travers

Scarabées roulant leur pilule.

les sables, les pelouses, les ornières des sentiers. Peut-être les scarabées trouvent-ils que leur pain de munition n'est pas suffisamment rassis et cherchent-ils à lui donner consistance en le roulant sur le sol. A chacun ses goûts.

Enfin un endroit propice est choisi en terrain sablonneux. L'un des propriétaires y creuse à la hâte une salle à manger; l'autre surveille au dehors la pelote, prêt à la défendre chaudement si quelque larron survenait. La salle prête, les vivres y sont introduits; puis les deux collègues s'enferment chez eux, à l'abri des visites importunes, en fermant avec du sable la porte du logis. Les voilà attablés face à face au monceau de victuailles. Et maintenant, vive la joie! Quand tout sera fini, les deux compagnons abandonneront la hutte souterraine pour cueillir une nouvelle pelote et recommencer le festin.

Le scarabée n'est pas partout, et c'est dommage, car sa façon de vivre est bien curieuse à voir. A défaut de ce fabricant de boules, on a du moins partout d'autres bousiers qui travaillent à peu de chose près de la même manière. Avec l'ordure, ils confectionnent des pilules de la grosseur d'une cerise; quelque temps, ils roulent leur butin comme le fait le scarabée, puis l'enfouissent sous terre et s'en repaissent. Leur métier de tourneurs de pilules leur a valu le nom expressif de *pilulaires*.

Passons à d'autres. Celui-ci se nomme *calosome*. Par l'élégance de sa forme et la richesse de sa coloration, c'est un des plus beaux insectes de nos pays. Le dos a l'éclat d'un bijou, comme jamais orfèvre n'en posséda de pareil. On dirait vraiment de l'or, mais un or particulier, bien plus somptueux que le nôtre, avec des reflets rouges, verts et pourpres. L'éblouissant costume n'a pas de pareil. Ajoutons que, saisi entre les doigts, l'insecte répand, pour sa défense, une odeur forte qui rappelle les déplaisantes drogues du chimiste.

Le calosome ne partage pas les mœurs pacifiques du scarabée. C'est un ardent chasseur, vivant de carnage. Sa proie est la chenille, la plus grosse possible, à peau lisse ou bien hérissée de bouquets de poils. S'il vous arrive d'en trouver un, logez-le dans un large bocal et donnez-lui en pâture une vigoureuse chenille, serait-elle de la grosseur du doigt. Vous verrez avec quelle satisfaction féroce ce buveur de sang éventre la misérable, malgré ses contorsions, et se repaît de ses vertes entrailles.

Le *carabe*, fougueux giboyeur lui aussi, a la tournure dégagée et le brillant du calosome; mais il est de moindre taille. Il y en a de bronzés, de dorés, de cuivrés, de noirs avec bordure d'un violet superbe. Tous inspectent assidûment les fourrés d'herbages et chassent la petite

proie, larves, chenilles, vermisseaux. Le plus commun est
d'un vert doré uniforme, et fréquente les jardins, où il
fait la guerre à toute espèce de vermine. C'est le petit

Le Calosome. — Le Carabe et sa larve.

garde champêtre de nos carrés de légumes et de nos
plates-bandes de fleurs. En l'honneur de ses fonctions
dans les jardins, on l'appelle la *jardinière*.

Le calosome et le carabe ne volent pas. Ils sont faits
pour la course. Cela se voit à leurs longues pattes, leurs

1.

mouvements agiles, leur forme dégagée. Ils courent sus
au gibier, ou bien l'attendent à l'affût derrière une feuille;
jamais ils ne le poursuivent au vol. Au contraire, le scarabée, le hanneton ordinaire et une foule d'autres volent
très bien.

Considérez un hanneton. Il a deux sortes d'ailes : au-
dessus, deux grandes et solides écailles de corne; au-
dessous, deux ailes fines, membraneuses, étalées pendant

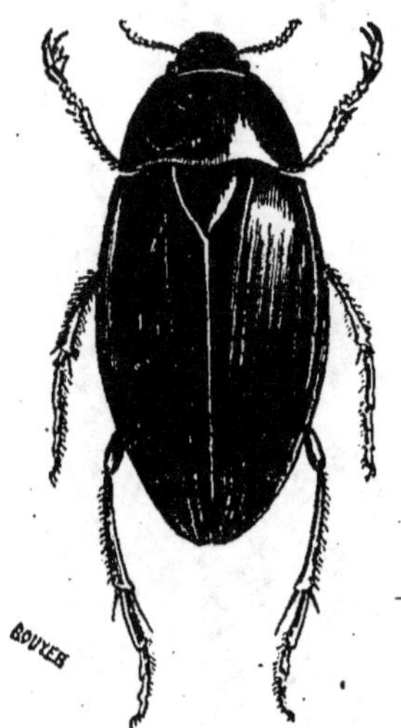

L'Hydrophile.

le vol, mais soigneusement
pliées en deux et cachées quand
l'insecte ne s'en sert plus. Les
écailles extérieures se nomment *élytres*. Elles servent
d'étui pour enfermer et protéger les délicates ailes membraneuses, seules propres au vol.
Le carabe et le calosome ont
des élytres superbes d'éclat, il
est vrai; mais sous ces élytres
il n'y a pas d'ailes membraneuses se déployant pour le
vol, se repliant pour le repos.
Aussi les deux insectes sont-ils
incapables de voler.

Le *dytique* et l'*hydrophile*,
dont les noms signifient plon-
geur pour le premier et ami
des eaux pour le second, fréquentent l'un et l'autre les
eaux des mares profondes, des fossés, des bassins. Avec
leurs jambes aplaties en rames, leur corps très lisse,
bombé par-dessus, disposé par-dessous en carène de
navire, ce sont des nageurs et des plongeurs de premier mérite. C'est régal pour les yeux que de suivre la
gracieuse prestesse de leurs avirons lorsqu'ils rament
tranquilles à la surface ou qu'ils voguent entre deux
eaux.

Pour la moindre alerte, ils descendent rapidement au
fond de la mare, parmi les herbages. Au moment du plon-

geon, on voit leur ventre reluire ainsi qu'une lame d'argent poli. La cause de cet éclat d'emprunt est une mince couche d'air qu'ils emportent avec eux, adhérant au

Le Dytique. — La larve et la nymphe dans sa coque.

ventre. Avec cette provision, ils auront de quoi respirer sous les eaux jusqu'à ce que, tout danger passé, ils remontent à la surface.

Les deux maîtres nageurs sont en réalité de costume modeste. Ils sont l'un et l'autre d'un vert olivâtre très sombre. Le dytique a de plus sur les élytres des galons d'un jaune fané. Si la mare se dessèche ou ne leur convient plus, ils savent promptement en gagner une autre; non à pied, car leurs jambes plates, excellents avirons, ne valent rien pour la marche, mais au vol, avec des ailes membraneuses abritées sous les élytres, où l'eau ne peut les mouiller.

Dans les vieux chênes vit, à la manière du ver du cerf-volant, la larve du *capricorne*, autre ravageur des forêts. De grande taille, tout noir avec des nuances marron, l'insecte est remarquable par l'exagération de ses cornes noueuses, qui dépassent le corps en longueur. Que peut-il faire de cet encombrant panache? Le porte-t-il au front pour en imposer à l'ennemi? Je n'ose dire non. Ce que je sais bien, c'est qu'avec ses cornes extravagantes il intimide l'écolier novice, qui n'ose le saisir et l'appelle le *diable*. Le capricorne ne mérite pas la mauvaise réputation que les peureux lui ont faite. Il est inoffensif.

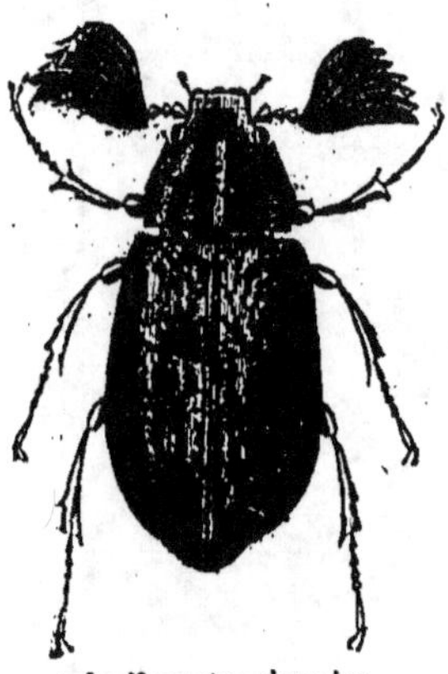

Le Hanneton des pins.

Les cornes des insectes se nomment *antennes*. Tous en ont, qui plus longues, qui plus courtes, façonnées de telle manière ou de telle autre. Pour les uns, ce sont des filaments flexibles, des chapelets de nœuds; pour les autres, de courtes tiges que termine soit une pile de boutons, soit un groupe de feuillets assemblés l'un contre l'autre. Voyez, par exemple, le gros et magnifique insecte qui, aux plus chaudes journées d'été, broute le soir le feuillage des pins. On le nomme *foulon* ou *hanneton des pins*. Sur un fond marron, il est semé de taches blanches. Les antennes portent au bout un assemblage de lamelles qui s'écartent ou se rapprochent l'une de l'autre et font songer aux feuillets d'un livre entr'ouvert.

1. Le Capricorne. — Sa larve rongeant le chêne. — Sa nymphe.
2. Capricorne plus petit dont la larve vit dans l'aubépine.

Il conviendrait de mentionner ici le *hanneton* ordinaire, pourvu, comme le foulon, d'antennes feuilletées. Je me réserve de vous raconter en détail son histoire : car s'il est la joie de votre âge, il est aussi la terreur du cultivateur.

Encore un mot pour terminer notre courte étude sur les insectes porteurs d'élytres. Leur nombre est immense. Presque tous, sous l'étui des élytres, possèdent des ailes membraneuses, et ceux-là peuvent voler : d'autres, relativement rares, n'en possèdent pas et sont de la sorte impropres au vol. Leur ensemble est désigné par l'expression générale de *coléoptère*, signifiant « ailes à étui ». Est coléoptère tout insecte pourvu d'élytres, soit qu'il vole, soit qu'il ne vole pas.

III. — Le Hanneton.

C'est pour vous, mes amis, grave affaire que l'apparition des hannetons sur les premières feuilles. On se retire le soir dans un coin pour se raconter des histoires, on fait des projets pour le lendemain, on parle du hanneton qui est arrivé. On se lèvera bien matin pour secouer les arbres et faire tomber les insectes endormis ; on aura une boîte percée de trous pour les mettre, des feuilles fraiches pour les nourrir.

A la première aube on est debout. On visite les saules, les peupliers, les haies d'aubépine humides de rosée. La chasse est bonne. Les hannetons, engourdis par la fraicheur de la nuit, tombent comme grêle des branches secouées ; en voilà dix, en voilà douze, en voilà vingt. C'est assez. On retourne à la maison avec les captifs, qui grouillent au fond d'un vieux bas, dans le mouchoir, dans la casquette ; on fait provision de feuilles.

Maintenant il faut essayer les bons. L'insecte, attaché par la patte avec un long fil, est mis au soleil. Il gonfle et dégonfle le ventre, il soulève les élytres, il déploie les ailes. Le voilà parti. Il est bon ! — Ces belles joies du

temps des hannetons, goûtez-les, mes enfants, le plus
longtemps possible; les autres ne les valent pas. En faveur des amusements qu'il vous procure, très volontiers

je fais bon accueil au
hanneton; mais voici où
les choses se gâtent.

Comme tout insecte,
le hanneton est d'abord
une larve. Celle-ci vit en
terre trois ans, tandis
que l'insecte parfait ne
vit lui-même sur les ar-
bres que de dix à quinze
jours. Parvenue à sa
complète croissance, elle

Le Hanneton.

se construit avec de la terre une coque ovale, de la
grosseur d'un œuf de pigeon, grossière à l'extérieur,
lisse à l'intérieur. Là, elle devient nymphe, et puis insecte parfait, qui rompt sa loge, sort de dessous terre et
vient au jour brouter le tendre feuillage printanier.

La larve est vulgairement connue sous les noms de
ver blanc, de *man*, de *turc*. Que vous
montre l'image? Un gros ver ventru
courbé sur lui-même, de démarche
lourde, de couleur blanche, avec la tête
jaunâtre. Il a six pattes, qui lui servent
non à courir à la surface du sol, mais
à ramper sous terre; de fortes mâchoires, aptes à trancher la racine des
plantes. Sa tête, afin de fouiller avec
plus de vigueur, a pour crâne une ca-

Larve de Hanneton
ou ver blanc.

lotte de corne. Le ventre est distendu par la nourriture, qui apparaît en teinte noire à travers la peau.
Trop obèse pour se tenir sur les jambes, la bête se
couche paresseusement sur le côté.

Le ver blanc vit trois ans, toujours sous terre, creu-
sant çà et là des galeries à la façon des taupes et vivant
de racines. Tout lui est bon : racines des herbes et des

arbres, des céréales et des fourrages, des plantes potagères et des végétaux d'ornement. L'hiver, pour éviter
le froid; il descend profondément en terre et s'y engourdit; au printemps, il remonte dans les couches
supérieures, s'installe aux racines et passe d'une plante à
l'autre à mesure que le mal est fait.

Vous avez dans le jardin un beau carré de laitues;
sans motif apparent, un jour tout se flétrit. Vous tirez à
vous, le plant fané vient sans racine; le ver blanc l'a tran-
chée. Vous avez une pépinière d'arbustes, espoir de

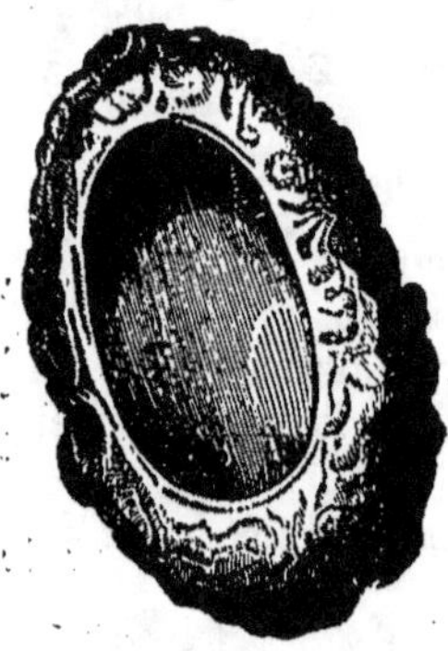

Coque de terre où la larve
de hanneton se change en
nymphe.

votre verger. L'affreux ver passe
par là, et la pépinière n'est plus
bonne qu'à faire des fagots. Vous
avez semé quelques hectares de
froment ou de colza, vous avez dépensé en engrais et en labours
des sommes considérables, mais
la récolte promet d'être belle et
de vous dédommager largement.
Le *turc* monte de terre, adieu la
récolte : les tiges se dessèchent sur
place, elles n'ont plus de racines.

Quand la terrible larve pullule
dans un pays, la ruine survient
avec toutes ses misères. Bon an
mal an, dans l'étendue seule de la France, elle détruit
pour des millions et des millions. Une année, dans le
département de la Sarthe, les ravages devinrent tels
qu'il fallut recourir à l'extermination en grand. On re-
cueillit soixante mille décalitres d'insectes. A raison de
cinq mille hannetons par décalitre, cela fait un total de
trois cents millions. Pour compter une à une les dévo-
rantes bêtes de ce total, un homme mettrait plus de vingt
ans en employant à ce travail dix heures chaque jour.

Sur plusieurs points de la France, mais particulière-
ment en Normandie, le nombre des hannetons prit, il y
a une vingtaine d'années, des proportions qui jetèrent
l'épouvante dans les campagnes. Ce que ces insectes

causèrent de dommages est à peine croyable. Le seul département de la Seine-Inférieure perdit pour vingt-cinq millions de récoltes. Dans la plupart des communes, les arbres furent entièrement dépouillés de leurs feuilles. Le soir, l'air était encombré de hannetons au point qu'on pouvait à peine circuler.

Presque partout des battues furent organisées, et les ramasseurs recevaient de la mairie de quatre à six francs par cent litres de hannetons. Tous ces insectes étaient voiturés à pleins chariots et jetés à la mer. En beaucoup de localités, on les apportait en si grand nombre aux mairies, qu'on ne savait plus qu'en faire ; l'atmosphère en était empestée.

En 1668, les hannetons détruisirent toute la végétation d'un comté de l'Irlande, à tel point que la campagne avait l'aspect mort de l'hiver. Le bruit de leurs mandibules broutant le feuillage des arbres ressemblait au sciage d'une forte pièce de bois ; le soir, on eût pris le bourdonnement de leurs ailes pour le roulement lointain des tambours. Enveloppés par la nuée d'insectes, aveuglés par cette grêle vivante, les habitants y voyaient à peine pour se conduire. La famine fut horrible ; les malheureux Irlandais en étaient réduits à manger les hannetons.

Maintenant que direz-vous de ceci ? C'est moins lamentable que la famine de l'Irlande, mais de nature à nous renseigner sur les prodigieuses légions de hannetons en certaines années. En 1832, dans le voisinage de Gisors, une diligence fut enveloppée le soir par une nuée de hannetons. Les chevaux, aveuglés, terrifiés, refusèrent opiniâtrément d'avancer. Il fallait rebrousser chemin ; la nuée bourdonnante barrait la route à l'attelage.

Quand il pullule à outrance, le hanneton, vous le voyez, est un ennemi redoutable, avec lequel on doit sérieusement compter. Pour se délivrer un peu de la calamiteuse engeance, il n'y a qu'un moyen, un seul : ramasser les vers blancs et les hannetons. Dans une certaine mesure, les taupes, les hérissons, les corbeaux, les pies, les corneilles, qui font la chasse aux larves dans les terres nouvellement remuées, nous prêtent leur concours pour cette extermination ; une foule d'oiseaux, pies-grièches, moineaux et autres, qui mangent les hannetons, nous viennent pareillement en aide ; mais le nombre des ennemis est si grand, que la destruction par ces moyens naturels est tout à fait insuffisante.

Il nous faut intervenir énergiquement nous-mêmes. Qui des deux aura les biens de la terre ? l'homme ou le hanneton ? Ce sera l'homme, s'il veut s'en donner la peine, s'il entreprend et continue une guerre générale contre l'insecte et sa larve.

IV. — Les Chenilles et les Papillons.

De tous les insectes, les papillons sont les plus gracieux, les plus dignes de nos juvéniles convoitises. Ah ! qu'ils sont beaux ! Posés sur une fleur, ils semblent en faire partie et l'animer de leurs doux battements d'ailes. On s'en approche avec précaution, on se fait petit, on envoie la main, et... le papillon a déjà fui. Il vous attend sur une autre fleur, insoucieux de vos poursuites. Laissons-le vagabonder d'une grappe de lilas à l'autre et apprenons un peu son histoire.

Tous ont quatre ailes aptes au vol : deux supérieures, plus grandes ; deux inférieures, à demi cachées sous les autres. Ici plus d'élytres coriaces, comme en portent le scarabée et le hanneton ; plus d'étui protecteur sous lequel se replient les ailes membraneuses pour ne pas se chiffonner, se déchirer. Le scarabée est rustique piéton, familiarisé avec les rudesses du sol ; il trottine, et ne vole qu'en de rares circonstances. Le papillon est délicate créature aérienne, ne marchant presque pas, ne faisant usage des pattes que pour prendre appui sur la fleur visitée. Donc quatre ailes très amples, largement étalées, toujours prêtes pour l'essor.

Et quelles ailes ! Les expressions manquent pour en parler convenablement. Il y en a d'un blanc farineux,

d'un bleu de ciel, d'un jaune soufre, d'un rouge de feu,
d'un cramoisi sombre; il s'en trouve avec des taches
rondes semblables à des yeux qui vous regarderaient de
leurs grandes prunelles cerclées d'azur, de nacre et d'or;
on en voit de tiquetées de noir, de galonnées d'argent,
de frangées de carmin. Touchées, elles laissent sur les

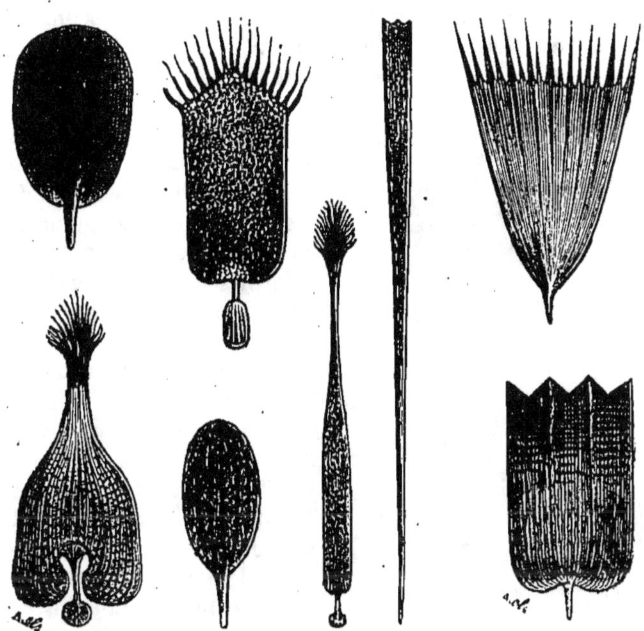

Formes diverses des écailles des papillons.

doigts une poussière brillante, auprès de laquelle pâlirait
la limaille des métaux précieux.

Cette poussière pourrait s'appeler le plumage du papillon. Elle consiste en écailles d'extrême délicatesse,
régulièrement assemblées à côté l'une de l'autre comme
le sont les tuiles d'un toit, et implantées par un bout
dans la membrane de l'aile, de même que les plumes
sont fixées par leur canon dans la peau de l'oiseau.

Saisie entre les doigts, l'aile se déplume; elle perd sa parure d'écailles et apparaît à nu. C'est alors une fine membrane transparente, parcourue par des nervures qui la tendent et lui donnent de la fermeté.

Au repos, les papillons ne portent pas tous les ailes de la même manière. Ceux qui volent de jour et vont de fleur en fleur en plein soleil les tiennent relevées sur le dos et appliquées l'une contre l'autre. On les reconnaît en outre à leur vive coloration, leur légèreté d'essor, leur forme gracieuse. Ceux qui volent soit de nuit soit au crépuscule du soir les portent étalées ou bien légèrement fléchies en toit. Ils sont plus corpulents, plus lourds que les premiers; les teintes sombres dominent dans leur costume.

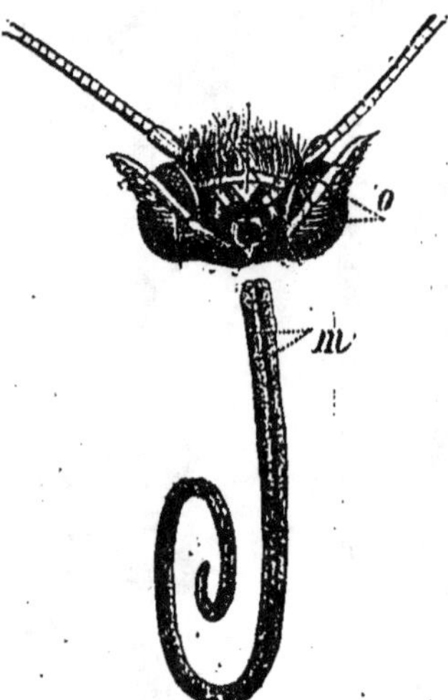

Tête de papillon. — o, œil ; m, trompe.

Amis de la lumière ou de l'obscurité, diurnes ou nocturnes, tous les papillons sont très sobres. Il leur suffit pour nourriture d'une gouttelette sucrée suintant au fond des fleurs. Beaucoup de fleurs sont longues et d'étroite embouchure; aucun museau n'est assez effilé pour s'introduire dans de pareilles fioles et en laper le sirop. Il faut aux papillons un instrument de récolte fait exprès.

Cet instrument est la trompe, fine comme un cheveu et assez longue pour atteindre l'exquise goutte, si profondément qu'elle soit cachée. Quand il n'en fait pas usage, l'insecte tient sa trompe étroitement roulée en spirale à l'entrée de la bouche; s'il trouve une fleur à sa convenance, il déroule cette spirale et tend la trompe en un fil droit qui plonge dans le flacon à long col et va

puiser la goutte convoitée. Qui voudrait boire dans un
vase trop étroit pour les lèvres ferait usage d'une paille,
d'un roseau. La trompe est la paille avec laquelle le papillon s'abreuve à la buvette des fleurs.

Comme les autres insectes, les papillons sont d'abord
des larves, fort différentes, vous le savez, de ce que la
bête deviendra plus tard. Les larves des papillons ne
sont autre chose que les chenilles. Oui, c'est ainsi : les
chenilles, objet pour nous de répugnance, se changent
en ces magnifiques papillons qu'on ne se lasse pas

Vanesse Io.

d'admirer. Le laid devient le beau, l'affreux se transforme en superbe.

Il y en a dont la peau est nue et bariolée de diverses
couleurs qui ne manquent pas d'agrément. Les toucher,
les manier même, n'inspire guère appréhension, tant
elles ont l'air pacifique. Mais il y en a d'autres, et des
plus grosses, qui portent sur le dos, en arrière, une
corne menaçante, une sorte de croc dont il semble prudent de se méfier. La crainte n'est pas fondée : cette
corne est inoffensive; ce n'est pas une arme, mais un
simple ornement. Les chenilles qui en sont douées
donnent de gros papillons volant aux dernières lueurs
du soir.

D'autres ont l'aspect plus répugnant encore, hérissées qu'elles sont de houppes de piquants et de bouquets de longs poils. De ces laideurs, dont le contact nous serait si désagréable et nous ferait jeter des cris d'effarement, proviennent quelques-uns des plus beaux papillons de nos pays. Telle est la chenille qui broute le feuillage de l'ortie et devient la *vanesse io*. Elle est noire, ponctuée de blanc, avec une rude armure de piquants dentelés. Le papillon, la vanesse, a les ailes d'un vif rouge brique, ornées toutes d'un grand œil coloré de noir, de violet et de bleu. Qui s'imaginerait, à moins de l'avoir vu ou de l'avoir appris, qu'une si ravissante créature a pareille origine ?

Malgré poils et piquants, les chenilles ne sont pas à redouter. Rien en elles ne

Chenille et chrysalide de la Vanesse.

motive l'effroi que trop souvent elles nous causent. Aucune n'est venimeuse, aucune ne fait venir du mal aux mains qui la touchent. Il convient cependant de ne pas avoir une confiance complète dans les chenilles velues. Leurs poils parfois se détachent, adhèrent aux doigts et causent d'assez vives démangeaisons. On se gratte un peu, et c'est fini. Donc, qui désormais aurait peur des chenilles ne mériterait pas de courir après les papillons.

Toute larve mange gloutonnement, parce qu'elle doit grossir beaucoup et amasser en réserve de quoi suffire aux transformations futures. Les chenilles ne manquent pas à ce grave devoir. La prospérité du papillon à venir en dépend. Faites uniquement pour manger, sans cesse elles rongent, sans cesse elles broutent. Chacune a son genre de nourriture, sa plante, hors de laquelle rien ne lui convient. Celle de la *vanesse* affectionne l'ortie et trouve tout le reste détestable; celle de la *piéride,* papillon blanc à taches noires, n'aime que le chou; celle du *machaon,* papillon à grandes ailes que prolonge une queue, fait régal du fenouil. Ainsi des autres.

Parvenues à la grosseur que leur nature comporte, les chenilles font, comme les autres larves, les préparatifs de la métamorphose. Quelques-unes s'enferment dans une coque façonnée avec un fil de soie qui leur sort de la bouche; d'autres se contentent d'agglutiner,

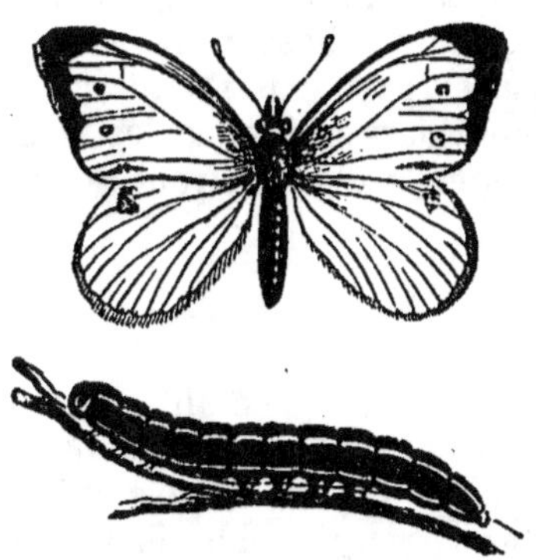

Papillon du chou et sa chenille.

avec le peu de fil dont elles disposent, des grains de terre, des parcelles de bois, les poils dont elles se dépouillent. Ainsi s'obtient, à peu de frais, une solide demeure. D'autres enfin, surtout parmi les papillons qui volent de jour, se bornent à chercher refuge contre un mur, un tronc d'arbre, et à s'y suspendre au moyen d'un ceinturon de soie.

Ces précautions prises, la chenille se dépouille de sa peau et se change en nymphe, bien différente de ce que nous a montré le cerf-volant. Sous cette forme, le coléoptère était déjà reconnaissable, avec ses pinces branchues, ses pattes repliées sur le ventre, ses ailes contenues dans un fourreau. Le papillon, au contraire, ne l'est pas du tout. Sa nymphe, à peau dure comme le parchemin, est un objet peu précis qui, loin de rappeler un animal, ferait plutôt songer à l'amande de quelque fruit étranger. A cause de sa conformation, si éloignée de ce que nous montrent les nymphes ordinaires, on lui a donné un nom particulier, celui de *chrysalide*.

Cette expression veut dire « doré ». Quelques chrysalides, en effet, notamment celle de la vanesse, sont ornées de dorures. Mais dans là grande majorité des cas la riche appellation n'est pas méritée, le marron uniforme, plus clair ou plus foncé, étant l'habituelle couleur des chrysalides. Mûrie par un repos prolongé, cette espèce de coque animale se fend sur le dos, et il en sort l'insecte parfait avec tous ses attributs. Le papillon passe quelques jours en fête sur les fleurs, et avant de mourir pond des œufs d'où naîtront des chenilles pour continuer la race.

V. — Le Ver à soie.

Après ces généralités sur l'histoire des papillons, entrons dans quelques détails que nous fournira le ver à soie, pour nous la plus précieuse des chenilles, à cause des services rendus. Bien d'autres l'égalent et même le surpassent dans leur industrie de fileuses, leurs papillons sont supérieurs en beauté; mais aucune autre ne travaille pour nous.

C'est une chenille à peau nue, d'un gris cendré, de la grosseur du petit doigt, et portant à l'arrière une petite corne recourbée. Je vous le disais bien, que ces cornes postérieures, malgré leur aspect menaçant, n'ont rien de dangereux. Voici une chenille élevée dans nos demeures par légions innombrables. Ceux qui la soignent, des femmes, des enfants, journellement la manient pour la changer de place et lui renouveler la pâture; et jamais les doigts les plus délicats ne s'en trouvent offensés. Les autres chenilles cornues, vivant en liberté, hors de nos soins, ne sont pas moins inoffensives, en

Le Machaon, sa chenille, sa chrysalide fixée à la plante
par un ceinturon de soie.

dépit de leurs contorsions de croupe lorsqu'on les
saisit.

Les œufs de ver à soie sont d'un gris lilas et ressemblent à de petites perles aplaties. On leur donne vulgairement le nom de *graines*, expression très juste au fond :
car l'œuf est la graine de l'animal comme la graine est
l'œuf de la plante. Il en sort des vermisseaux de pauvre
apparence, tout chétifs, hérissés de poils. Au prochain
changement de peau, ces poils tomberont, et la chenille
désormais sera nue. On les élève sur des claies en roseaux, disposées par étages dans des appartements à
douce température.

On les nourrit avec les feuilles du *mûrier*, expressément cultivé à leur intention. Cet arbre n'a de valeur que
par son feuillage, unique nourriture acceptée des vers à
soie. Ses fruits ressemblent pour la forme aux mûres des
buissons. Ils sont rougeâ-

Le Ver à soie.

tres, doux, mais fades et visqueux. Nul n'en fait cas, pas
même les moineaux. On les laisse tomber et pourrir à
terre. Seule la feuille est recueillie, tendre et récemment
sortie des bourgeons pour les jeunes vers, développée à
point pour les vers déjà gros.

Les nouveau-nés sont établis sur les claies avec lit de
feuilles tendres, hachées d'abord aux ciseaux pour
mieux s'accommoder à la faiblesse de leurs mâchoires.
Ils se fortifient, ils grossissent, puis se dépouillent de
leur vêtement poilu. Les voilà dorénavant chenilles à
peau lisse, aussi douce que le satin. Le pas le plus délicat est franchi.

Pendant quatre ou cinq semaines, les chenilles mangent leur ration de feuilles, renouvelée sur les claies à
mesure qu'il en est besoin. Elles broutent par petites
bouchées, de jour, de nuit, à toute heure ; seulement, à
plusieurs reprises, le ver suspend son repas et tombe

dans une sorte de torpeur comparable au sommeil. C'est pour lui un moment de crise pénible : car il éprouve alors une *mue*, c'est-à-dire qu'il change de peau.

Le vieil habit se trouvant trop étroit pour la corpulence acquise, la chenille le rejette et s'en fait un autre plus ample et tout neuf. Elle se remet alors à brouter avec plus de voracité que jamais. Vers la fin, dans les chambrées abondamment peuplées, le cliquetis des mâ-

Intérieur d'une magnanerie.

choires ressemble au bruit d'une fine averse tombant, par un temps calme, sur le feuillage des arbres.

Vers la cinquième semaine, les chenilles, gorgées de nourriture, autant que le permet la souplesse de la peau, sont parvenues à toute leur grosseur. On dresse alors sur les claies de la ramée de bruyère, où montent les vers à mesure que leur moment est venu de se préparer à la métamorphose. Ils s'établissent un à un entre quelques menues brindilles et y fixent de tous côtés une multitude de fils, de façon à former un réseau lâche, un

hamac qui les maintient suspendus et leur sert d'échafaudage pour le délicat travail du cocon.

La soie n'est pas contenue telle quelle dans la feuille
de mûrier que mange le ver, pas plus que le lait n'est
contenu tel quel dans l'herbe que broute la vache. La
chenille la produit avec les matériaux fournis par les aliments, de même que la vache produit le lait avec la
substance du fourrage. Sans l'aide de la chenille,
l'homme ne pourrait jamais retirer du mûrier la matière de ses tissus les plus précieux. Nos superbes étoffes
de soie prennent réellement naissance dans le ver, qui
les bave en un fil.

Dans le corps de la chenille, la matière à soie est un
liquide très épais, visqueux, semblable à une forte dis-
solution de gomme; elle est contenue dans deux petits
sacs, très longs et très étroits, entortillés sur eux-mêmes.
Ce liquide suinte de la lèvre inférieure par un trou nommé
filière. A mesure qu'il apparaît à l'air, il s'étire, durcit
et se prend en un fil.

Revenons au ver dans son hamac de suspension
parmi les rameaux de bruyère. Fixé à l'échafaudage de
soie avec les pattes de derrière, il relève la moitié antérieure du corps. Sa tête monte et descend, avance et
recule, se porte à droite et puis à gauche, tout en laissant couler de la lèvre un petit fil qui, par sa viscosité,
adhère aussitôt aux points touchés. Sans changer de
place, le ver pose ainsi une première couche sur la
partie de l'enceinte qui lui fait face. Il se retourne alors
et tapisse un autre point de la même manière.

Quand toute l'enceinte est tapissée, à la première assise en succèdent d'autres, cinq, six et davantage, jusqu'à ce que les réservoirs à soie se trouvent épuisés et
que la paroi de l'édifice ait une épaisseur suffisante pour
la sécurité de la future chrysalide. En cinq jours à peu
près d'un travail sans interruption le cocon est terminé.
Sa grosseur est celle d'un œuf de pigeon; sa couleur est
blanche pour certaines races de vers, et jaune pour
d'autres.

D'après la façon de travailler de la chenille, on voit
que le fil ne s'enroule pas circulairement comme celui
d'une pelote, mais se distribue en une suite de zigzags,
allant et revenant sur l'étendue que le ver peut atteindre
de sa filière sans se déplacer. Malgré ces brusques changements de direction et malgré sa longueur, mesurant
de trois cents à trois cent cinquante mètres, ce fil n'est
jamais interrompu. La chenille le produit d'un jet continu,
sans suspendre un instant le travail de la filière tant que
le cocon n'est pas achevé. Son poids est en moyenne d'un
décigramme et demi. A ce compte, il suffirait de quinze à
vingt kilogrammes de ce fil pour fournir une longueur
de dix mille lieues, ce qui est le tour de la terre.

Une fois enclose dans son cocon, la chenille se ride et
se flétrit, comme sur le point
de mourir. D'abord la peau
se fend sur le dos; puis, par
des trémoussements répétés,
qui tiraillent d'ici, qui tiraillent de là, le ver s'écorche
douloureusement. Avec la

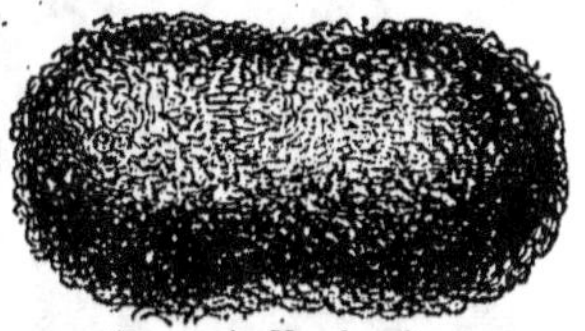

Cocon du Ver à soie.

peau, tout vient : dure calotte de la tête, mâchoires,
yeux et pattes. C'est un arrachement général.

La guenille du vieux corps est refoulée dans un coin du
cocon, et apparaît alors la chrysalide, en forme d'amande
couleur de cuir, arrondie par un bout, pointue à l'autre.
On y voit certains reliefs annonçant le papillon futur. Au
gros bout on distingue, étroitement incrustées dans la
dure enveloppe, les ailes formant écharpe et les antennes
festonnées en larges panaches.

En une vingtaine de jours, si la température est propice, la chrysalide s'ouvre, et de sa coque fendue se dégage le papillon, tout chiffonné, tout humide, pouvant
à peine se soutenir sur ses tremblantes jambes. Il lui faut
le grand air pour prendre des forces, pour étaler et sécher les ailes. Il lui faut sortir du cocon tout de suite.
Mais comment s'y prendre? La chenille a fait le cocon
très solide, et le faible papillon ne possède ni griffes ni

dents qui puissent forcer la prison. Il a mieux que cela.
Les griffes se fausseraient, les dents s'émousseraient à
pratiquer un passage dans la tenace paroi.

Chrysalide du Ver à soie.

Le papillon tient en réserve,
dans son estomac de nouveau-né,
une humeur particulière, expressé
ment préparée pour la délivrance.
C'est un liquide brun, dont le pau-
vre aspect ne ferait pas soupçonner les effets énergiques. Nous employons la dynamite et la poudre pour
faire sauter les remparts; lui tout doucement troue l'obstacle avec un corrosif. Le papillon salive son humeur

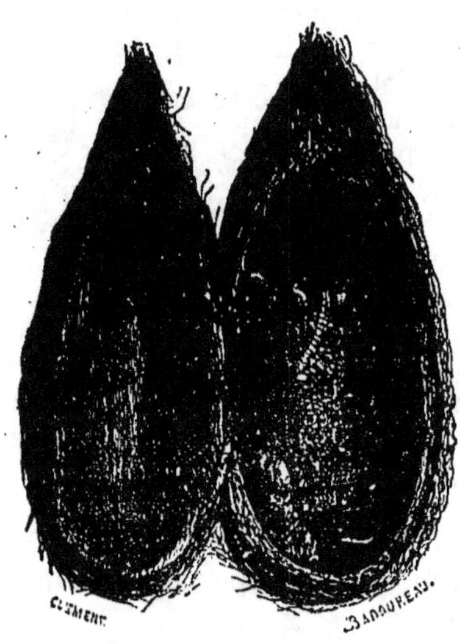

Cocon ouvert du Grand Paon.

contre le bout anté-
rieur du cocon, il en
imbibe la muraille de
soie. La portion at-
teinte se ramollit ra-
pidement et se résout
en un rideau gom-
meux sans consis-
tance, à travers lequel
la tête du prisonnier
s'ouvre une brèche
en forçant un peu. Le
passage pratiqué, il
lui suffit de l'aide des
pattes pour se libérer
complètement, grâce
à la mollesse du voile
à soulever.

Tous les papillons
n'emploient pas la
même méthode pour sortir du solide coffret de soie où
la chenille a soin d'abriter ses transformations; tous ne
disposent pas d'un dissolvant capable de ramollir le
point de l'enceinte où doit s'ouvrir la lucarne de sortie.
Chacun a ses moyens de délivrance, moyens comme
notre savoir n'en imaginerait pas de plus ingénieux.

L'occasion est trop belle pour ne pas vous en citer un second exemple.

Il s'agit du *grand paon*, le papillon de nos pays qui pour la taille dépasse tous les autres. Il est lourdement ventru et porte d'amples antennes découpées en plumet. C'est au crépuscule du soir qu'on le voit voler d'un pesant essor. Sa coloration générale est grisâtre. Ses ailes sont bordées de blanc et ornées chacune d'un grand œil teinté de noir, de roux, de blanc et de rose. Sa chenille est d'un jaune sale, avec de nombreuses verrues que termine une belle perle bleue au centre d'un cercle de courtes épines noires. Elle vit sur les amandiers et les ormes.

Cherchez, l'hiver, au pied des amandiers. Vous trouverez, adhérant à l'écorce, de gros cocons bruns, allongés, arrondis d'un bout, pointus de l'autre et formés de soie très grossière. Ils appartiennent au grand paon. La pression des doigts a de la peine à faire fléchir leurs flancs coriaces. Comment s'y prendra le papillon pour sortir de pareille forteresse? Coupez le cocon en travers avec des ciseaux, et vous aurez le secret de la sortie.

L'intérieur est lisse et comme vernissé. Les fils n'y sont pas simplement superposés en épaisse couche, ils sont en outre soudés l'un à l'autre, et agglutinés par une laque donnant à l'ensemble la structure d'un parchemin. Ainsi est obtenue une muraille impénétrable, tant pour le prisonnier que pour l'ennemi qui, du dehors, chercherait à forcer l'enceinte.

Mais en avant, à l'extrémité pointue, en face de la tête de la chrysalide, les fils cessent brusquement d'être soudés entre eux; ils sont libres et convergent en un bouquet très touffu. Ils forment comme une palissade dont les pieux, circulairement dressés sur une foule de rangs, se rapprocheraient à l'autre extrémité, mais sans liaison entre eux. Ainsi sont disposées les baguettes d'osier formant entonnoir dans les nasses à prendre le poisson; ainsi sont assemblés les brins de fil de fer autour de l'embouchure de certaines souricières. Le poisson peut

entrer par l'entonnoir de la nasse, la souris peut pénétrer
dans le piège où l'attire la noix ; mais, une fois entrés,
ni l'un ni l'autre ne parvient à sortir, les brins d'osier et
les bouts de fil de fer formant un infranchissable faisceau.

Le grand paon a construit l'entonnoir de son cocon en
sens inverse ; pour sortir, il n'a qu'à forcer un peu du
front : les fils s'écartent et laissent libre passage. Pour
entrer, au contraire, impossibilité complète. Tout mal-
intentionné qui voudrait pénétrer dans le logis pour

Le Bombyx du mûrier ou papillon du Ver à soie ; sa chenille,
son cocon, sa chrysalide.

nuire à l'habitant trouverait une barrière, dont les rudes
crins ne feraient que se rapprocher davantage par la
pression. Il y a là une porte qui sans aucune difficulté
se prête à la sortie, mais se refuse invinciblement à l'entrée. Essayez vous-mêmes. Pressez la porte en dedans
avec une baguette, celle-ci sortira. Pressez-la en dehors, vous ne parviendrez pas à faire entrer la baguette.

Si nous en avions le loisir, que d'ingénieuses mé-
thodes de sortir nous aurions encore à voir ! Le temps
presse ; achevons l'histoire du ver à soie. — Le papillon
s'appelle *bombyx du mûrier*. Lourd, ventru, blanchâtre,
il n'a rien de gracieux ; il ne vole pas, comme les autres,

de fleur en fleur, car il ne prend aucune nourriture. Aussitôt sorti du cocon, il se met à pondre ses œufs, puis il meurt.

Dès que le travail des chenilles est fini, on recueille les cocons sur la ramée de bruyère. Quelques-uns, les plus sains, sont mis à part et abandonnés à la métamorphose. Leurs papillons donneront les œufs d'où proviendra l'année suivante la nouvelle chambrée de vers. Sans retard, les autres sont exposés, dans une étuve, à l'action de la vapeur brûlante. On tue ainsi les chrysalides. Si l'on négligeait cette précaution, le papillon percerait le cocon, qui, ne pouvant plus se dévider, perdrait presque toute sa valeur.

Le dévidage se fait dans des ateliers nommés *filatures*. On met les cocons dans une bassine d'eau bouillante pour dissoudre la gomme agglutinant les divers tours. Une ouvrière, armée d'un petit balai de bruyère, les agite dans l'eau pour trouver et saisir le bout du fil, qu'elle met sur un dévidoir en mouvement. Entraîné par la machine, le filament de soie se développe, tandis que le cocon sautille dans l'eau chaude comme un peloton de laine dont on tirerait le fil. Au centre du cocon épuisé, il reste la chrysalide infecte, tuée par le feu.

VI. — Les Fourmis.

Les fourmis vivent en nombreuses sociétés dans des demeures souterraines, où les jeunes sont élevés. Trois sortes d'insectes composent ces sociétés : les *mâles* et les *femelles*, reconnaissables à leurs grandes ailes transparentes, au nombre de quatre ; les *neutres* ou bien *ouvrières*, qui sont dépourvues d'ailes. Ces dernières construisent la demeure, prennent soin de la communauté, élèvent les larves, leur apportent et leur distribuent la nourriture. Les autres ne travaillent pas. Accroître la population en peuplant d'œufs le logis est leur unique affaire.

Dès que le soleil donne sur la fourmilière, les ouvrières en surveillance au dehors rentrent précipitamment, frappent de leurs antennes leurs compagnes pour les avertir, courent de l'une à l'autre, les pressent, les heurtent et mettent tout en mouvement dans les galeries souterraines. C'est le moment de s'occuper des larves, faibles vermisseaux transparents, sans pattes, incapables de s'alimenter eux-mêmes et de grandir s'ils ne reçoivent pas les soins assidus de leurs nourrices.

Averties par le tumulte des ouvrières accourues du dehors, les fourmis s'occupent donc des larves ainsi que des nymphes. Elles les portent en toute hâte à l'extérieur, aux meilleurs endroits de la fourmilière, pour les laisser quelque temps exposées à la douce influence de la chaleur. Ce bain de soleil pris, elles les remettent à l'ombre dans des chambres expressément préparées pour elles. Vient enfin le moment du repas des nourrissons.

Les larves reçoivent la becquée à la façon des petits oiseaux. Quand elles ont faim, elles se dressent un peu et cherchent de la bouche les ouvrières empressées autour d'elles. La fourmi nourrice écarte ses mandibules et laisse prendre dans sa bouche même une gouttelette de liquide sucré. Gorgée par gorgée, le laitage est ainsi distribué jusqu'à ce que toute la famille soit repue.

Porter les larves au soleil et leur donner la becquée ne suffit pas ; il faut encore les entretenir dans un état d'extrême propreté. Les ouvrières ont pour les vermisseaux les tendres soins de la chatte pour ses petits chats. A tout instant elles passent et repassent la langue sur le corps du nourrisson pour lui donner blancheur parfaite ; elles en tiraillent délicatement la peau ridée lorsque la transformation s'approche.

Avant de se dépouiller de cette peau, les larves se filent une coque de soie, cylindrique, allongée, d'un jaune pâle, très lisse et d'un tissu fort serré. Sous le couvert de ce sac protecteur, le vermisseau devient nymphe. En cet état, la fourmi a sa forme définitive ; il

Intérieur d'une fourmilière. — Œufs, larves, nymphes dans leurs cocons.

ne lui manque que des forces et un peu plus de consistance. Tous ses membres sont distincts, mais emmaillotés d'une fine pellicule, qu'elle doit dépouiller pour devenir insecte parfait.

Lorsqu'on trouble une fourmilière, on voit les ouvrières emporter à la hâte, pour les mettre en lieu sûr, des corps cylindriques ayant un peu l'aspect de grains de froment, et fort mal à propos nommés œufs de fourmis. Ce ne sont pas là les œufs de l'insecte, en réalité beaucoup plus petits ; ce sont les cocons, avec leur contenu, larve au début, nymphe plus tard.

Quand vient le moment de sortir du cocon, la fourmi incluse ne sait pas se libérer elle-même en perçant avec les mandibules l'enveloppe de soie ; elle n'a rien de comparable au liquide dissolvant que le bombyx du mûrier tient en réserve dans son estomac ; elle n'a pas à l'avant de sa prison une porte de sortie analogue à l'ingénieuse palissade du grand paon. Elle périrait dans le sac de soie si les ouvrières ne travaillaient à sa délivrance.

Trois ou quatre montent sur la coque et s'efforcent de l'ouvrir par le bout correspondant à la tête de la prisonnière. Elles commencent par amincir l'étoffe en arrachant quelques filaments de soie au point où doit se pratiquer l'ouverture ; puis pinçant et tordant le tissu, si difficile à rompre, elles parviennent à le trouer en plusieurs endroits rapprochés les uns des autres. Alors les mandibules passent dans l'un des trous, font office de ciseaux et découpent une bandelette. Les fourmis occupées à ce rude travail se relayent et se reposent tour à tour. L'une tient la bandelette coupée, une autre agrandit l'ouverture, une autre encore tiraille doucement la jeune fourmi hors du sac natal.

Enfin l'insecte sort, mais incapable de marcher, de se tenir même sur les jambes, car il est encore emmailloté dans une dernière pellicule qu'il ne sait pas dépouiller lui-même. Les ouvrières ne l'abandonnent pas dans ce nouvel embarras. Elles le délivrent de l'enveloppe satinée dont toutes les parties du corps sont revêtues ; elles sortent délicatement les antennes hors de leurs fourreaux ; elles délient les pattes et dégagent le corps. La fourmi est alors en état de marcher, et surtout de prendre de la nourriture, dont elle a grand besoin après toutes ces fatigues. A qui mieux mieux ses libératrices lui présentent la bouche et lui dégorgent un peu de liqueur sucrée. Quelques jours encore les ouvrières surveillent et suivent leurs nouvelles compagnes ; elles leur font connaître les sentiers et les labyrinthes de l'habitation. Ainsi instruites, les jeunes fourmis se mêlent aux autres et prennent part à leurs travaux.

Les nourrices qui restent au logis pour les soins du ménage attendent leur subsistance des ouvrières qui vont à la récolte. Celles-ci leur apportent de petits insectes, ou des morceaux de ceux qu'elles ont démembrés sur place quand l'animal trouvé est trop volumineux pour le transport. Ces provisions sont distribuées telles quelles, et les convives ont rapidement dépecé le butin. S'il est fait trouvaille de fruits mûrs, de grosses pièces de gibier non divisibles par quartiers, la récolte s'opère d'une autre façon. La bande à qui est échue pareille richesse se contente d'en cueillir le suc, dont elle s'abreuve copieusement. Elle rentre au logis avec l'estomac plein de provisions liquides, qui sont dégorgées goutte par goutte à mesure que se présente une compagne à jeun.

La fourmi qui éprouve le besoin de manger frappe rapidement de ses antennes celles de la fourmi dont elle attend du secours. On les voit aussitôt s'approcher en ouvrant la bouche et avancer la langue pour se faire passer la liqueur de l'une à l'autre. Pendant cette opération, la fourmi qui reçoit la becquée ne cesse de caresser, avec les pattes de devant et les antennes, celle qui la nourrit.

Qui ne connaît les pucerons, les vulgaires poux des plantes, groupés l'un contre l'autre en troupes innombrables ? Il y en a de noirs sur les fèves, de verts sur

les rosiers. Leur ventre porte en arrière deux petits tubes
d'où suinte de temps en temps une gouttelette de liquide
sucré. Ce liquide est la principale ressource alimentaire
des fourmis. On pourrait l'appeler leur laitage. Suivons
une fourmi en expédition parmi les pucerons.

Elle va deçà delà sur l'immobile troupeau, nullement
troublé par sa venue. Ayant trouvé ce qu'elle cherche,
elle se fixe auprès d'un puceron. Elle le caresse en lui
tapant le ventre du bout des antennes, à droite, à gauche,
tour à tour. Le pou à lait se laisse séduire par ces avances
amicales; une goutte de liqueur suinte au bout des tubes,
et la fourmi la boit aussitôt. Une autre puceron est visité
et sollicité par la caresse des antennes. Il cède sa goutte,
se laisse traire, et la fourmi passe immédiatement à un
troisième, qu'elle amadoue de la même façon. Un quatrième, probablement épuisé, résiste aux caresses ; la
fourmi voit qu'elle ne peut rien en espérer ; elle le quitte
pour un cinquième, dont elle obtient nourriture. Un
petit nombre de ces bouchées suffit pour rassasier une
fourmi, qui, satisfaite, reprend le chemin de sa demeure.

Certaines fourmis sont très casanières; pour elles
une sortie serait pénible corvée. Afin de s'éviter des
courses lointaines, elles élèvent, elles parquent les pucerons à proximité de leurs fourmilières, dans des enclos
où elles peuvent les traire à loisir. Les pucerons parqués
sont leur trésor ; la société est plus ou moins riche selon
qu'elle en possède plus ou moins. C'est là leur bétail,
leur troupeau de vaches et de chèvres. Elles construisent
des chalets souterrains parmi les racines des gazons, et
y tiennent les pucerons qu'elles vont chercher au loin,
de même que nous rassemblons les animaux domestiques
sous le toit de nos bergeries.

D'autres déploient une industrie plus curieuse encore.
Elles prennent possession des pucerons vivant sur la
branche d'un arbuste. Jalouses de leur bétail, elles ne
souffrent pas que des étrangères viennent leur disputer
la nourriture qu'elles en attendent. Elles les chassent à
coups de mandibules; elles parcourent la branche en

vigilants défenseurs et font bonne garde autour des troupeaux. Si le danger menace trop, elles se hâtent d'emporter le bétail et d'aller le parquer ailleurs, en lieu sûr.

Ou bien encore, avec des parcelles de terre, elles construisent autour du rameau un pavillon creux, une case à ouverture fort étroite, enfin une bergerie où s'étalent quelques feuilles sur lesquelles est établi le troupeau de pucerons. Dans cette retraite paisible, les propriétaires font leur récolte de liqueur sucrée, à l'abri de la pluie, du soleil, et surtout des fourmis étrangères.

Nos pays ont une fourmi rougeâtre d'assez grande taille, nommée *fourmi rousse* ou *amazone*, qui ne sait pas construire sa demeure, élever ses larves, se procurer de la nourriture et même manger seule ; mais, avec ses mandibules en croc, elle est très bien armée pour la lutte et le pillage. Ce qu'elle pille, ce sont des esclaves qui lui donnent la becquée, vont aux provisions, construisent la fourmilière et font l'éducation de la famille. Une petite fourmi, de couleur noire ou cendrée, est l'objet de sa chasse aux esclaves.

Par longues compagnies de quelques milliers, les rousses vont à la recherche d'un nid de cendrées ; elles pénètrent dans la fourmilière malgré la résistance des habitants et dévalisent la cité souterraine. Bientôt elles repartent, chacune avec son butin entre les mandibules. Elles emportent non des fourmis adultes, qui ne pourraient s'habituer au service de la fourmilière étrangère et reviendraient sans retard à leur ancien logis, mais bien des jeunes, des nymphes enfermées dans leur cocon.

Écloses dans la demeure des rousses, les fourmis provenant de ces coques volées regardent la fourmilière natale comme leur propre fourmilière, et s'y acquittent avec diligence de leurs habituelles fonctions. Elles vont aux vivres, elles construisent, elles soignent les larves des amazones, elles donnent à manger à leurs gros et stupides conquérants, qui, une fois en possession d'assez de serviteurs, ne sortent plus de leur caserne.

VII. — Les Abeilles.

La population d'une ruche se compose d'environ vingt mille abeilles sans sexe, dites *ouvrières;* de six à huit cents mâles, désignés communément par le nom de *faux-bourdons;* et d'une seule femelle, appelée la *reine*.

La reine, plus forte et d'un tiers plus longue que l'ouvrière, est de couleur moins grise et porte sur diverses parties du corps l'éclat de l'or bruni. Elle ne prend aucune part aux travaux et ne sort pas de la ruche; son unique fonction est de pondre des œufs, dont le nombre s'élève à une soixantaine de mille par an. Elle est la mère commune de l'essaim, sans aucune prérogative de direction, de souveraineté, comme pourrait le faire entendre le nom de reine, donné mal à propos. Elle obéit plutôt qu'elle ne commande.

Les mâles sont intermédiaires, pour la grosseur, entre la reine et les ouvrières; leur couleur est plus sombre, leur vol est plus bourdonnant. Ils sont dépourvus d'aiguillon; la reine et les ouvrières sont seules douées de cette arme. Leur présence dans la ruche est temporaire. Incapables de travail, consommateurs sans être producteurs, ils sont un jour ou l'autre exterminés jusqu'au dernier par les ouvrières.

A celles-ci reviennent tous les soins de la communauté. Les unes vont aux champs et récoltent des provisions : ce sont les *pourvoyeuses;* les autres produisent de la cire et s'occupent de la construction des cellules : ce sont les *cirières;* les autres enfin s'adonnent uniquement à l'éducation des jeunes : ce sont les *nourrices*.

Les *cellules* ou *alvéoles* sont destinées les unes à servir de magasins pour les vivres, les autres de berceaux pour les larves. La matière employée à leur construction est la *cire,* matière que l'abeille ne récolte pas toute faite, mais qu'elle produit elle-même, qu'elle transpire sous le ventre dans certains replis de la peau. Il y a huit de ces fabriques à cire. La matière s'y amasse en petites plaques que l'insecte détache d'un coup de brosse donné par les pattes.

Les cellules, ouvertes par un bout, fermées à l'autre, ont la forme de petites colonnes à six faces d'une régularité parfaite. Elles sont adossées l'une à l'autre et disposées horizontalement. En outre, elles sont assemblées en deux couches contiguës par leur extrémité fermée. Ces deux couches d'alvéoles réunies par la base constituent ce qu'on nomme un *rayon* ou *gâteau*. Sur l'un des côtés du gâteau se trouvent toutes les entrées des cellules de la couche correspondante; de l'autre côté s'ouvrent les cellules de la seconde couche. Enfin le gâteau est suspendu verticalement dans la ruche et adhère par la tranche supérieure au plafond du logis.

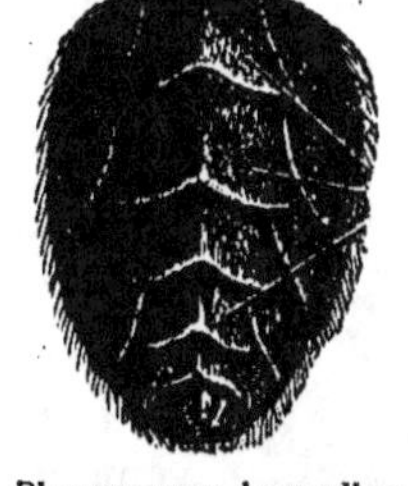

Plaques sous lesquelles se produit la cire au-dessous du ventre de l'abeille.

Comme un gâteau ne suffit pas pour une population si nombreuse, d'autres sont construits, pareils au premier, et laissant entre eux des espaces libres, qui sont les voies de service sur lesquelles donnent les ouvertures de deux couches d'alvéoles appartenant à des gâteaux voisins. Là circulent les abeilles, soit pour déposer leur récolte dans les cellules servant de magasins à miel, soit pour distribuer la nourriture aux larves, logées une à une dans d'autres cellules.

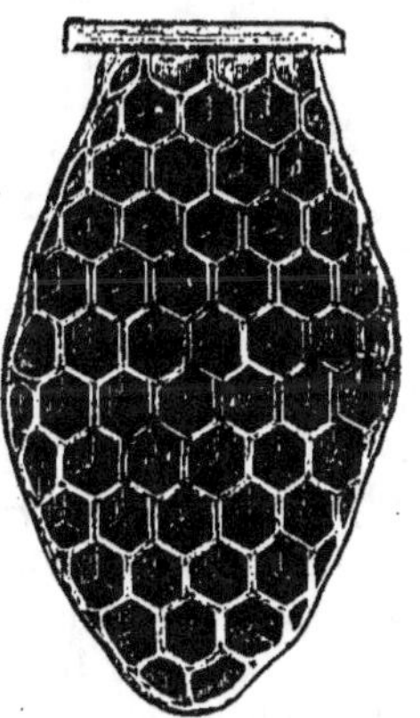

Rayon.

L'ouvrière qui se sent les replis à cire garnis se brosse et en extrait une lame de matière à bâtir. La petite lame

de cire entre les mandibules, elle fend la presse de
ses compagnes et forme en tournant un espace vide
dans lequel elle peut librement se mouvoir. La foule
s'écarte, et l'abeille se place au milieu du chantier. La
cire est passée et repassée entre les mandibules, concassée
en morceaux, puis étirée en ruban, de nouveau concassée et de nouveau pétrie en un seul morceau. En

Patte postérieu-
re de l'abeille
vue en dessus.
— c, cor-
beille.

même temps elle est imprégnée d'une espèce
de salive qui lui donne de la flexibilité.

Quand la matière est préparée à point,
l'abeille l'applique parcelle à parcelle. Pour
rogner l'excédent, les mandibules lui servent de ciseaux. Les antennes, dans un mouvement continuel, lui tiennent lieu de sonde
et de compas; elles palpent la paroi de cire
pour juger de son épaisseur; elles plongent
dans la cavité pour s'enquérir de la profondeur.

L'ouvrage est d'abord assez massif et ne
doit pas demeurer tel. On s'occupe donc à
le perfectionner, à l'amincir, à le polir, à
le dresser. Les mandibules font office de
rabot et de lime. Plusieurs ouvrières se succèdent dans ce travail : ce que l'une n'a
qu'ébauché, une autre le finit un peu plus,
une troisième le perfectionne; et, quoiqu'il
ait passé par tant de travailleuses, on le
dirait fait au moule, tant il est merveilleux de régularité.

Comme instruments de récolte, les ouvrières ont des
corbeilles et des *brosses*. Les pattes postérieures ont leur
troisième pièce ou jambe aplatie et creusée en dehors
d'une dépression triangulaire qu'entoure une rangée de
poils raides. Cette dépression est la corbeille, destinée à
recevoir la récolte réunie en une petite pelote. La pièce
suivante est la brosse. Chaque paire de pattes a sa brosse,
mais la paire postérieure l'a plus grande, rectangulaire,
lisse en dehors et garnie en dedans de poils raides, disposés en séries comme ceux de nos brosses à habits.

Pour faire sa récolte, l'abeille pénètre dans les fleurs, où son corps velu se poudre d'une poussière jaune appelée *pollen*. Alors l'insecte se brosse et rassemble la poussière florale en petites masses, qui passent rapidement d'une paire de pattes à l'autre pour être finalement déposées dans les corbeilles, où les fixent trois ou quatre coups de palette tapés par les pattes intermédiaires. Quand la charge est complète, chaque pelote a la grosseur d'un grain de poivre un peu aplati.

L'abeille récolte en outre la liqueur sucrée qui suinte au fond des fleurs. Elle la recueille, elle la lèche avec une sorte de langue aplatie, graduellement plus étroite de la base au sommet et cannelée en travers par de petits sillons très rapprochés les uns des autres. Le jabot de l'insecte est le réservoir où s'amasse cette récolte fluide. L'abeille rentre donc des champs avec double provision : liqueur sucrée dans le jabot, pelotes de pollen aux corbeilles des pattes; mais tout cela n'est pas le miel encore.

Patte postérieure de l'abeille vue en dessous. — *b*, brosse.

Le vrai miel, l'abeille le prépare dans son jabot, par un commencement de digestion de la liqueur sucrée accompagnée d'un peu de pollen. L'ouvrière, rentrant dans la ruche, cherche une cellule vide; elle y introduit la tête et y rejette le contenu de son estomac. Voilà le véritable miel dégorgé. Pour le pollen, elle enfonce les pattes postérieures dans une cellule où il n'y a ni miel ni larve, et avec le bout des jambes intermédiaires elle détache les pelotes et les pousse au fond. En répétant ses voyages, elle finit par remplir la cellule.

Une fois pleines, les alvéoles sont bouchées avec un couvercle de cire. C'est à ces provisions que puisent les nourrices pour élever les larves; c'est là que la population entière trouve des ressources quand les mauvais temps sont venus. Ce sont enfin des greniers d'abondance, sauvegarde de l'avenir en cas de disette. Le couvercle de cire est scrupuleusement respecté. En temps de pénurie, les scellés sont levés, et chacun puise au rayon ouvert, mais avec réserve et sobriété.

VIII. — Les Abeilles (SUITE).

Quand les alvéoles destinées à servir de nid sont en nombre suffisant, l'abeille mère, la reine, va de l'une à l'autre, traînant son ventre gonflé d'œufs. Les ouvrières lui font respectueux cortège. Un œuf, un seul, est pondu dans chaque cellule. En peu de jours, de trois à six, il sort de cet œuf une larve, tout petit ver blanc, sans pattes, recourbé en virgule.

Maintenant commence le délicat travail des nourrices. Il leur faut tous les jours et plusieurs fois par jour distribuer la nourriture aux vermisseaux, qui reçoivent la becquée. Cette nourriture est un aliment à propriétés nutritives croissantes : d'abord pâtée fluide, presque sans saveur ; puis quelque chose d'un peu plus sucré ; enfin le miel pur. En six jours, les larves, appelées *couvain,* ont atteint tout leur développement. Alors elles font leurs préparatifs pour la métamorphose.

Chacune tapisse de soie l'intérieur de la cellule, que les ouvrières bouchent avec un couvercle de cire. Dans le fourreau de soie se fait la transformation en nymphe d'abord et puis en insecte parfait. Douze jours plus tard, l'insecte s'éveille de sa profonde torpeur, se trémousse, déchire son étroit maillot, et l'abeille apparaît. Le couvercle de cire est rongé à l'intérieur par la recluse, à l'extérieur par les ouvrières, prêtant aide à la pénible délivrance. L'abeille nouveau née dessèche ses ailes, se lustre le corps avec les pattes et se met tout de suite au travail.

Les œufs qui doivent donner naissance à des reines sont pondus dans des cellules spéciales, beaucoup plus spacieuses, beaucoup plus massives que celles où éclosent les faux-bourdons et les ouvrières. Leur forme est grossièrement celle d'un dé à coudre. Elles sont fixées au bord des gâteaux et ont l'orifice tourné en bas. On les nomme *cellules royales*. Pour ces berceaux, la cire est prodiguée. Plus de forme régulière et parcimonieuse, plus de minces cloisons : un dé à coudre, ample et somptueusement épais.

L'œuf déposé dans ces vastes alvéoles ne diffère en rien de celui que reçoivent les cellules communes ; c'est son éducation qui décide s'il en proviendra une ouvrière ou une reine. La même larve devient une mère, une reine, si elle est élevée dans une ample alvéole et alimentée d'une nourriture spéciale, dite *pâtée royale ;* elle devient simple ouvrière si , contenue dans une alvéole étroite, elle ne reçoit que des aliments communs. La pâtée royale destinée aux larves des mères est une espèce de bouillie assaisonnée, avec un goût légèrement sucré et mélangé d'aigre.

Rayon. — D, cellule royale.

Les ouvrières et les reines sont donc originairement même chose ; les profondes différences qui se manifestent plus tard ont pour cause le régime de la larve et le plus ou moins d'espace où se fait la croissance. Aussi les abeilles font-elles à volonté une reine d'une larve destinée d'abord à devenir ouvrière. Lorsque dans une ruche les larves de reine viennent à manquer, les ouvrières agrandissent les cellules de quelques larves communes et donnent à celles-ci de la pâtée royale. Cela suffit pour obtenir des mères.

Un moment arrive où la population est trop nombreuse. De nouvelles reines sont écloses, objet des poursuites acharnées de la vieille reine, qui les tuerait jusqu'à la dernière sans la vigilante protection des ouvrières. Pour chaque ruche il faut une reine, mais il n'en faut qu'une; les autres doivent périr ou s'en aller. La population surabondante émigre donc, toujours accompagnée de l'une des nouvelles reines, et va s'établir ailleurs.

Le rucher.

A divers signes se reconnait le prochain départ de la troupe émigrante ou de l'*essaim*. Les ouvrières se réunissent à l'entrée de la ruche en une grappe pointue. Celles qui reviennent des champs, les corbeilles chargées de pelotes de pollen, au lieu de pénétrer dans la ruche pour y déposer leur récolte, s'arrêtent sur le seuil et se joignent au groupe déjà formé; celles qui sortent, voyant l'attroupement, renoncent à leur expédition sur les fleurs et prennent place dans la grappe des autres.

Cependant à l'intérieur de la ruche règne un sourd bourdonnement. C'est le tumulte excité par la vieille reine qui court çà et là sur les gâteaux, furieuse de ne

pouvoir se défaire de ses rivales. La reine émigrante sort
enfin, et avec elle les ouvrières se précipitent en foule
aux portes de la ruche. Le groupe qui stationnait à l'entrée les suit.

L'essaim prend son essor. C'est comme un petit nuage
de fumée rousse, qui s'élève et s'abaisse, s'éparpille ou
se rassemble en tourbillon compact. Il s'en échappe un
monotone bruissement d'ailes. Des éclaireurs dispersés
inspectent le voisinage pour trouver un point favorable
où l'essaim puisse se fixer.
D'habitude, c'est une branche
d'arbre.

Les premières abeilles arri-
vées se cramponnent à la
branche avec les pattes de
devant. D'autres viennent qui
se suspendent aux pattes postérieures des précédentes, et
servent elles-mêmes de points
de suspension à un troisième
rang. A la suite, d'autres rangées prennent place, toujours
les crochets engagés dans les
crochets, jusqu'à ce que tout
l'essaim se soit posé. L'ensemble forme une volumi-

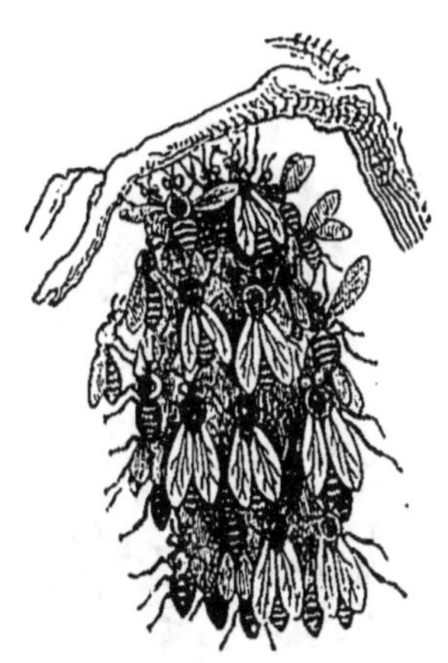

Grappe d'abeilles.

neuse grappe pendante, dont le poids entier est sup-
porté par les abeilles directement cramponnées à la
branche. Dans le sein de l'amas est toujours la reine,
sans laquelle l'essaim ne se serait pas fixé.

Pour recueillir la grappe d'abeilles, on imprime à la
branche une brusque secousse, qui fait tomber l'essaim
dans une ruche tenue en dessous, l'orifice en haut. La
ruche est alors retournée sur un plateau et maintenue
soulevée au moyen d'une paire de cales, pour laisser aux
abeilles passage plus facile. Effarouchées, beaucoup
s'envolent; les autres, plus nombreuses, restent, si la
reine se trouve dans la ruche, et grimpent aux parois de la

nouvelle habitation avec un vif bruissement d'ailes. Les abeilles, dit-on alors, *battent le rappel*. Et, en effet, à ce rappel, les ouvrières en fuite reviennent et rejoignent le groupe au milieu duquel est la reine. Quand tout l'essaim est réuni, on met la ruche en place et l'on supprime les cales qui favorisaient la tumultueuse rentrée.

Les ruches sont construites de diverses manières, suivant les usages des pays. Il y en a de carrées, faites avec des planches; il y en a de rondes, formées d'un tronc d'arbre creux. D'autres sont tressées avec de

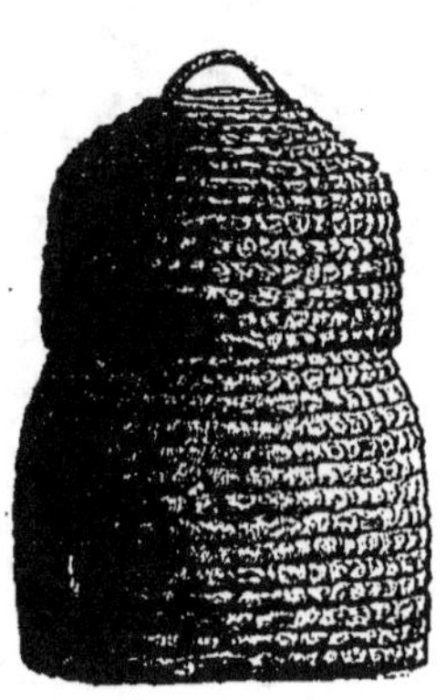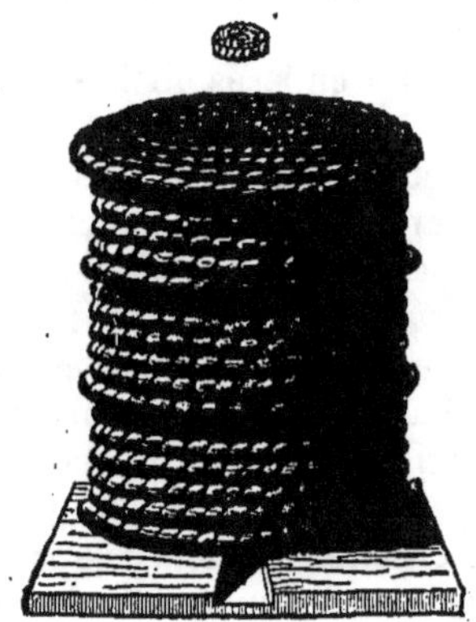

Ruches.

l'osier, d'autres résultent d'un enroulement de cordes de paille. Les plus répandues ne forment qu'une seule pièce. Ce sont les plus simples, mais aussi les plus incommodes pour la récolte du miel et les soins à donner aux abeilles. On doit leur préférer les ruches *composées*.

Parmi celles-ci, les unes comprennent un étage inférieur et un chapiteau ou calotte qui s'enlève et se remet à volonté; les autres sont un assemblage de plusieurs compartiments ou *hausses*, disposés au-dessus les uns des autres, ce qui permet d'augmenter ou de diminuer la capacité suivant la population de la ruche. Toutes reposent sur un plateau, à quelque distance du sol, dont l'humidité serait contraire aux abeilles.

Le transvasement des abeilles d'une ruche dans une autre et la récolte du miel sont travail délicat, à cause des piqûres qui menacent l'opérateur. La figure est garantie par un masque en fine toile métallique; les mains

Enfumoir de l'apiculteur.

sont protégées par des gants noués au-dessus du poignet; le reste du corps est à l'abri sous un camail qui intercepte toute voie par où les abeilles pourraient pénétrer. Ainsi vêtu pour sa défense, l'apiculteur va aux abeilles avec un *enfumoir*.

C'est un cylindre métallique dans lequel brûlent de vieux chiffons de toile imprégnés d'un peu de salpêtre. Un soufflet engagé dans l'enfumoir fait sortir par

l'autre bout de l'appareil un jet de fumée que l'on dirige
aisément où l'on veut. A demi étourdies par cette fumée
lancée dans la ruche, les abeilles laissent en paix l'opérateur, qui sans danger les dépouille de leur miel. L'essaim ne tarde pas à reprendre vie et à remettre en ordre
la demeure, pourvu que la fumigation n'ait pas été
poussée trop loin.

IX. — L'aiguillon et le venin de l'Abeille.

Avez-vous jamais été piqué par une abeille? Apparemment, oui. Qui n'a pas éprouvé cette mésaventure? On
s'approche indiscrètement de la ruche, ou veut voir de
trop près ce que fait l'industrieux essaim, et notre curiosité indiscrète est punie d'une piqûre. En cueillant une
fleur, on dérange, par mégarde, une abeille affairée au
travail de la récolte. Il n'en faut pas davantage pour
s'attirer la vengeance de l'irascible travailleuse, qui vous
larde de son aiguillon.

Oui, tant que nous sommes, qui plus, qui moins, nous
avons tous été piqués. Peut-être même connaissons-nous
la piqûre de la guêpe, bien autrement douloureuse. Ah!
mes amis, qu'elle est cuisante, cette piqûre! Au point
atteint, la peau s'enfle, devient rouge, comme échaudée
par de l'eau bouillante. C'est le supplice d'un feu qui
vous dévore à l'intérieur. Mettons sur la blessure une
compresse d'eau fraîche, qui calmera la douleur, et apprenons comment une petite bête de rien peut nous faire
tant de mal.

Avec un mouchoir, pour préserver les doigts de toute
fâcheuse maladresse, faisons capture d'une abeille, et
pressons légèrement le ventre de l'insecte mort ou mourant. Nous verrons sortir du ventre une pointe brune,
aiguë, fine comme un cheveu. C'est là le dard ou l'aiguillon de l'abeille. C'est son arme de défense, son stylet
de protection.

Tant que rien ne l'inquiète, elle le tient, invisible, à

l'intérieur du corps, dans une gaine qui l'enveloppe et l'empêche de s'émousser; en péril, elle le sort soudain du fourreau et en poignarde qui la trouble. Malgré sa délicatesse, ce stylet est d'une telle perfection, qu'aussitôt touché l'ennemi est lardé. Il pénètre dans la dure peau de nos doigts aussi aisément que l'aiguille la plus acérée.

Étant très court, il ne va pas profondément; et puis il est si menu qu'il ne laisse pas de blessure visible. Pas la moindre plaie saignante, la moindre entaille que le regard puisse apprécier.

Le point atteint semble n'avoir rien éprouvé, et néanmoins la douleur y est des plus vives.

Une égratignure d'épine, quand la main cherche dans un buisson, est bien plus grave en apparence, avec sa gouttelette de sang. Pourtant pas de douleur, ou du moins si légère qu'on n'y prend pas garde; cela n'en vaut pas la peine. Singulière contradiction : une piqûre imperceptible nous cause une

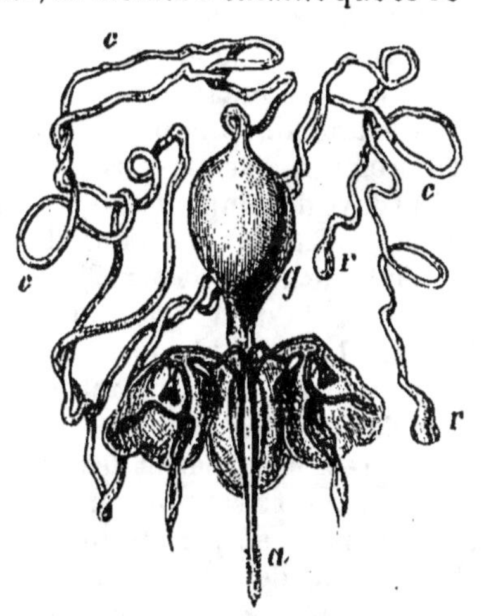

Le dard de l'Abeille. — a, dard; g, ampoule où s'amasse le venin; c, r, organes produisant le venin.

douleur intolérable, une égratignure qui déchire et fait saigner nous laisse indifférents.

Si le dard de l'abeille et celui de la guêpe étaient de simples pointes acérées, aptes à pénétrer dans les chairs ainsi que de subtiles épines, nous n'aurions pas à les redouter; leurs piqûres, même multipliées coup sur coup, seraient à peine ressenties. Mais ce sont des armes empoisonnées; elles portent un venin qu'elles versent dans l'insignifiante blessure; et c'est de ce venin, uniquement de lui, que provient la gravité du coup d'aiguillon.

Ce venin, tenez-vous à le voir? Rien de plus facile. Regardez le dard de l'abeille dont vous pressez le ventre. Au bout se voit suinter une gouttelette limpide, transparente, semblable pour l'aspect à de l'eau. Voilà le venin, voilà le redoutable liquide cause de tout le mal.

Pour vous en convaincre, je vous proposerai l'expérience suivante. Ou plutôt, non : n'expérimentez pas vous-mêmes et croyez-moi sur parole. Vous pourriez vous en repentir. Votre curiosité vous coûterait plus cher qu'une forte piqûre de guêpe. Voici donc comment on s'est assuré de la violence de ce liquide, qui semble inoffensif tout autant que de l'eau claire.

Avec une aiguille, on se fait au doigt une piqûre très peu profonde. Jusque-là rien de bien douloureux ; c'est ce qu'éprouve de temps en temps, sans autrement s'en préoccuper, la couturière maladroite ou distraite. Alors, avec la pointe de la même aiguille, on recueille le venin suintant au bout du dard de l'abeille, et on dépose la gouttelette sur la petite blessure. Le liquide venimeux s'infiltre dans les chairs, et à l'instant la piqûre, de bénigne qu'elle était, devient extrêmement douloureuse. Jamais coup d'aiguillon reçu directement ne causerait pareille souffrance.

L'abeille est avare de son venin, réserve précieuse en des moments de péril ; elle en déverse fort peu pour chaque coup de dard. Avec notre façon grossière d'opérer, nous n'avons pas cherché l'économie ; nous avons introduit dans la plaie faite par l'aiguille toute la gouttelette, largement suffisante pour plusieurs piqûres si l'insecte avait opéré lui-même. Le venin est entré en abondance dans les chairs, et de l'excès du liquide venimeux est résultée l'exagération de la douleur. Avis à qui voudrait tenter l'essai.

Afin d'être toujours prête à la défense, l'abeille fait provision de venin et l'amasse dans une petite vessie placée à la base du dard. Au moment de faire emploi de ses munitions de guerre, elle comprime un peu cette vessie, et une goutte de liquide venimeux s'engage dans l'aiguillon, lui-même percé d'un canal conducteur avec orifice à l'extrémité. Ainsi pénètre le venin au fond de la piqûre. Le dard lui prépare le chemin en perçant la peau ; la contraction de la vessie-réservoir le chasse dans la plaie au moyen du conduit de l'aiguillon.

Ce réservoir à venin mérite d'être vu. Vous servant de fines pinces, saisissez le dard qui s'agite et cherche à piquer lorsque vous pressez le ventre de l'abeille. Tirez et arrachez. Avec l'aiguillon viendra, tout à la base, une ampoule blanche de la grosseur d'une tête d'épingle. C'est la poche à venin, le réservoir où s'amasse le liquide défensif de l'insecte. Il y a là de quoi suffire à de nombreuses piqûres, malgré l'exiguïté de l'ampoule, dont la provision d'ailleurs se renouvelle à mesure que le contenu est dépensé. Ce détail de structure est bon à connaître, comme vous allez voir.

Si l'abeille qui vient de piquer doit fuir précipitamment pour éviter les funestes suites de son audace, dans sa hâte, elle n'a pas le temps de dégager le dard de la piqûre faite, d'autant plus que la pointe du dard est barbelée, c'est-à-dire armée d'une double rangée de petites dents dirigées en arrière, qui la maintiennent en place. Alors, d'un violent effort, elle tire et abandonne son aiguillon au point piqué. Cela ne se fait pas, bien entendu, sans un mortel arrachement d'entrailles ; aussi l'abeille ne tarde-t-elle pas à périr, mais vengée.

L'abeille a fui en laissant son arme dans la plaie. Croyant obtenir un soulagement par l'extraction du dard, un maladroit ne fera qu'empirer le mal. Il saisira l'aiguillon par sa partie la plus grosse, la plus saillante, c'est-à-dire par l'ampoule à venin ; et celle-ci, comprimée par la pression des doigts, enverra dans la piqûre tout ce qu'elle contient. D'une piqûre ordinaire l'étourdi aura fait, par sa propre faute, une piqûre largement abreuvée de venin et de la sorte bien plus douloureuse. Gardons-nous de presser cette ampoule pour éviter d'aggraver la souffrance, déjà bien assez forte. On enlève l'aiguillon en le saisissant plus bas, par sa fine tige de corne.

D'après les cuisants effets que produit le venin de

l'abeille une fois introduit dans les chairs, on pourrait
se figurer que ce terrible liquide déposé sur la langue
doit piquer comme poivre, brûler comme fer rouge. Ce
doit être un poison d'une violence extrême. — Si telle
est votre idée, détrompez-vous. Mis sur la langue, le
venin de l'abeille ne produit rien du tout. Il n'a pas
de saveur, ni bonne ni mauvaise. On dirait une simple
goutte d'eau. On peut le goûter impunément, on peut
même l'avaler sans qu'il en résulte rien de fâcheux.
Bref, ce n'est pas un poison.

Distinguons ici le poison du venin, la matière véné-
neuse de la matière venimeuse. Est poison ce qui fait
mal étant avalé ; est venin ce qui fait mal étant introduit
dans le sang par le moyen d'une blessure. Le poison,
pour agir, doit pénétrer où vont les aliments, enfin dans
l'estomac ; le venin, pour agir, doit pénétrer en un point
quelconque des chairs. Diverses plantes contiennent un
poison ; elles sont vénéneuses. Qui en fait usage s'expose
à de graves périls. Divers animaux sont armés d'un venin ;
ils sont venimeux. Qui est blessé par leurs armes empoisonnées éprouve des accidents redoutables, dont l'un des
moindres est la douloureuse piqûre de l'abeille et de la
guêpe.

X. — Les Animaux venimeux.

Parmi les animaux à venin, il y en a dont l'arme em-
poisonnée n'a d'autre usage que de servir à la défense.
Telle est l'abeille, l'ouvrière au miel de nos ruches ; tel
est le gros bourdon velu, qui, lui aussi, fait amas du miel,
mais sous terre et dans de grossiers petits pots de cire.
Ne les troublons pas dans leurs travaux, à dessein ou
par mégarde, et ils nous laisseront tranquilles. Si nous
les irritons, aussitôt ils dégainent et lardent l'agresseur
de leur dague venimeuse. Ils portent dard pour la défense, et non pour l'attaque.

D'autres, plus redoutables, se servent de leur venin
pour tuer rapidement et sans lutte dangereuse la proie

dont ils se nourrissent. Il va de soi que l'arme offensive
est aussi, en un moment de péril, une arme défensive.
Ce qui sert à tuer la proie sert aussi à repousser l'ennemi. Au nombre des animaux faisant double emploi de
leur arme venimeuse, pour l'attaque d'abord et puis
pour la défense, mentionnons le scorpion et la vipère.

Hideuse bête que le scorpion, et sans intérêt pour nous
s'il n'y avait pas à se préoccuper de sa piqûre. Ventre
aplati, traînant à terre, pas de tête
distincte. En réalité, le scorpion
en a une, mais tout d'une venue
avec le reste du corps, de façon
que l'animal paraît tronqué. De
chaque côté, quatre faibles pattes.
En avant deux grosses pinces, imi-
tées de celles de l'écrevisse. En arrière, une sorte de queue noueuse.
Le dernier nœud, plus renflé que
les autres, est le réservoir à venin.
Il se termine par un croc recourbé,
très aigu, percé au bout d'une fine
ouverture d'où suinte le liquide
venimeux au moment de l'attaque.

Cette queue noueuse avec son
dard terminal, voilà l'arme de
chasse du scorpion, arme terrible,
qui tue à l'instant, d'un seul coup,

Le Scorpion commun.

le petit gibier saisi. L'animal la porte recourbée sur le
dos, prête à piquer en avant, en arrière, avec la brus-
querie d'un ressort qui se détend. Les pinces, à deux
doigts dont l'un mobile, sont inoffensives, malgré leur
menaçante tournure. Ce sont des tenailles dont la bête
fait usage pour maintenir à sa portée et maîtriser la
proie que le dard va piquer.

Le scorpion est carnassier. Il se nourrit de tout gibier
proportionné à sa taille : cloportes, insectes, araignées.
Peu agile, il sort de nuit de son repaire et cherche dans
l'obscurité la proie endormie. Il fait rencontre, je sup-

pose, d'une grosse araignée. C'est un morceau succulent,
mais de capture périlleuse : car l'araignée est, de son
côté, armée à la bouche de crochets venimeux. Doués

Le Scorpion jaune du Languedoc.

l'un et l'autre d'armes mortelles, qui des deux succom-
bera? Ce sera l'araignée.

Le scorpion la saisit avec ses deux pinces et la maintient à distance pour se garantir des morsures. Alors
la queue roulée se débande brusquement par-dessus le
scorpion et va frapper du dard la captive impuissante.
C'est fait : la bête atteinte frémit un instant du tremble-

ment de l'agonie et s'affaisse, morte. Le chasseur peut
maintenant s'en repaître à l'aise, en toute sécurité.

Nous avons en France, dans les départements méridionaux, deux espèces de scorpions. Le plus commun et le
plus petit des deux est d'un noir verdâtre. Son habituel
domicile est sous les pierres, au pied des vieilles murailles, chères au cloporte et à l'araignée; mais il pénètre
aussi très souvent dans les habitations, où il se réfugie
dans les recoins obscurs.

En temps pluvieux, il se blottit sous le linge empilé
des armoires, et même sous les couvertures des lits.
Fâcheuse rencontre que celle de cet intrus malfaisant,

Tête de Couleuvre.

Tête de Vipère.

trouvé parfois, le matin, au fond de votre bas. On se-
coue l'affreuse bête, on l'écrase sous le talon. S'il vous
a piqué, la douleur est des plus vives, mais sans grave
danger.

La seconde espèce, bien plus grosse et bien plus à
craindre, ne se trouve guère qu'en Languedoc et en Provence. Sa couleur est d'un jaune paille. Il habite les collines sablonneuses exposées aux plus chauds rayons du
soleil. Là, sous quelque large pierre plate, il se creuse
un terrier, un repaire spacieux, d'où il ne sort que la
nuit pour chercher de quoi vivre. Jamais il ne pénètre
dans les habitations, jamais il ne quitte ses chaudes
solitudes. Qui ne le dérange pas en soulevant la dalle de
sa demeure n'est pas exposé à son dard; mais malheur

à l'étourdi qui viendrait imprudemment fouiller son repaire. Sa piqûre est parfois mortelle, dit-on.

La vipère habite de préférence les collines chaudes et rocailleuses ; elle se tient sous les pierres et dans les fourrés de broussailles. Sa couleur est brune ou roussâtre. Elle a sur le dos une bande sombre en zigzag, et sur chaque flanc une rangée de taches. Son ventre est d'un gris ardoisé. Sa tête est un peu triangulaire, plus large que le cou, obtuse et comme tronquée en avant.

La vipère est timide et peureuse ; elle n'attaque l'homme que pour sa défense. Ses mouvements sont brusques, irréguliers, pesants. Comme tous les serpents, elle se nourrit de proie vivante, en particulier d'insectes et de petits rats des champs. Pour en faire prompte capture et les mettre dans l'impossibilité de se défendre, elle les pique de son arme venimeuse, ainsi que le fait le scorpion.

Tous les serpents dardent entre leurs lèvres, avec une extrême vélocité, un filament noir, très flexible et fourchu. Pour beaucoup de personnes, c'est le dard du reptile ; mais en réalité ce filament n'est autre chose que la langue, langue tout à fait inoffensive, dont l'animal se sert pour happer les insectes et pour exprimer à sa manière les passions qui l'agitent en la passant rapidement entre les lèvres. Tous les serpents, sans exception, en ont une ; mais dans nos contrées la vipère seule possède le terrible appareil à venin.

Cet appareil se compose d'abord de deux crochets ou longues dents aiguës, placées à la mâchoire supérieure. Ces crochets sont mobiles. A la volonté de l'animal, ils se redressent pour l'attaque ou se couchent dans une rainure de la gencive, et s'y tiennent inoffensifs comme un stylet dans son fourreau. De la sorte, le reptile ne court pas le risque de se blesser lui-même.

Ils sont creux et percés vers la pointe d'une fine ouverture par laquelle le venin se déverse dans la plaie. Enfin, à la base de chaque crochet se trouve une petite poche pleine du liquide venimeux. C'est, comme pour l'abeille et le scorpion, une humeur d'innocent aspect, sans odeur, sans saveur ; on dirait presque de l'eau. Quand la vipère frappe de ses crochets, la poche à venin chasse une goutte de son contenu dans le canal de la dent, et le terrible liquide s'infiltre dans la blessure. En somme, les choses se passent exactement comme je vous l'ai dit au sujet d'une piqûre d'abeille.

Supposons qu'un imprudent vienne à déranger le reptile qui sommeille au soleil. Soudain l'animal déroule ses cercles superposés, et de sa gueule largement ouverte vous frappe à la main. C'est l'affaire d'un clin d'œil. Avec la même rapidité, la vipère replie sa spirale et se retire, continuant à vous menacer de sa tête placée au centre de l'enroulement.

Vous n'attendez pas une seconde attaque, vous fuyez ; mais, hélas! le mal est fait. Sur la main blessée, deux points

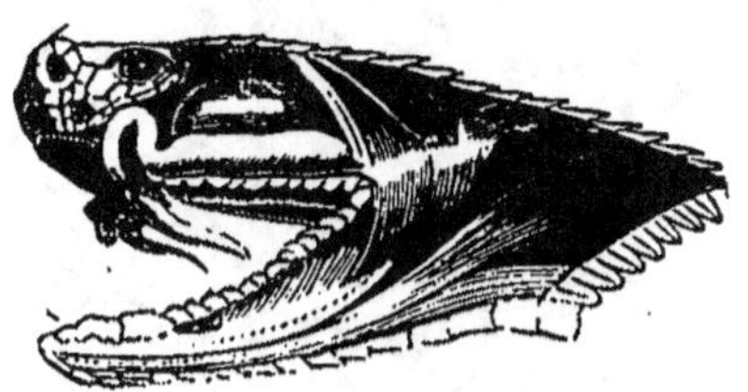

Crochets à venin de la Vipère.

rouges se voient, presque insignifiants, vraies piqûres d'aiguille. Ce n'est pas bien alarmant; vous vous rassurez si vous êtes dans l'ignorance des effets de telle blessure. Confiance trompeuse !

Voici que les points rouges s'entourent d'un cercle livide. Avec de sourdes douleurs, la main s'enfle, et, de proche en proche, le bras. Bientôt des sueurs froides et des nausées surviennent; la respiration se fait pénible, la vue se trouble, l'intelligence s'engourdit. Si l'on n'est pas secouru à temps, la mort peut arriver.

Que faire en tel danger? Il faut serrer, lier même, le doigt, la main, le bras, au-dessus de la partie blessée, pour entraver la diffusion du venin dans le sang; il faut faire saigner la plaie en exerçant des pressions tout autour; il faut la sucer énergiquement pour en extraire le liquide venimeux. Je vous l'ai dit en parlant de l'abeille,

et je le répète ici : le venin n'est pas un poison. Il n'agit
pas, serait-il des plus terribles, tant qu'il n'est pas mélangé avec le sang. La succion est donc sans danger aucun si la bouche n'a pas d'écorchure.

Il est visible que si, par une succion énergique et par
une pression qui fait couler le sang, on parvient à extraire tout le venin de la plaie, la blessure est désormais

La Vipère.

sans gravité. Pour plus de sûreté, dès que c'est possible,
on cautérise la plaie avec un liquide corrosif, alcali vo-
latile, eau forte, ou même avec une aiguille de fer chauffée
au rouge. La cautérisation a pour effet de détruire la matière venimeuse. C'est douloureux, j'en conviens, mais
encore faut-il s'y résigner pour éviter un mal plus grand.

La cautérisation est l'affaire du médecin. Les précautions préliminaires, ligature pour entraver la diffusion
du venin, pression pour faire écouler le sang empoi-
sonné, succion pour extraire le liquide venimeux, nous

concernent personnellement ; et tout cela doit être fait
à l'instant même : car plus on tarde, plus le mal s'ag-
grave. Lorsque ces précautions sont prises, il est bien
rare que la piqûre de la vipère ait des conséquences funestes.

XI. — Le Phylloxera.

Au sujet des fourmis, quelques mots ont été dits concernant les pucerons, leurs vaches laitières. Vous n'avez
pas oublié ces curieux troupeaux, ayant pour mamelles
deux petits tubes d'où suinte, par moments, une humeur
sucrée. La fourmi vient les traire en les caressant des
antennes ; elle s'abreuve de leur laitage, s'en emplit l'estomac en guise de bidon, et retourne, toute rebondie,
à la fourmilière pour dégorger l'exquise liqueur aux
nourrissons, élevés à la becquée.

Elle les surveille avec une vigilance jalouse ; au besoin,
elle les parque dans des bergeries closes, crainte des
maraudeurs. Jusque-là tout est pour le mieux : le bétail
des fourmis nous amuse un instant, et rien de grave, à
ce qu'il semble, ne pourrait lui être reproché. Informons-
nous davantage, et les pucerons se montreront à nous
sous un aspect autrement sérieux.

Parlons d'abord de ceux du rosier. Vous voulez cueillir une rose. Son parfum embaume l'air, sa forme et son
coloris réjouissent les yeux. Au moment de la détacher,
que trouvez-vous sous les doigts ? A la base et sur tout
le rameau qui la porte, la superbe fleur est souillée d'une
légion de poux verts ; une odieuse vermine en a pris
possession ; au magnifique est associé le dégoûtant. Le
regard est rebuté ; les doigts hésitent devant cette espèce
d'écorce animée que la moindre pression résout en purée
visqueuse. Cueillons la rose tout de même, et avant
d'en secouer les pucerons accordons-leur un moment
d'examen.

Ils sont d'un vert tendre, fortement ventrus, et dépourvus d'ailes. Un peu d'attention suffit pour distinguer

les deux petites cornes postérieures d'où suinte le liquide régal des fourmis. Ils ont en dessous un suçoir droit et très délié, une espèce de sonde, qu'ils implantent dans l'écorce la plus tendre pour en puiser les sucs, leur nourriture. Une fois le suçoir plongé en un point à sa convenance, l'animalcule ne bouge plus. S'il se résout à se déplacer un peu, à peine, c'est que son puits est tari et qu'il lui faut en forer un autre tout à côté. Faire seulement le tour du rameau est émancipation que les plus aventureux osent seuls se permettre. La règle est que le puceron demeure jusqu'à sa fin sur l'emplacement même où il est né.

Les pucerons pullulent très rapidement, car chacun d'eux sans exception, du premier au dernier, tant qu'il y en a, est apte en peu de jours à procréer famille. Aux côtés de la

Pucerons du rosier.

mère s'établissent les nouveau-nés, eux-mêmes bientôt entourés de leur descendance. Peu après, cette descendance a la sienne, suivie d'une autre, puis d'une autre encore; et toujours ainsi tant que dure la belle saison. Le rameau, la branche, la plante entière, se couvrent de la sorte de poux tellement serrés l'un contre l'autre, que par places la véritable écorce disparaît sous l'écorce de vermine.

Avez-vous jamais vu un carré de fèves envahi par les pucerons noirs? Là mieux qu'ailleurs apparaît la rapidité de propagation. Sur la nappe de verdure, une petite tache noire se montre d'abord et annonce le commencement de l'invasion. C'est une famille de pucerons installée sur la sommité d'une tige, partie plus tendre, où les suçoirs fonctionnent mieux. Le jardinier, au courant de l'affaire, s'empresse de couper cette sommité et de l'écraser sous les pieds. Il espère conjurer le mal en détruisant ce nid à vermine.

Son espoir n'est pas long. Quelques jours après, au lieu d'une plante envahie, il y en a des douzaines. Il décapite encore, il retourne les feuilles restantes et les visite une à une; il écrase, veillant à ce que nul n'échappe à l'extermination. Cette fois sera-ce bien fini? Pas du tout : la noire population reparaît, plus nombreuse que jamais; les pieds envahis ne se comptent plus. Il a suffi de quelques pucerons échappés au massacre pour infester tout le carré de fèves. Le feuillage pend, immonde et flétri; les jeunes fruits, criblés de piqûres, rugueux de cicatrices, se recroquevillent sans pouvoir grossir. A ce mal pas de remède; la récolte est perdue.

Le jardinier arrache le tout et le jette au fumier. Ses soins et sa vigilance n'ont pu maîtriser l'invasion. En vain il en écrasait des légions sous son talon irrité : en quelques jours les rares survivants reconstituaient famille plus nombreuse que jamais. L'homme n'est guère en mesure de lutter victorieusement contre cette infime vermine, qui brave la destruction par son nombre infini.

Le puceron, vous disais-je, n'aime pas à se déplacer. Il implante le suçoir au point où il vient de naître, et ne bouge plus de là, s'abreuvant de sève et s'entourant d'une famille. Cet amour du repos nous explique bien comment se peuplent de proche en proche un rameau de rosier et une sommité de fève, mais il ne rend pas compte de la propagation à distance.

Avec ses mœurs casanières, l'insecte devrait être cantonné dans d'étroites limites, sur une feuille et non sur toutes, sur un rosier et non sur les rosiers voisins. Il est au contraire répandu partout. Lorsqu'un carré de

fèves est envahi, ceux du voisinage le sont également;
lorsqu'un rosier est peuplé, tous ceux des alentours le
sont aussi. Aucun végétal à sa convenance n'échappe à
l'invasion. Comment donc l'animalcule obèse, qui pour
un pas en avant chancelle de fatigue, parvient-il à passer d'un rosier à l'autre, d'un jardin à l'autre? comment
peut-il prendre possession d'étendues illimitées?

Passons en revue quelques rosiers, et nous aurons
prompte réponse à la question. Outre les pucerons sans
ailes, lourdement ventrus, groupés sur les rameaux
tendres, nous en verrons d'autres, verts comme les premiers, mais plus élégants de forme, plus dégagés d'al-
lure et doués de quatre ailes, fort belles ailes vraiment,
diaphanes avec quelques reflets des couleurs de l'arc-en-
ciel. Ce ne sont pas de paresseux buveurs de sève, toujours accroupis sur la source ouverte par le suçoir; on
les voit aller et venir, circuler allègrement au milieu de
l'immobile troupeau, inspecter le feuillage, se porter
d'une branche à l'autre, et même prendre au loin l'essor.
Ils sont les voyageurs de la famille. Leur fonction est de
propager la race aux alentours avec le secours de leurs
ailes, et même à de grandes distances lorsqu'un souffle
de vent les emporte.

Il y a donc parmi les pucerons verts du rosier, les pucerons noirs de la fève et une foule d'autres, deux caté-
gories d'animaux dissemblables, quoique parents. Les
uns n'ont pas d'ailes. Ils vivent au point où ils sont nés
et s'y multiplient en légions serrées. Les autres, relativement peu nombreux, sont pourvus d'ailes. Sans se
fixer nulle part, ils vont, au gré des vents et de leur essor,
déposer en lieu propice des germes dont chacun sera
l'origine d'un troupeau de pucerons sans ailes. Les premiers peuplent sur place avec une inconcevable fécondité; les seconds quittent l'immobile famille et vont
fonder, un peu partout, de nouveaux centres de population. Les premiers pullulent à outrance, les seconds
colonisent.

Souiller la queue de la rose d'une gaine de poux n'est

pas cas bien pendable ; ravager le champ de fèves, espoir
du jardinier, est chose plus grave. Ce n'est rien encore

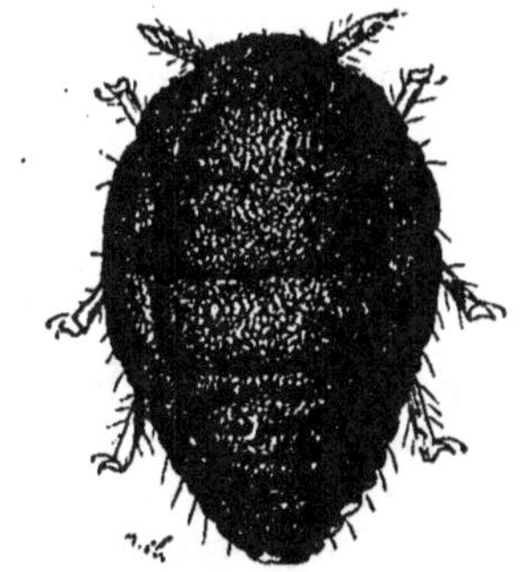

Phylloxera des racines, vu en dessus et en dessous.
(Figure très grossie.)

en regard d'autres méfaits des pucerons. L'un d'eux vit
en terre sur les racines de la vigne. Ah! l'odieux pou!
Jamais l'agriculture n'a éprouvé pareils désastres ; jamais
inondations, sécheresses,
saisons bouleversées, n'ont
amené telles misères. Ce
que nous coûte déjà son
terrible suçoir atteint, dit-
on, la valeur fabuleuse de
dix milliards ! Quelle bouchée pour une misérable
vermine, tout juste visi-
ble ! Et dire que les na-
tions concertant leurs efforts ne peuvent venir à
bout d'exterminer ce pou !
Ah ! que la force est faiblesse devant le très petit
infiniment nombreux !

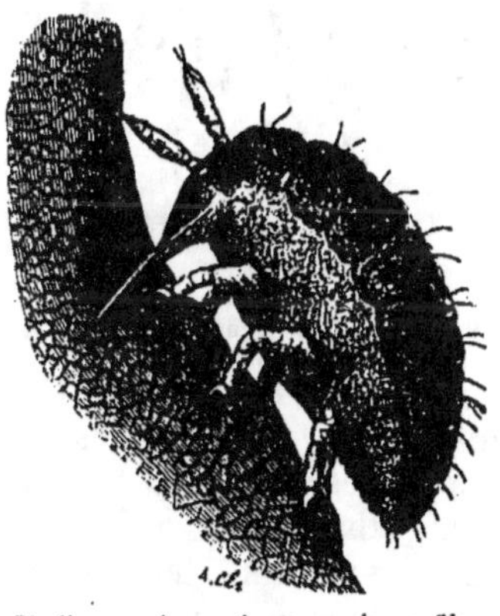

Phylloxera des racines, vu de profil
(Figure très grossie.)

Ce destructeur de la vigne se nomme *phylloxera*, dénomination étrange dans notre langue, mais qui ne frappe
pas moins l'esprit lorsqu'on sait ce qu'elle veut dire.

« Phylloxera » signifie *dessécheur de feuilles*. Le puceron ainsi qualifié ne dessèche que trop, en effet, le feuillage de la vigne, non d'une façon directe, il est vrai, mais en s'attaquant aux racines. Celles-ci, meurtries de piqûres, cessent de puiser dans le sol la nourriture du cep ; la tige dépérit, et avec elle les feuilles, qui jaunissent et se fanent.

Le phylloxera ne se borne pas à dessécher le feuillage : il dessèche, il tue la vigne entière. Du reste, le nom qu'il porte n'a pas été fait expressément pour lui ; un autre le possédait avant que fût connu le ravageur des vignobles. Le puceron qui le premier fut dénommé phylloxera vit aux dépens du chêne et s'établit sur les feuilles, dont il épuise la sève. Voilà vraiment le dessécheur de feuilles. Celui de la vigne a donc hérité d'une dénomination ancienne, insuffisante pour signifier la gravité de ses ravages.

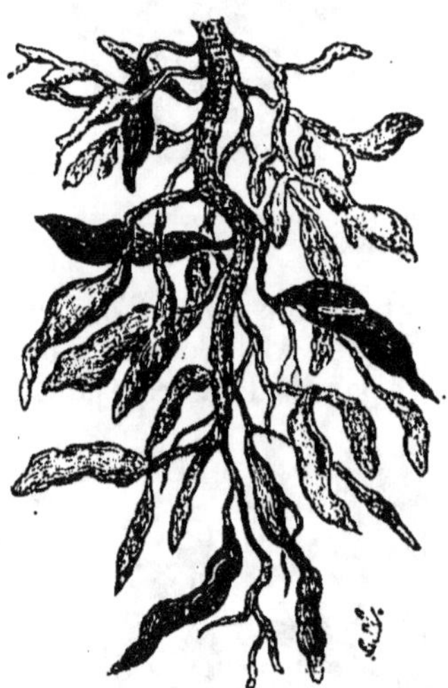

Radicelles de la vigne ravagées par le Phylloxera.

Ce dernier est un petit pou jaunâtre et dodu, assez difficile à voir pour des yeux non exercés, car sa longueur mesure à peine trois quarts de millimètre. Il vit par amas sur les fines ramifications des racines, partout où l'écorce est assez tendre pour lui permettre d'y plonger le suçoir. Les rangs sont si pressés que les radicelles envahies portent une gaine continue de vermine tachant les doigts en jaune. Tous, tant qu'ils sont, pondent dans les interstices de la mêlée de petits tas d'œufs ovalaires, d'abord d'un jaune de soufre, puis brunâtres quand approche le moment de l'éclosion.

De ces œufs naissent en peu de jours de nouvelles
pondeuses qui s'établissent à côté des premières et aug-
mentent de leur descendance l'innombrable famille.
Tant que dure la saison propice, aux myriades s'ajoutent
ainsi les myriades des générations successives, si bien
que les filaments des racines disparaissent sous l'accu-
mulation des pondeuses et de leurs œufs.

Criblées de piqûres, les radicelles se boursouflent, se
renflent de distance en distance et prennent l'aspect de
chapelets à grains allongés. Ainsi déformées, meurtries
dans leurs suçoirs délicats, les racines ne puisent plus
les sucs nourriciers de la terre ; la vigne affamée languit
quelque temps, ne donne que des pousses chétives, incapables de produire une grappe ; enfin elle se dessèche et
meurt. Pour prospérer, le puceron a tué sa nourrice.

XII. — Le Phylloxera (SUITE).

Le pou jaune des racines n'a pas l'humeur voyageuse ;
dépourvu d'ailes, lourd et ventru, il n'est guère fait
pour le déplacement. Où sa percerette est une fois im-
plantée, volontiers il demeure tant que la place est
tenable. Cependant, lorsque la radicelle mourante tourne
à la pourriture, faut-il encore changer de réfectoire et
chercher ailleurs table mieux garnie. Le puceron démé-
nage donc. Explorateur tenace, il sait, avec de la patience
et du temps, se porter d'une racine à l'autre à travers
les interstices du terrain ; il ose même remonter à la surface, et là, cheminant en plein air, il émigre du cep
épuisé au cep voisin riche en sève, dont il gagne les
racines par quelque fissure du sol.

Pour ce trotte-menu, un de nos pas doit être voyage
exorbitant ; aussi sa dissémination à la ronde serait-elle
d'une lenteur extrême si d'autres moyens ne lui venaient
en aide. Ces moyens de colonisation à de grandes distances, le puceron vert du rosier nous les a déjà fait
connaître. Comme lui, pour se répandre dans les vigno-

bles, le phylloxera possède une corporation spéciale de voyageurs pourvus d'aile.

Au fort des chaleurs de l'été, on voit apparaître, dans l'amas de poux jaunes couvrant les racines, certains pucerons de forme plus allongée, qui bientôt changent de peau et portent alors sur les côtes deux paires de moignons noirs, fourreaux de quatre ailes futures. Ce sont les nymphes destinées à l'émigration. Ces nymphes quittent leurs profondes demeures et remontent au pied du cep, parfois même jusqu'à la surface du sol. Là, nouveau changement de peau. Alors apparaît l'insecte ailé, supérieur de taille à sa parenté de dessous terre.

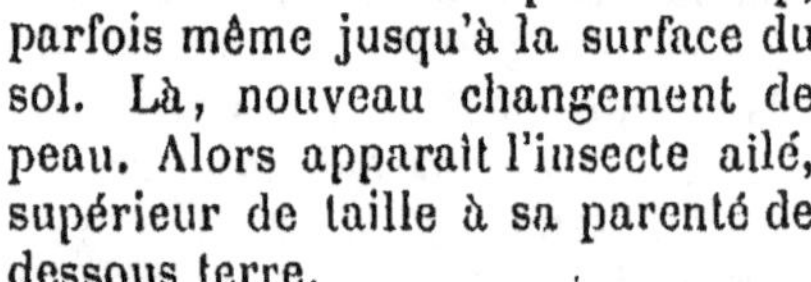

Il mesure un peu plus d'un millimètre, non compris les ailes. Celles-ci, claires et irisées, dépassent de beaucoup le corps en longueur. Les supérieures sont larges, arrondies et légèrement enfumées au bout; les inférieures sont étroites et plus courtes. Elles sont tendues par de robustes nervures, indice d'un essor puissant. Avec ses grandes ailes diaphanes, sa large tête à gros yeux noirs, son ventre allongé en pointe obtuse et sa coloration jaunâtre,

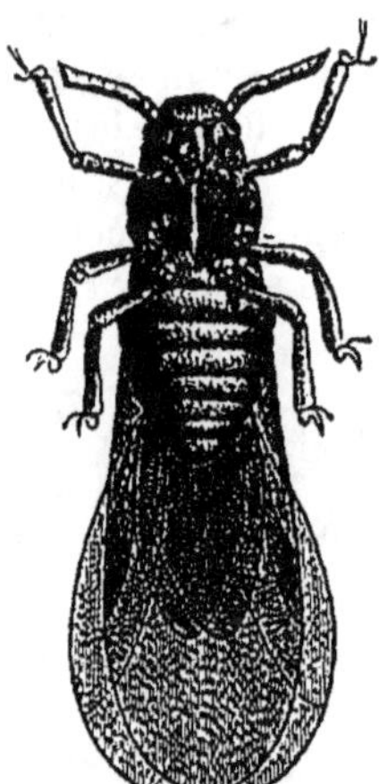

Phylloxera ailé vu en dessous. (Figure très grossie.)

l'insecte voyageur a la tournure d'une très petite cigale. Tel est le phylloxera chargé de propager au loin la race.

Ce n'est plus ici la lourde bestiole pansue, épuisant ses forces pour déménager d'une racine à la racine voisine; c'est une agile créature aérienne, capable de franchir, avec la rapidité de la flèche, une distance de quelques lieues, surtout lorsque souffle un vent favorable. Pendant les chaleurs de juillet et d'août, les phylloxeras ailés prennent l'essor et s'abattent par essaims sur les vignobles encore respectés. Ils s'établissent sur le feuillage, où leur suçoir puise sobrement.

Se gorger en insatiables goulus, comme le font les poux installés sur les racines, n'est pas leur affaire ; aussi leurs propres dégâts sont-ils d'importance nulle. Malheureusement, ils ont à remplir une mission des plus désastreuses pour nous, la mission d'infester de proche en proche les vignobles et de peupler de ravageurs souterrains les régions encore saines. Tous se mettent de la partie ; tous, sans exception, se mettent à pondre.

Les œufs sont peu nombreux, il est vrai ; chaque pondeuse en dépose une dizaine au plus dans le duvet cotonneux des jeunes feuilles et des bourgeons. Cela n'en fait pas moins énorme multitude, car dans cette étrange famille il n'y a jusqu'ici que des mères. Nous venons de voir que tous les phylloxeras sans ailes des racines pondent des œufs ; voici qu'à leur tour tous les phylloxeras ailés des feuilles en pondent également.

Cette exagération de la fécondité fini-rait par l'épuise-

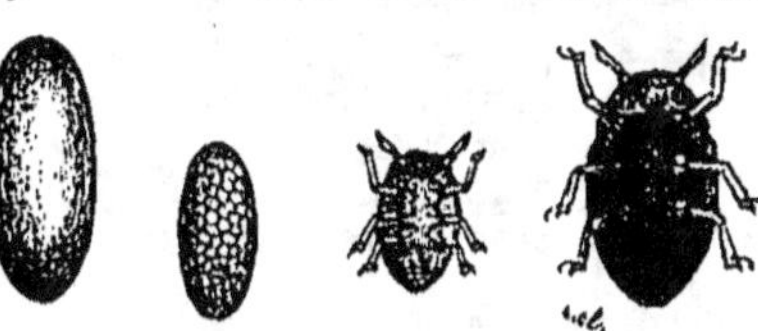

Œufs des deux sexes. Femelle et mâle qui en proviennent. (Figure très grossie.)

ment et l'extinction de l'insecte, s'il n'y avait des temps d'arrêt pour renouveler la vitalité de la race. Jaunâtres, comme ceux des phylloxeras souterrains, les œufs des phylloxeras ailés sont de deux sortes : les uns plus gros, les autres presque de moitié moindres. Les premiers donnent des femelles, les seconds donnent des mâles. Enfin voici les deux sexes, dont le concours assurera prospérité indéfinie ; voici l'ordre normal qui régit toute la série des animaux.

Mais quelles étranges bestioles ! Jaunes, dépourvues d'ailes, trapues, elles ressemblent aux poux des racines, avec une taille encore moindre. Ces phylloxeras de troisième forme sont des nains dans une famille de nains. Ils n'ont pas d'estomac pour digérer, pas de suçoir pour piquer la feuille et en boire la sève. S'alimenter, si peu que ce soit, est pour eux fort inutile. Laisser des

œufs qui renouvelleront la vigueur de la race, les loger
en lieu sûr et périr immédiatement après, à cela se
borne leur courte existence.

Pendant quelques jours, ces nains, mâles et femelles,
errent sur les ceps à la rencontre les uns des autres ;
puis, dans les rides de l'écorce fendillée, chaque mère
pond un œuf, un seul, énorme par rapport à l'exiguïté
de la pondeuse, verdâtre et piqueté de points noirs. Cet
œuf prend le nom d'*œuf d'hiver*. Il est destiné à passer la
mauvaise saison, fixé par un petit crochet sur l'écorce
du cep. Cela fait, la pondeuse se ratatine en un point rougeâtre et meurt.

Œuf d'hiver et la femelle après la ponte.
(Figure très grossie.)

La belle saison revenue, les œufs d'hiver éclosent. Il en sort des pucerons pareils à ceux des racines. Chaque nouveau-né descend du cep natal, cherche à terre, trouve une fissure, y pénètre et s'établit sur une
radicelle, où il fixe le suçoir. Désormais tranquille sous
terre et au sein de l'abondance, il ne reste pas longtemps
seul. Tout à côté de lui, il dépose son monceau d'œufs
jaunes, d'où provient rapidement une nouvelle génération. Chaque membre de la famille s'entoure pareillement
de sa propre famille, et toujours ainsi à diverses reprises, si bien que telle racine n'ayant qu'un seul occupant
au début ne tarde pas à se couvrir d'une légion de destructeurs. A cette population d'origine récente n'oublions pas d'adjoindre l'ancienne population souterraine,
qui passe l'hiver et reprend ses pontes sur les racines
quand revient la chaleur.

Récapitulons ces mœurs singulières. La race du phylloxera comprend trois formes d'insectes ayant chacune sa structure à part, sa manière de vivre, sa
fonction. L'habituelle unité animale ici se fait triple ;

trois insectes différents se groupent en une seule espèce.

Les *sédentaires* sont dépourvus d'ailes et vivent sur les racines. Tous pondent des œufs et sont suivis de plusieurs générations également aptes à pondre. Sous les piqûres de leur multitude sans nombre périssent les vignobles. Voilà réellement l'ennemi, le ravageur dont le suçoir à peine visible nous a déjà coûté plus de dix milliards.

Les *migrateurs* sont pourvus de grandes ailes. Ils vivent sur les feuilles et déposent un petit nombre d'œufs dans la bourre des bourgeons. A l'exemple des sédentaires, tous ont leur ponte. Leur rôle est de disséminer la race d'un vignoble à l'autre.

Les *sexués* rentrent dans l'habituelle loi; ils ont des femelles et des mâles. Dépourvus d'ailes, de suçoir et d'estomac, ils errent sur les ceps sans prendre aucune nourriture. Chaque mère donne un seul œuf, l'œuf d'hiver, d'où provient au printemps un phylloxera sédentaire. Celui-ci descend aux racines, s'y fixe et devient le point de départ d'une nouvelle colonie.

Comment lutter contre cet ennemi qui par son nombre et sa demeure sous terre brave nos essais d'extermination? Trois moyens principaux sont mis en œuvre. — Dans les terrains bas, on inonde pendant l'hiver les vignobles et l'on y maintient une épaisse couche d'eau. Par le fait de cette submersion, les phylloxeras des racines périssent. — En second lieu, à l'aide de trous de sonde descendant jusqu'aux racines, on injecte dans le sol un liquide asphyxiant appelé *sulfure de carbone,* dont les vapeurs tuent sur-le-champ tout insecte qu'elles atteignent. Le difficile est de ne pas laisser de survivants. — En troisième lieu, on fait venir d'Amérique des vignes sauvages bien plus robustes que les nôtres, mais dont les grappes sont de fort médiocre valeur. Ces *plants américains* résistent aux piqûres du phylloxera lorsqu'ils sont attaqués; ils prospèrent quand les nôtres succombent. Sur ces sauvageons bien enracinés, on greffe la vigne

de nos pays. On obtient ainsi des ceps à double nature,
qui par leur robuste racine résistent aux attaques du
phylloxera, et par leurs sarments donnent la grappe
incomparable de nos anciens vignobles.

XIII. — Le Fourmi-Lion.

Au bord des eaux voltigent, d'un brin de jonc à l'autre,
des insectes à grandes ailes transparentes, à long ventre

Le Fourmi-Lion. — L'insecte parfait, la larve, le cocon en forme de boule,
l'entonnoir dans le sable.

menu comme le bout d'un cordon. Il y en a d'un vert
bronzé, d'un superbe indigo; il y en a de plus forts, dont
le costume est un mélange de noir et de jaune. Leur nom
est *libellules,* ou, plus communément, *demoiselles.*

Y êtes-vous? Reconnaissez-vous la bête? Ne vous est-il
jamais arrivé de la poursuivre? Au bout d'un roseau, que
l'eau courante fait trembler, elle semble sommeiller et

.vous attendre, les ailes largement étalées. Vous lancez la main pour la saisir. Adieu la libellule ! elle est dix pas plus loin.

Toutes ne fréquentent pas les herbages des ruisseaux. Il s'en trouve qui fuient la fraîcheur et préfèrent les terrains sablonneux brûlés par le soleil. Un gris modeste est leur coloration; mais elles compensent le défaut d'é-clat par leur curieuse manière de vivre quand elles sont encore sous la forme de larves. La figure qui précède vous montre ce qu'est en ses débuts la libellule grise des sables.

Singulière bête et peu rassurante. Il ne ferait pas bon la rencontrer au coin d'un bois, pour peu qu'elle fût de taille à nous attaquer. Voyez ses féroces pinces pointues, qui s'ouvrent et se ferment ainsi que des tenailles. N'annoncent-elles pas de sanguinaires appétits ? L'animal, en effet, ne vit que de carnage; c'est un chasseur, dont l'unique gibier est la fourmi. Aussi l'appelle-t-on *fourmi-lion,* c'est-à-dire lion des fourmis.

Pareil gibier n'est pas capable de sérieuse résistance, une fois happé par les terribles crocs; mais il faut d'abord le saisir, et c'est là le point difficile. L'agile fourmi fuit prestement; serrée de près, elle grimpe sur un brin d'herbe, à l'abri du danger. Au contraire, très lourd de ventre et court de pattes, le fourmi-lion se traîne gauchement; d'ailleurs, s'il lui arrive de cheminer, chose rare, il ne le fait qu'à reculons, ce qui n'est pas précisément la manière d'aller vite et de ne pas perdre de vue le gibier poursuivi.

La chasse à la course étant impraticable, il reste le piège et l'embuscade. L'animal doit prendre par ruse la proie que sa pesante obésité ne lui permet pas d'atteindre. Voyons cette ruse.

Cherchez au pied des murs et des rochers exposés au soleil. S'il s'y trouve quelque abri où la pluie ne pénètre jamais, quelque petite grotte avec sol de sable très fin et très sec, le fourmi-lion manque rarement d'être là. Sa demeure se reconnaît à des entonnoirs réguliers, creusés dans la poussière. L'animal est invisible, caché qu'il est sous le sable, au fond de l'excavation.

Avec la lame d'un couteau obliquement plongée, soulevez ce fond. La bête apparaîtra, interdite d'abord par le bouleversement de sa retraite, mais bientôt remise et cherchant à s'enfouir dans le sable par un mouvement de recul. Hâtez-vous de la prendre et logez-la dans un verre, sur une couche de sable fin pareil à celui d'où vous l'avez retirée. Là vous lui verrez à loisir creuser son entonnoir, qui est le piège à prendre les fourmis; vous lui verrez mettre en pratique ses ruses de chasseur à l'affût.

Pour le moment, assistons en esprit à ce travail. Déposé sur une couche de sable et remis de son trouble, le fourmi-lion s'enterre à demi le ventre, et avec cette espèce de soc de charrue trace, toujours en reculant, un sillon circulaire. Revenu au point de départ, il en laboure un second sur la limite interne du premier, puis un troisième sur la limite du second, puis une foule d'autres, chaque fois plus rétrécis, de façon que leur ensemble forme une ligne spirale qui tourne en se rapprochant de plus en plus du point central.

Comme cette charrue vivante s'enfonce davantage à chaque tour et déverse en dehors la poudre soulevée, le résultat final est un entonnoir d'une paire de pouces de diamètre, avec une profondeur un peu moindre. Voilà le traquenard, l'insidieuse fosse où se prendront les fourmis.

Un chasseur à l'affût ne doit pas se montrer. Le fourmilion est trop versé dans son art pour manquer à ce principe élémentaire. Il se tapit sous le sable, à la pointe de l'entonnoir. Seules les pinces apparaissent, appliquées contre terre, largement ouvertes et prêtes à transpercer quiconque roulera dans le précipice. Quoique à découvert, les tenailles horribles ne sauraient inspirer méfiance : cela peut se prendre du haut de la fosse pour quelques menus débris de feuille morte.

Ces préparatifs faits, la bête attend dans une complète immobilité. Sa patience et sa faim sont soumises à de longues épreuves. Des heures, des jours s'écoulent sans que le gibier donne dans le piège. Ah ! qu'il est difficile en ce monde, même pour un fourmi-lion, de gagner sa bouchée de nourriture !

Enfin voici qu'une fourmi, se rendant à ses occupations, traverse ces parages. Affairée, elle ne prend pas garde à la fosse. A peine est-elle engagée sur le bord du gouffre que le sable, d'une extrême mobilité, se dérobe sous ses pattes. La pente de l'entonnoir ruisselle, et l'éboulis entraîne l'étourdie. A mi-côte, la fourmi s'arrête d'un effort désespéré. Elle cherche à remonter. De ses frêles griffes, que l'effroi fait trembler, elle s'accroche du mieux qu'elle peut aux aspérités de l'abîme; mais, aussitôt touchés, les appuis cèdent, et la glissade reprend, irrésistible.

Un grain de sable, mieux assis que les autres, arrête la chute. Le salut pourra venir de cet appui, s'il résiste. Il tient bon, en effet. La fourmi remonte un peu, surveillant bien ses pas, crainte d'ébranler le périlleux terrain; elle se rapproche du bord du gouffre; elle va l'atteindre. Se sauvera-t-elle?

Oh! que non! L'affamé qui la guette du fond de l'entonnoir ne l'entend pas de la sorte: il compte bien dîner de la fourmi. Si les choses avaient suivi leur cours habituel, si l'imprudente entrée dans le piège croulant avait glissé jusqu'aux pinces, celles-ci l'auraient saisie sans autre formalité; mais, puisque le gibier s'échappe, c'est au chasseur à faire usage des manœuvres réservées pour les cas difficultueux.

La tête du fourmi-lion est plate et façonnée en pelle de terrassier. L'insecte l'emplit en la plongeant dans le sable; puis, d'un brusque mouvement de nuque, il lance la charge en l'air, au-dessus de la fourmi. D'autres pelletées suivent, très rapides, de mieux en mieux dirigées, et retombent en grêle sur la fourmi exténuée.

Contre cette averse de sable, toute résistance est impossible sur un sol perfide, qui s'éboule à chaque essai de fuite. La pauvre lapidée est entraînée; elle culbute au fond de l'entonnoir. A l'instant, les pinces la saisissent, et c'est fini: le chasseur va dîner, non en rongeant sa capture, trop coriace pour lui, mais en la suçant, en fin gourmet qu'il est.

Quand la fourmi ne sera plus qu'une dépouille aride, le fourmi-lion la chargera sur sa tête, et d'un coup de pelle la jettera hors de l'entonnoir, pour ne pas souiller son affût d'un cadavre inutile, qui pourrait éveiller la méfiance des passants. Puis un labour soigné restaurera le piège de sable, le précipice reprendra la mobilité de ses pentes, et le chasseur attendra patiemment qu'une autre fourmi, victime d'un faux pas, glisse dans le repaire.

XIV. — Les Animaux utiles. — La Chauve-Souris. Le Hérisson.

Divers animaux, vivant en dehors de nos soins, nous viennent en aide par leur guerre aux chenilles, aux larves, aux insectes et autres ravageurs de nos récoltes. Que peut l'homme contre l'insecte, se renouvelant chaque année dans des proportions incalculables ? Aura-t-il la patience, l'adresse, le coup d'œil nécessaires pour lutter efficacement contre les moindres espèces, lorsque le hanneton, malgré sa taille, brave nos efforts ? Se chargera-t-il d'inspecter ses champs motte par motte, ses blés épi par épi, ses arbres fruitiers feuille par feuille ?

A ce prodigieux travail le genre humain ne suffirait pas, concertant ses forces pour cette unique occupation. La dévorante engeance nous affamerait, si d'autres ne travaillaient pour nous, d'autres doués d'une patience que rien ne lasse, d'une adresse qui déjoue toutes les ruses, d'une vigilance à laquelle rien n'échappe.

Guetter l'ennemi, le rechercher dans ses réduits les plus cachés, le poursuivre sans relâche, l'exterminer, c'est leur unique souci, leur incessante affaire. Ils sont acharnés, impitoyables : la faim les y pousse, pour eux et leur famille. Ils vivent de ceux qui vivent à nos dépens ; ils sont les ennemis de nos ennemis. A ce grand

œuvre travaillent notamment les chauves-souris, le
hérisson, la taupe, les chouettes, les hiboux, le martinet, l'hirondelle et tous les petits oiseaux, le lézard, la
couleuvre, la grenouille, le crapaud. Ne pouvant parler
de tous, parlons de quelques-uns.

La *chauve-souris* ne se nourrit absolument que d'insectes. Tous lui sont bons : scarabées à dures élytres,

Chauve-Souris au repos.

maigres cousins, papillons dodus, les papillons du soir
surtout, ces ravageurs de nos céréales, de nos vignes,
de nos arbres fruitiers, de nos étoffes de laine, qui,
attirés par la clarté, viennent le soir se brûler les ailes
aux lampes de nos habitations. Qui pourrait dire le
nombre d'insectes que les chauves-souris détruisent
quand elles font la ronde autour d'une maison! Le
gibier est si petit, et la faim du chasseur est insatiable.

Observons ce qui se passe dans une calme soirée d'été.

Attirés au dehors par la douce température et les clartés crépusculaires, les insectes quittent en foule leurs retraites et viennent se récréer ensemble dans les airs, chercher leur nourriture, s'apparier. C'est l'heure où les gros papillons. du soir volent brusquement d'une fleur à l'autre pour enfoncer leurs longues trompes au fond des corolles suant le miel; l'heure où le cousin, avide du sang de l'homme, fait bruire son chant de guerre à nos oreilles, et choisit sur nous le point le plus tendre pour y plonger sa cuisante lancette; l'heure où

Tête d'une Chauve-Souris : l'Oreillard.

le hanneton quitte la feuillée, déploie ses ailes bourdonnantes et vagabonde à la recherche de ses pareils. Les moucherons dansent en joyeuses bandes, que le moindre souffle déplace ainsi qu'une colonne de fumée; les teignes, aux ailes poudrées de poussière argentée, prennent leurs ébats ou recherchent des endroits favorables pour y déposer leurs œufs; les petits scarabées qui rongent le bois sortent de leurs galeries et rôdent sur l'écorce des vieux troncs d'arbres; une foule de papillons dont les chenilles vivent dans nos fruits explorent, qui les pommiers, qui les poiriers, qui les pêchers, tous affairés d'assurer le vivre et le couvert à leur calamiteuse progéniture.

Mais au milieu de ces peuplades en liesse voici tout à coup venir le trouble-fête. C'est la chauve-souris, qui, d'un essor tortueux, va et revient infatigable, monte et descend, apparaît et disparaît, pique une tête d'ici, pique une tête de là, et chaque fois happe au vol un insecte, aussitôt broyé, aussitôt englouti dans une gueule fendue d'une oreille à l'autre.

Et tant que le permettent les lueurs mourantes du soir, l'ardent chasseur poursuit ainsi son œuvre d'extermination. Enfin repue, la chauve-souris regagne quelque sombre retraite. Le lendemain et toute la belle saison, la même chasse recommencera, toujours aussi ardente, toujours aux dépens des seuls insectes.

Chauve-Souris volant.

Le *hérisson* se nourrit avant tout d'insectes. L'infime vermine est dédaignée, comme trop petite pour lui ; mais une larve de hanneton est excellente capture. Si les vers blancs ne sont pas trop profondément situés, il fouille avec les pattes et le museau pour les déterrer.

Toute la nuit, il va rôdant, furetant et croquant de nombreux ennemis, sans porter préjudice appréciable. Pour satisfaire ses appétits gloutons, il paraît s'attaquer à toute espèce de proie indifféremment. Il mange même la vipère, sans nul souci de son venin.

Les piquants dont le hérisson est couvert ne sont autre chose que des poils, mais très gros, raides et pointus comme des aiguilles. Mélangés avec d'autres poils fins, souples et soyeux, faisant office de fourrure, ils recouvrent toute la partie supérieure du corps. Quant à la partie inférieure, elle n'a que des poils soyeux : sinon l'animal se blesserait lui-même en s'enroulant.

Lorsque le hérisson, très circonspect du reste, se sent en danger, il recourbe la tête sous le ventre, rapproche les pattes et se roule en une boule qui de partout présente à l'ennemi une armure d'épines. Le renard sait beaucoup de ruses, disaient les anciens ; le hérisson n'en sait qu'une, mais toujours efficace.

Quel est l'audacieux, en effet, qui oserait happer l'ani-

Le Hérisson.

mal dans sa posture de défense ? Le chien s'y refuse, après quelques malencontreux essais, qui lui mettent la gueule en sang ; il s'y refuse obstinément et se contente d'aboyer. A l'abri sous son enveloppe d'aiguilles, le hérisson fait la sourde oreille à ces vaines menaces et reste coi.

Si le chien, surexcité par son maître, revient à la charge, le hérisson a recours à un dernier expédient, qui manque rarement son effet. Il lâche son urine infecte, qui suinte de l'intérieur de la boule et vient humecter l'extérieur. Rebuté par l'odeur de la bête empuantie,

piqué au nez par les dards, le chien renonce à l'attaque.
L'ennemi parti, le hérisson se déroule avec prudence et
se hâte de trottiner vers quelque sûre retraite.

XV. — La Taupe. — Le Crapaud.

La *taupe*, qui vit sous terre, de quoi se nourrit-elle?
De toute sorte de menu gibier : scarabées, larves, che-

La Taupe.

nilles, chrysalides, vers et autres ravageurs hantant le
sol. De plus, l'animal est doué d'un famélique appétit,
d'une rage d'estomac qui, dans les douze heures, exige
une quantité de nourriture presque équivalente au poids
de la bête. L'animal se meurt d'inanition pour quelques
heures d'abstinence.

Pour faire taire les angoisses de cet estomac où les aliments ne font que passer, aussitôt fondus, disparus, sur
quoi peut compter la bête? Sur les larves qui vivent dans

la terre, et en premier lieu sur les larves de hanneton.
C'est petit pour une telle faim ; mais le nombre supplée
à la taille..Alors quelle extermination de vers blancs la
taupe ne doit-elle pas faire quand le sol abonde de ce
gibier ! Pour expurger un champ de ces redoutables ravageurs, aucun animal ne vaut la taupe.

Il est seulement fâcheux que, pour atteindre la vermine dont elle se nourrit, elle soit obligée de fouiller
entre les racines où le gibier habite. Nombre de racines
qui l'entravent dans son travail sont coupées ; les plantes
sont déchaussées, soulevées ; enfin la terre provenant
des galeries creusées est amoncelée au dehors en monticules ou taupinées, qui gênent le travail de la faux
quand il faut couper le foin d'une prairie. N'importe :
les vers blancs feraient des dommages bien autrement
graves, et pour en débarrasser un champ rien ne vaut
l'affamé chasseur.

Tout dans la taupe est disposé pour la rapide exécution des galeries de chasse, qu'elle prolonge jusqu'à des
centaines de mètres. Le corps est trapu, rond, presque
cylindrique d'un bout à l'autre, afin de glisser aisément
dans l'étroit couloir. La fourrure est courte, épaisse, soigneusement lustrée, pour ne pas laisser prise à la poussière et se maintenir d'une parfaite propreté, même dans
la terre la plus friable et la plus facile à s'ébouler. C'est
une sorte de velours noir.

La queue est courte ; les oreilles externes manquent,
quoique l'ouïe soit très fine. Ces divers appendices, parfois si développés chez les animaux qui vivent en plein
air, seraient un embarras sous terre, un encombrement
dans l'étroite galerie.

Des yeux grandement ouverts, accessibles aux grains
de poussière d'un sol toujours remué, seraient pour la
taupe une source de continuels tourments. D'ailleurs,
qu'en a-t-elle besoin dans l'obscurité absolue de sa demeure ? La taupe n'est pas précisément aveugle ; elle a
des yeux, mais tout petits et enfoncés dans l'épaisseur
de la fourrure.

L'odorat la guide, un odorat subtil comme celui du porc, dont elle a le boutoir propre à déterrer le morceau que son fumet décèle. De son groin, le porc devine et trouve sous terre la truffe parfumée; la taupe devine et trouve de même le ver blanc dodu.

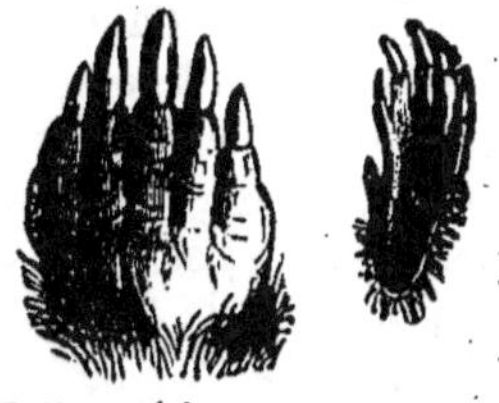

Pour l'atteindre à travers le réseau des racines et l'épaisseur de la couche de terre, elle a ses pattes de devant, qui s'élargissent en mains énormes, armées d'ongles d'une exceptionnelle vigueur. Ces

Patte antérieure et patte postérieure de la Taupe.

mains, solides pelles capables de s'ouvrir un passage dans un sol compact, sont l'outil par excellence de la taupe.

A mesure que l'animal avance, fouillant de son boutoir,

Le Crapaud.

déblayant de ses mains, la terre est rejetée en arrière dans la galerie par les pattes postérieures, beaucoup plus faibles, mais suffisantes pour un travail bien moins pénible. Si la taupe se propose de revenir par le même chemin, la voie tracée doit être tenue libre; alors les

déblais sont poussés au dehors et forment une taupinée
de distance en distance.

Que le *crapaud* soit laid, je ne le discuterai pas; permis à chacun d'avoir son opinion sur ce sujet. Mais qu'il
soit dangereux, c'est une autre affaire. Le crapaud est
un animal fort inoffensif. Bien plus, c'est un auxiliaire de
grand mérite, un glouton avaleur de limaces, de scarabées, de larves et de toute vermine. Discrètement retiré
le jour sous la fraîcheur d'une pierre, dans quelque trou
obscur, il quitte sa retraite à la tombée de la nuit pour
s'en aller faire sa ronde, en se traînant, cahin-caha, sur
son gros ventre.

Voici une limace qui se hâte vers les laitues; voici une

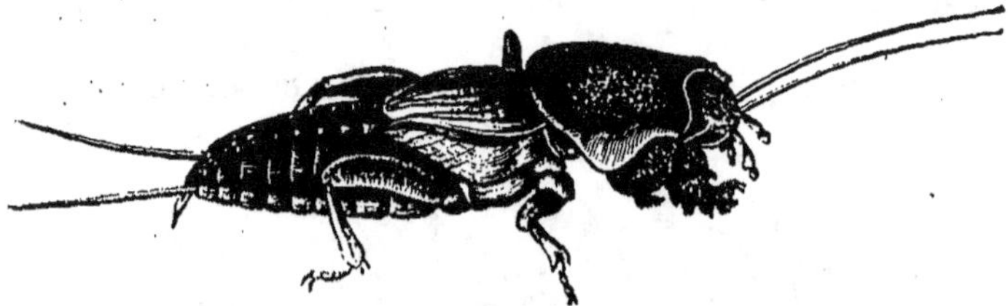

La Courtilière.

courtilière qui bruit sur le seuil de son terrier; voici un
hanneton qui met ses œufs en terre. Le crapaud vient tout
doucement; il ouvre une gueule semblable à l'entrée d'un
four, et en trois bouchées les engloutit tous les trois avec
un claquement de gosier, signe de satisfaction. Ah! que
c'est bon, que c'est donc bon! A d'autres s'il y en a!

La ronde continue. Quand elle est finie, au petit jour,
je vous laisse à penser ce que doit contenir en vermine
de toute sorte le spacieux ventre du glouton. Et l'on détruit la précieuse bête; on la tue à coups de pierre sous
prétexte de laideur! Enfants, vous ne commettrez jamais
pareille cruauté, sottement nuisible; vous ne lapiderez
pas le crapaud, car vous priveriez les champs d'un vigilant gardien. Laissez-le faire en paix son métier; il dé-
truira tant d'insectes, de limaces et de vers, que vous
finirez par le trouver moins laid.

XVI. — Oiseaux de proie nocturnes.

Le *hibou*, la *chouette*, le *duc*, et autres espèces pareilles, sont connus sous le nom d'*oiseaux de proie nocturnes*. On les dit oiseaux de proie parce qu'ils vivent du produit de leurs chasses, consistant surtout en rats et souris de nos habitations, en mulots et campagnols ou rats des champs. Ils sont parmi les oiseaux ce que le chat est parmi les quadrupèdes à poils : d'acharnés destructeurs de ce petit gibier rongeur dont la souris est pour nous l'exemple le plus familier.

Le langage a consacré cette ressemblance de mœurs par l'expression de *chat-huant* appliquée à quelques-uns d'entre eux. Ce sont des chats pour la manière de vivre, des chats qui volent, des

Oiseau de proie nocturne : le Grand-Duc.

chats qui huent, c'est-à-dire jettent des cris pareils à de plaintifs hurlements. Ils sont nocturnes; en d'autres termes, ils se tiennent blottis le jour dans quelques obscure retraite, d'où ils ne sortent que le soir, pour chasser au crépuscule et aux clartés de la lune.

Leurs yeux sont très grands, ronds, et se présentent tous deux de face, au lieu d'être placés sur l'un et sur l'autre côté de la tête. Une large couronne de fines plumes les entoure. La nécessité de ces yeux énormes est motivée par leurs habitudes nocturnes. Ayant à trouver la nourriture au milieu d'une très faible clarté, ils doivent, pour y voir distinctement, recevoir le plus de lumière possible, ce qui exige des yeux largement ouverts.

Mais cette ampleur des yeux, si favorable de nuit, leur est un grave embarras au milieu des vives clartés du jour. Ébloui, aveuglé par les rayons du soleil, l'oiseau des ténèbres se tient dans quelque cachette, d'où il n'ose sortir. S'il est contraint de la quitter, il le fait avec une extrême circonspection. Son vol hésite, son essor est court et lent. Les autres oiseaux, ceux du plein jour, viennent à l'envi l'insulter. Le rouge-gorge et la mésange accourent les premiers, suivis du pinson, du merle, du geai et de bien d'autres.

Perché sur une branche, l'oiseau de nuit répond aux agresseurs par un grotesque balancement du corps ; il tourne deçà delà sa grosse tête d'un air ridicule ; il roule des yeux effarés. Vaines menaces. Les plus petits, les plus faibles, sont les plus ardents à le tourmenter. On l'assaille à coups de bec, on le plume, sans qu'il ose se défendre.

Tête de Hibou.

A cause de l'ampleur de leurs yeux, il faut aux oiseaux de proie nocturnes une lumière douce, comme celle de l'aurore et du crépuscule du soir. Ils quittent donc leurs retraites, pour chasser la proie, au commencement ou à la fin de la nuit. Ils font alors une chasse fructueuse, car ils trouvent les rats et les souris, les campagnols et les mulots endormis ou sur le point de s'endormir. Les nuits où la lune brille sont pour eux les plus propices : nuits d'abondance, pendant lesquelles ils chassent longtemps et font de nombreuses captures.

Suivons le hibou dans son expédition nocturne. Le moment est propice : l'air est calme, la lune brille. L'oiseau évite le bocage ; il rase la plaine nue, les guérets, la prairie ; il inspecte les sillons où se tapit le mulot, les pelouses herbues où le campagnol se terre, les masures où trottinent les souris et les rats.

Son vol est silencieux; son aile muette fend l'air sans le moindre bruit, pour ne pas donner l'éveil aux victimes.

Le Mulot.

Cet essor silencieux, il le doit à la structure de ses plumes, soyeuses et finement divisées. Rien ne trahit sa

Le Campagnol.

subite venue. La proie est saisie avant même de s'être doutée de la présence de l'ennemi. Une ouïe d'une rare subtilité l'avertit, lui, au contraire, de tout ce qui se passe à la ronde; ses largés et profondes oreilles perçoivent le simple frôlement d'un campagnol sous l'herbe.

La proie est saisie avec deux robustes serres, chaudement gantées de duvet jusqu'à la racine des ongles. Quatre doigts les composent, trois d'habitude dirigés en avant et un en arrière; mais, par un privilège propre aux oiseaux de proie nocturnes, l'un des doigts antérieurs est mobile et peut se porter en arrière, de façon que la serre se partage en deux couples d'égale puissance lorsque l'oiseau veut saisir, comme dans un étau, la branche sur laquelle il perche ou la victime qui se débat.

Oiseau de proie nocturne : le Petit-Duc.

Un coup de bec brise la tête du rat capturé. Ce bec est court et crochu. Les deux mandibules jouissent d'une grande mobilité, qui leur permet, en frappant l'une contre l'autre, de faire entendre un claquement rapide, un cliquetis par lequel l'oiseau exprime sa colère ou sa frayeur.

Elles se distendent au moment d'avaler, elles s'ouvrent en un large orifice, suivi d'un gosier d'une excessive ampleur. La proie, d'abord pétrie entre les griffes, y disparaît en entier, os et bourre. Il ne reste rien du rat et du mulot, pas même le poil.

La digestion faite, il reste dans l'estomac une masse informe, composée des peaux retournées et garnies de tous leurs poils, des os aussi nets que s'ils avaient été raclés au couteau. L'oiseau se débarrasse de cette masse encombrante, sans valeur nutritive.

Des haut-le-corps grotesques dénotent le travail de délivrance; quelque chose remonte le long du cou tendu, le bec s'ouvre, et c'est fait : une pelote roule à terre, comprenant les peaux, les os, les élytres, les poils,

enfin toutes les matières sur lesquelles la digestion n'a
pas eu prise. Tous les oiseaux de proie nocturnes ont
cette abjecte manière de se libérer l'estomac; ils vomis-
sent en boulettes le résidu de leur proie avalée entière.

XVII. — Les petits Oiseaux.

Presque tous les petits oiseaux nous viennent en aide
pour sauvegarder les biens de la terre des ravages de
l'insecte. Leurs services mériteraient une longue histoire;

La Mésange à tête noire.

mais le temps nous manque, et il faut nous borner à
citer quelques-uns de ces vaillants échenilleurs.

Les *mésanges* sont de petits oiseaux vifs et pétulants,
toujours en action, qui voltigent d'arbre en arbre, en
visitent soigneusement les branches, se suspendent à
l'extrémité des plus faibles rameaux, s'y maintiennent
dans toutes les positions, souvent la tête en bas, et
suivent le balancement de leur flexible support, sans
lâcher prise, sans discontinuer de visiter les bourgeons
véreux, qu'ils ouvrent pour en extraire la vermine et les
œufs inclus.

On calcule qu'une mésange consomme par an trois
cent mille œufs d'insectes; il est vrai qu'elle doit suffire
aux besoins d'une famille comme on en trouve peu

d'aussi nombreuses. Vingt oisillons et plus à nourrir à la fois ne sont pas une charge trop forte pour son activité. C'est alors qu'il faut en visiter des bourgeons et des gerçures d'écorce, pour attraper larves, araignées, chenilles, vermisseaux de toute espèce, et donner à manger à vingt becs toujours bâillant de faim au fond du nid !

La mère arrive avec une chenille. La nichée est en émoi : vingt becs s'ouvrent, un seul reçoit le morceau, dix-neuf attendent. La mésange repart infatigable ; et quand le vingtième bec est repu, le premier depuis longtemps recommence à bâiller de faim. Que ne doit pas consommer en vermine un pareil ménage !

Des tribus entières d'oiseaux s'adonnent, comme la mésange, à la chasse patiente qui recherche les œufs dans les rides des écorces et les paquets de feuilles, les larves entre les écailles des bourgeons et dans la vermoulure du bois, les insectes au fond des crevasses où ils se tiennent tapis. Dans ce genre de chasse, l'oiseau n'a pas à courir sus au gibier, à rivaliser avec lui de vitesse ; il lui suffit de savoir le découvrir au gîte. A cet effet, il lui faut œil perspicace et bec effilé ; les ailes ne viennent qu'en seconde ligne.

Mais d'autres tribus se livrent à la grande chasse aérienne ; elles poursuivent au vol, dans les plaines de l'air, moucherons, teignes, cousins, scarabées. Il leur faut un bec court, mais très largement ouvert, qui happe sûrement les moucherons au passage, malgré les incertitudes d'un élan non toujours maîtrisé ; un bec où la proie s'engouffre toute seule sans que l'oiseau ralentisse un instant son essor, enfin un bec visqueux à l'intérieur et tel qu'un petit papillon ne puisse l'effleurer de son aile sans rester pris à la glu.

Il faut surtout des ailes infatigables, rapides, que ne lasse pas la fuite désespérée d'un gibier lancé à toute vitesse, que ne surprenne pas l'essor tortueux d'une teigne aux abois. Bec démesurément fendu, ailes excessives, tel doit être, en résumé, l'oiseau des grandes chasses aériennes.

Ces conditions sont remplies au plus haut degré par *l'hirondelle* et le *martinet*. L'un et l'autre chassent les insectes volants ; ils les poursuivent en des allées et des venues sans fin, croisées et recroisées de mille façons ; ils les gobent dans leur large gosier visqueux et passent outre, sans un instant d'arrêt.

L'oiseau qui vit de graines, ou le *granivore*, a le bec

L'Hirondelle et le Martinet.

fort, large à la base, d'autant plus robuste qu'il est fait pour ouvrir des semences plus dures. Tels sont le pinson, le verdier, la linotte, le chardonneret, le moineau. L'oiseau qui vit d'insectes, ou l'*insectivore*, a le bec fluet, mince, délicat, d'autant plus faible qu'il saisit vermine plus molle. De ce nombre sont le rossignol, la fauvette, le motteux, la bergeronnette.

L'agriculture n'a pas de meilleurs défenseurs contre les ravages de la vermine que ces petits oiseaux à bec fin, passionnés consommateurs de larves et d'insectes. Mais les granivores ne sont pas sans quelques défauts. Il y

Le Rouge-Gorge.

en a qui picorent dans les champs de céréales, qui savent extraire le froment de son épi, qui viennent effrontément partager avec la volaille l'avoine jetée dans les basses-cours. D'autres préfèrent la chair juteuse des fruits ; ils savent avant nous si les cerises sont mûres, si les poires sont fondantes.

Tels méfaits sont largement compensés par des services. Les granivores cueillent dans les champs une infinité de

La Fauvette à tête noire.

semences de toute sorte, qui, en levant, infesteraient les récoltes de mauvaises herbes.

A ce rôle de sarcleurs, ils en joignent un second plus méritoire. La graine, il est vrai, leur fournit l'habituelle nourriture ; mais l'insecte n'est pas tellement dédaigné

que la plupart d'entre eux n'en fassent ample consommation lorsqu'il abonde et se trouve de facile capture.
Enfin, il y a mieux. Dans leur jeune âge, alors que, faibles
et sans plumes, ils reçoivent la becquée de leurs parents, beaucoup de granivores sont alimentés avec des
insectes.

Prenons pour exemple le *moineau*. Voilà, certes, un
décidé mangeur de graines. Il maraude dans les colombiers et les basses-cours, il pille leur manger aux pigeons
et à la volaille, il moissonne avant nous les champs de
céréales voisins des habitations. Bien d'autres méfaits
sont à sa charge. Il dévalise les cerisiers, il picore dans

Le Moineau.

les jardins, il fourrage les semis qui lèvent, il se rafraî-
chit avec les jeunes laitues et les premières feuilles des
petits pois. Mais vienne la saison des œufs, et l'effronté
pillard se convertit en auxiliaire comme il y en a peu.

Vingt fois par heure au moins, le père et la mère, à
tour de rôle, apportent la becquée aux petits, et chaque
fois le menu se compose tantôt d'une chenille, tantôt
d'un insecte assez gros pour exiger d'être partagé en
quartiers, tantôt d'une larve dodue, tantôt d'une sauterelle ou d'autre gibier encore.

En une semaine, la nichée consomme environ trois
mille insectes, larves, chenilles, vermisseaux de toute
espèce. On a compté autour d'un seul nid de moineau
les débris de sept cents hannetons, non compris les petits
insectes, vraiment innombrables. Voilà les victuailles

qu'il a fallu pour élever une seule couvée. Paix donc, enfants, à tous les petits oiseaux, qui nous délivrent du ravageur, l'insecte.

XVIII. — Les Nids.

C'est dans la construction des nids, destinés à l'éducation de la famille, que l'oiseau montre surtout son instinct, cette faculté merveilleuse qui fait accomplir à l'animal, sans apprentissage préalable, des actes où semblerait devoir intervenir l'expérience raisonnée.

Ces architectes en nids ont les talents les plus variés.

Le Chardonneret.

Il y a des fouisseurs, qui se pratiquent un creux dans le sable ; des mineurs, qui se creusent une cellule où conduit une étroite et longue galerie ; des charpentiers, qui forent le tronc d'un arbre vermoulu ; des maçons, qui construisent en mortier formé de terre gâchée avec de la salive ; des vanniers, qui tressent des bûchettes, de fines racines, des pailles ; des tailleurs, qui cousent d'un filament d'écorce, avec le bec pour aiguille, quelques feuilles ensemble pour loger au fond du cornet le matelas de la nichée ; des ouvriers en feutre, qui foulent duvet, bourre ou coton pour obtenir certaines étoffes rivalisant avec les nôtres ; des constructeurs de forteresses, qui protègent leur nid avec un impénétrable rempart de buissons.

Le *chardonneret*, le gracieux petit oiseau à tête rouge, portant le nom de la plante, le *chardon*, qui le nourrit de ses semences, construit un nid des mieux travaillés dans l'enfourchure de quelque branche flexible. L'extérieur se compose de mousse et d'aigrettes soyeuses empruntées aux graines des chardons et des pissenlits ; l'intérieur,

artistement arrondi, est doublé d'une épaisse couchette
de crin, de laine et de plumes.

Le *pinson* construit son nid à peu près de la même manière ; mais, plus soupçon-
neux que le chardonneret,
il tapisse le dehors de sa
demeure d'une couche de
lichens grisâtres, qui, se
confondant avec les autres
lichens dont la branche est
naturellement couverte, dé-
routent le regard du dé-
nicheur.

Le Pinson.

L'*hirondelle de fenêtre*
construit son nid aux angles des fenêtres, sous les re-
bords des toits, sous les corniches des édifices. Ses matériaux sont la terre fine, principalement celle que les
vers rejettent en pe-
tits monceaux, dans
les prairies et les
jardins, après l'avoir
digérée. L'hirondelle
l'apporte becquée par
becquée , l'imbibe
d'un peu de salive
visqueuse pour lui
donner consistance,
et la dispose par
assises en une demi-
boule accolée au mur
et percée dans le
haut d'une étroite

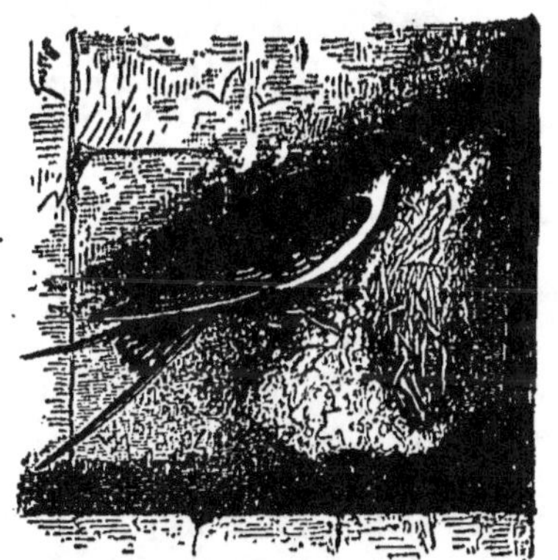

L'Hirondelle de cheminée et son nid.

ouverture, tout juste suffisante au passage de la mère.
Des brins de paille enchâssés dans la bâtisse donnent
plus de solidité à la maçonnerie de terre. Enfin l'intérieur
est matelassé d'une grande quantité de fines plumes.

L'*hirondelle de cheminée* choisit les mêmes emplace-
ments pour son domicile et fait usage des mêmes maté-

riaux de construction, mais elle donne à son nid une
forme différente. Au lieu d'une demi-boule de terre où
l'on entre par un orifice très étroit, elle façonne une
demi-coupe pleinement ouverte en dessus.

Les hirondelles aiment à vivre en société; leurs nids
se touchent parfois, au nombre de quelques cents, sous la
même corniche. Chaque couple reconnaît sans hésitation
ce qui lui appartient et respecte scrupuleusement la propriété d'autrui, pour que l'on respecte la sienne. Il y a

Le Loriot et son nid.

entre elles un vif sentiment de solidarité réciproque; elles
se portent assistance avec autant d'intelligence que de zèle.

Il arrive parfois qu'un nid à peine achevé s'écroule, le
mortier employé n'étant pas de bonne qualité, ou bien les
maçons, trop pressés, n'ayant pas eu la patience de laisser sécher une assise avant d'en placer une autre. A là
nouvelle du malheur arrivé, voisins et voisines accourent
consoler les affligés et leur prêter assistance pour rebâtir.
Tous se mettent à l'œuvre, apportant mortier de premier
choix, pailles et plumes, avec un tel entrain qu'en deux
journées le nid est refait. Livré à ses seules forces, le couple
éprouvé aurait mis la quinzaine pour réparer le désastre.

Le *loriot* est un des plus beaux oiseaux de nos climats.
A peu près de la taille du merle, il a le plumage d'un
jaune superbe, moins les ailes, qui sont noires. Pour
établir son nid, il choisit, sur un arbre élevé, une longue
et flexible branche dont l'extrémité se termine en
fourche. Entre les deux ramifications de cette fourche est
tissé un hamac qui doit recevoir le nid. Des lanières de
fine écorce, converties en filasse par un long séjour à
l'air et à la pluie, sont les matériaux pour cette œuvre

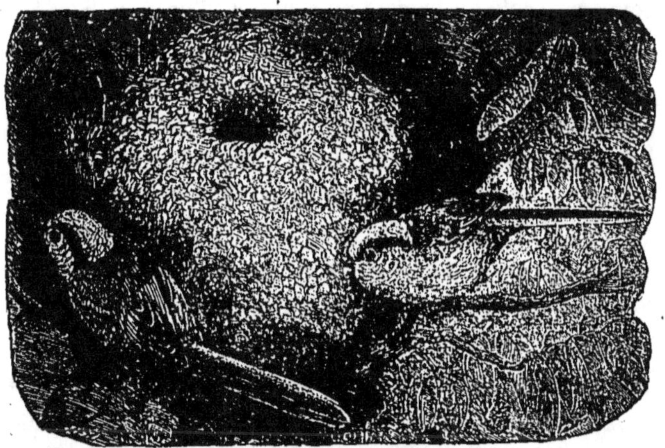

La Mésange à longue queue et son nid.

d'art. Les fils, les cordons, vont d'une ramification à
l'autre, les enlacent, se croisent, se recroisent, et forment ainsi une poche solidement fixée et suspendue.

De larges feuilles de gramen en consolident les parois. Dans ce hamac est construit ensuite le matelas, en
forme de coupe ovalaire et composé de délicates pailles
choisies parmi les plus fines. L'ouvrage terminé a quelque
ressemblance avec ces élégantes petites corbeilles d'osier,
rembourrées de laine, qu'on donne pour nicher aux serins
en cage.

La *mésange à longue queue,* ainsi nommée à cause du

développement excessif de la queue, qui fait plus de la moitié de la longueur totale du corps, habite les bois pendant la belle saison et ne vient que l'hiver dans nos jardins et nos vergers. C'est un petit oiseau rougeâtre sur le dos et blanc en dessous ; le ventre est teinté de roux, la nuque et les joues sont blanches.

Le nid est tantôt placé dans l'enfourchure de hautes branches d'un arbuste, tantôt dans l'épais fourré d'un buisson, à quelques pieds de terre ; mais il est le plus souvent accolé au tronc d'un saule ou d'un peuplier. Sa forme est celle d'un très gros cocon. Il a son entrée sur le côté, à un pouce du sommet de la voûte.

La coque extérieure se compose de lichens conformes à ceux dont l'arbre est revêtu, afin de se confondre avec l'écorce et de tromper les regards des passants. Des filaments de laine en retiennent toutes les parties enchevêtrées entre elles. Le dôme, pour mieux résister à la pluie, est un feutre épais de brins de mousse et de fils d'araignée. L'intérieur ressemble à la cavité d'un four dont le sol serait excavé en coupe et la voûte très élevée. Un lit très épais de plumes soyeuses forme l'ameublement du nid.

Là reposent seize à vingt oisillons, rangés par ordre dans l'étroite conque, de la grandeur au plus du creux de la main. Par quel miracle de parcimonieux aménagement ces vingt petites créatures avec leur mère trouvent-elles place en ce logis ? Comment d'aussi longues queues peuvent-elles s'y développer ?

Le nid de la *mésange penduline* ou *rémiz* est encore plus remarquable. Cette mésange n'habite guère, chez nous, que les bords du cours inférieur du Rhône. Elle suspend très haut son nid à l'extrémité de quelque rameau flexible d'un arbre de la rive, de manière que sa famille est mollement bercée par la brise des eaux.

C'est une sorte de bourse ovale de la grosseur à peu près d'une bouteille, percée, vers le haut et sur le flanc, d'un étroit orifice qui se prolonge en un court goulot d'entrée où l'on peut au plus engager le doigt. Pour franchir ce passage, la mésange, toute petite qu'elle est,

doit forcer la paroi élastique, qui cède un peu, puis se rétré-
cit. Cette bourse est fabriquée avec la bourre cotonneuse
qui s'échappe, en mai, des fruits mûrs des peupliers et
des saules. La mésange assemble et consolide les flocons
cotonneux par une trame de laine et de chanvre. Le tissu
obtenu ressemble au feutre de quelque chapeau grossier.

Vainement on chercherait à se rendre compte de
quelle manière s'y prend l'oiseau pour manufacturer,
avec le bec et les pattes, une étoffe que n'obtiendrait pas

Le Troglodyte.

l'industrieuse main de l'homme livrée aux seules ressources de ses doigts ; et cela sans apprentissage aucun,
sans hésitation, sans jamais l'avoir vu faire à d'autres.
En son premier coup d'essai, la mésange dépasse l'art de
nos ouvriers tisserands et fouleurs.

Le haut du nid comprend dans son épaisseur l'extrémité du rameau et ses dernières divisions, qui servent de
charpente à la voûte ; mais le feuillage sort des flancs de
la bourse et les protège de son ombre. Enfin, pour plus
de solidité dans l'attache, un cordage de laine et de
chanvre entortille ses brins supérieurs autour du
rameau, tandis que ses brins inférieurs se distribuent

dans le feutre. L'intérieur de la demeure est rembourré
de coton de peuplier premier choix.

Connaissez-vous le *troglodyte*, la *pétouse* de Provence,
le *robertot* des provinces de l'Ouest? C'est le plus petit
de nos oiseaux, et un maître lui aussi dans l'art de bâtir
les nids. Costumé de brun roussâtre, l'aile pendante, le
bec au vent, la queue relevée sur le croupion, toujours
il frétille, sautille et babille *tiderit, tirit, tirit.* Il rôde
chaque hiver autour de nos habitations; il circule dans les
fagots, il visite les trous des murs, il pénètre au plus épais
des buissons. De loin on le prendrait pour un petit rat.

Dans la belle saison, il habite les bois touffus. Là, sous
l'arcade de quelque grosse racine à fleur de terre et
couverte d'une épaisse toison de mousse, il construit un
nid imité de celui de la penduline. Les matériaux sont
des brins de mousse, pour que l'édifice se confonde
d'aspect avec le support. Il les assemble et les feutre en
une grosse boule, percée sur le côté d'une ouverture
très étroite. L'intérieur est garni de plumes.

Au sommet d'un arbre élevé, observatoire d'où elle voit
venir de loin l'ennemi, et au centre d'un bouquet de ramifications servant d'appui à l'édifice, la *pie* établit sa demeure, composée d'un entrelacement de bûchettes flexibles avec plancher de terre gâchée. De fines racines, des
gramens, quelques touffes de bourre, forment le matelas.

Jusque-là rien qui s'éloigne de l'architecture habituelle des nids; mais voici où la pie déploie un talent
spécial. Tout le nid, dans le haut surtout, est enveloppé
d'un épais rempart, d'une enceinte fortifiée composée de
rameaux épineux solidement enchevêtrés. On dirait un
informe fagot de broussailles. A travers ce rempart,
une ouverture est laissée, du côté le mieux défendu, et
juste suffisante pour laisser entrer et sortir la mère. C'est
l'unique porte du château fort aérien.

Parlons maintenant d'un constructeur sur pilotis. C'est
une fauvette de grande taille, dite *rousserolle* ou *grive
de rivière.* A la surface d'un étang, elle choisit un groupe
de quatre ou cinq roseaux, dont les souches sont enra-

cinées sous l'eau, dans la vase, et dont les tiges s'élèvent
à proximité l'une de l'autre. Entre ces piliers, que l'oiseau rapproche au point convenable et assujettit avec des
liens, est construit un entrelacement de matériaux
flexibles : joncs, lanières d'écorce, feuilles allongées des
gramens. C'est un travail de vannier, ayant pour charpente les tiges de roseau. Enfin dans ce panier, beaucoup plus long que large, est placé le nid, chaude couchette de duvet cotonneux, de fils d'araignée, de laine.

Le Merle et son nid.

Cette demeure sur pilotis, au-dessus des eaux, présente deux dangers : le balancement des roseaux, qui,
courbés par le vent, pourraient incliner le nid jusqu'au
point de laisser choir soit les œufs, soit les jeunes; enfin
les grandes crues, qui pourraient atteindre le nid et le
noyer.

La rousserolle a prévu ces deux dangers. Le nid est
très profond, et d'autre part les bords de l'ouverture se
recourbent en dedans et forment parapet. Ainsi est
écarté le péril de la chute lorsque le vent incline les
roseaux, support du nid.

6.

Enfin, maîtresse de fixer son habitation à telle ou telle autre hauteur, la rousserolle l'installe toujours à une élévation que les eaux ne peuvent atteindre, même pendant les grandes crues. On soupçonne que l'oiseau est capable de prévoir, des mois à l'avance, les fortes inondations : car il bâtit son nid à une hauteur plus ou moins grande suivant les niveaux que doivent plus tard atteindre les eaux de l'étang.

La *cisticole* est une petite fauvette très commune dans les marécages de la Camargue, à l'embouchure du Rhône. Son nid est établi au milieu d'une touffe d'herbages et de joncs, et a la forme d'une bourse, avec étroite ouverture circulaire. De fines feuilles sèches composent la couchette où reposent les œufs; d'autres feuilles, plus larges, sont assemblées tout autour pour former appartement clos.

Pour le travail de cette enceinte, l'oiseau se fait tailleur : il coud les feuilles enveloppantes les unes aux autres. Sur les bords de chaque feuille, de la pointe du bec, il pratique des trous, dans lesquels il passe un ou plusieurs fils, formés de toile d'araignée et du duvet de certaines plantes. Sa quenouille de filateur, le bec, ne lui permet pas des fils bien longs : aussi chaque aiguillée ne va-t-elle que deux ou trois fois au plus d'une feuille à la feuille voisine. N'importe : la couture est assez solide pour assembler le tout en une bourse où la pluie ne peut pénétrer.

L'*orthotome*, petit oiseau de l'Inde, est un tailleur plus habile. Deux larges feuilles sont choisies, vivantes et fixées à leur branche. L'oiseau les rapproche l'une de l'autre, les applique dans le sens de la longueur et les coud bord à bord au moyen d'un solide fil de coton qu'il a fabriqué du bec. La couture ne porte que sur la moitié de la longueur des pièces, de manière que les deux feuilles, étant pendantes, forment un sac conique dont l'embouchure est en haut. C'est dans ce sac que le nid est construit, se confondant par son enveloppe avec le reste du feuillage, si bien qu'on a de la peine à le retrouver quand on l'a trouvé une première fois.

Dans l'Afrique australe vit un oiseau guère plus gros
que nos alouettes et nommé *républicain social*, parce
qu'il vit en nombreuses sociétés ayant un nid commun.
Ce nid, sorte de village d'oiseaux, a la forme d'un énorme
champignon, et s'étale, les branches inférieures lui donnant appui, tout autour d'un arbre qui lui sert de pied.
Ce colossal édifice forme à lui seul la charge d'un cha-
riot, et doit être découpé à coups de hache lorsqu'on
veut en voir la structure intérieure. Il est uniquement
composé d'herbages secs, disposés à peu près comme le
sont les chaumes de nos toits rustiques.

Et en effet cet édifice, construit à frais communs par
tous les associés, n'est qu'une toiture, un dôme destiné
à défendre les véritables nids. Ceux-ci sont placés à la
face inférieure du toit de chaume. On voit à cette face
une multitude de trous ronds donnant à l'ensemble
quelque chose de l'aspect d'un gâteau d'abeilles. Chacun
donne accès dans une cellule, qui est le véritable nid et
le travail isolé d'un seul couple. Le dôme d'herbages est
donc construit en commun par toute la société; puis
chaque ménage se bâtit en particulier une loge à la face
inférieure du toit. Le nombre des habitants peut atteindre
un millier.

XIX. — Migrations des oiseaux.

Aux approches de la mauvaise saison, avant que
l'hiver dépeuple la campagne d'insectes, congèle les
nappes d'eau et répande ses neiges, qui rendront impossible la recherche de la nourriture à terre, beaucoup
d'oiseaux, ceux surtout qui vivent d'insectes ou qui fréquentent les eaux, les terrains marécageux, quittent leur
pays natal et s'en vont au sud, où ils trouveront soleil
plus chaud et nourriture assurée.

Ils partent, les uns par nombreuses bandes, les autres
par petits groupes ou même isolés. Sans autre guide
qu'une irrésistible impulsion dont les secrets nous échap-

pent, ils traversent par étapes d'immenses étendues de terre, ils franchissent les mers et se dirigent vers les pays méridionaux. L'Afrique est le rendez-vous de ceux de notre pays et de l'Europe en général.

La mauvaise saison passée, dès les premières belles journées du printemps, les mêmes oiseaux reviennent aux pays qui les ont vus naître ; ils refont le voyage en sens inverse, du midi au nord. Ils reprennent possession de leurs bosquets, de leurs forêts, de leurs prairies, de leurs rochers, qu'ils savent retrouver avec une inconcevable précision. Ils y construisent le nid, élèvent la famille, prennent des forces pour le futur voyage ; et, les froids s'approchant, ils retournent aux pays du soleil.

Ces voyages périodiques se nomment *migrations*. Il y en a deux par an : la migration d'automne, dans laquelle l'oiseau nous quitte et va du nord au sud ; la migration du printemps, dans laquelle l'oiseau nous revient et se dirige du süd au nord. Semblables voyages s'effectuent sur toute la surface de la terre.

Toutes les espèces n'adoptent pas les mêmes époques pour leurs migrations ; chacune a son calendrier, dont elle s'écarte fort peu. Les unes partent bien avant que la saison se refroidisse et que la nourriture manque ; d'autres ne quittent le pays natal qu'à la dernière extrémité, alors que les froids déjà sévissent. Ainsi, notre martinet s'envole vers l'Afrique dès le mois d'août, tandis que l'hirondelle de cheminée s'attarde jusqu'en octobre et novembre.

Le martinet abandonne nos tours, nos vieilles murailles, nos clochers, pendant les fortes chaleurs, alors que les moucherons, sa nourriture, abondent dans les airs. Ce n'est donc pas le froid qui le chasse, ce n'est pas le défaut de vivres qui le porte à s'en aller. Il y a en lui un secret pressentiment du changement de saison qui doit se faire dans quelques semaines ; une inquiétude intime, dont il n'est pas maître, l'avertit que l'heure du départ approche.

Veut-on assister à cette anxiété qui tourmente l'oiseau

quand l'époque de la migration arrive ? Il suffit d'élever en captivité un oiseau migrateur pris tout jeune. Le captif, qui n'a pas vécu parmi les siens et n'a rien pu savoir de leurs mœurs voyageuses, qui d'ailleurs, dans sa cage, n'a pas à supporter le froid et la disette, s'agite, se démène et s'efforce de quitter sa prison, lui jusque-là si tranquille. Quelque chose en lui, l'instinct, dit que c'est le moment de partir ; et l'oiseau veut s'en aller. S'il ne le peut, il meurt.

S'arracher aux lieux bien-aimés pour affronter les fatigues et les dangers d'un voyage énorme, est sans doute pénible détermination. L'oiseau bravement s'y résigne, mais avec l'espérance de revenir un jour. Les forts réconfortant les faibles, les vieux guidant les jeunes, les partants s'organisent en caravane et prennent l'essor vers le sud. La mer est franchie, la mer perfide où de loin en loin surgit la halte d'un îlot ; beaucoup périssent dans la traversée, beaucoup arrivent exténués de faim et brisés de fatigue.

Le jour du départ est fixé, en grande assemblée, vers la fin d'août pour l'hirondelle de fenêtre, plus tard, jusqu'en novembre, pour l'hirondelle de cheminée. Une fois l'époque arrêtée, les hirondelles de fenêtre s'attroupent plusieurs jours de suite sur le couronnement des édifices élevés.

A tout instant, des bandes se détachent de l'assemblée générale pour tournoyer dans les airs avec des cris inquiets, revoir encore une fois le pays natal et lui faire les derniers adieux ; puis elles reviennent prendre place au milieu de leurs compagnes et babiller sans doute de leurs espérances, de leurs appréhensions, tout en s'apprêtant à l'expédition lointaine par un examen soigneux des plumes, lustrées une à une.

Après plusieurs répétitions de ces adieux, un gazouillement plaintif annonce l'heure fatale. C'est le moment, il faut partir. L'essor est pris, les émigrantes s'élancent ensemble vers le sud. Si l'une d'elles a été marquée d'un fil rouge à la patte pour être reconnue, soyez sûrs de la voir revenir le printemps d'après et reprendre possession de son nid, avec de petits cris d'allégresse dénotant sa joie de le retrouver intact, prêt à servir après réparations.

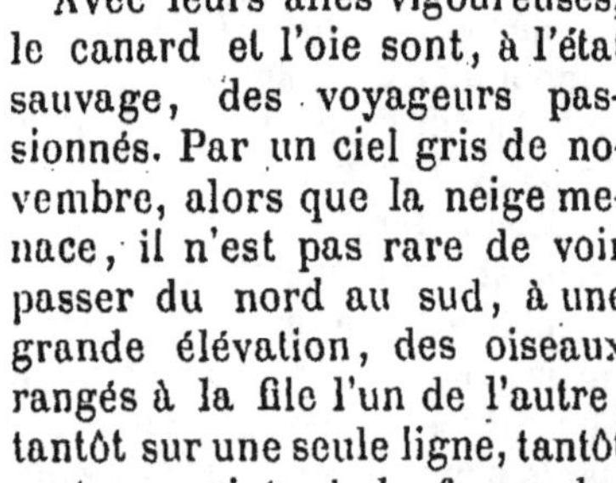

L'Oie.

Avec leurs ailes vigoureuses, le canard et l'oie sont, à l'état sauvage, des voyageurs passionnés. Par un ciel gris de novembre, alors que la neige menace, il n'est pas rare de voir passer du nord au sud, à une grande élévation, des oiseaux rangés à la file l'un de l'autre, tantôt sur une seule ligne, tantôt sur deux qui se rejoignent en pointe à la façon des deux branches d'un V. C'est une bande de canards ou d'oies en migration.

Le Canard sauvage.

Si la troupe est peu nombreuse, les oiseaux qui la composent se rangent sur une file continue, le suivant touchant du bec la queue de celui qui précède, afin que le chemin ouvert dans l'air n'ait pas le temps de se refermer. Si la bande est nombreuse, deux files égales sont formées et se rejoignent en un angle aigu, qui s'avance la pointe la première.

Cette disposition anguleuse, dont nous trouvons la pareille dans la proue d'un vaisseau, dans le soc d'une charrue, dans l'arête d'un coin et dans une foule d'outils destinés à pénétrer en surmontant une résistance, est la plus favorable pour s'enfoncer avec la moindre fatigue dans la masse de l'air. Si, pour ranger leurs bataillons volants, l'oie et le canard avaient pris conseil de la science d'un ingénieur, ils n'eussent pas fait mieux.

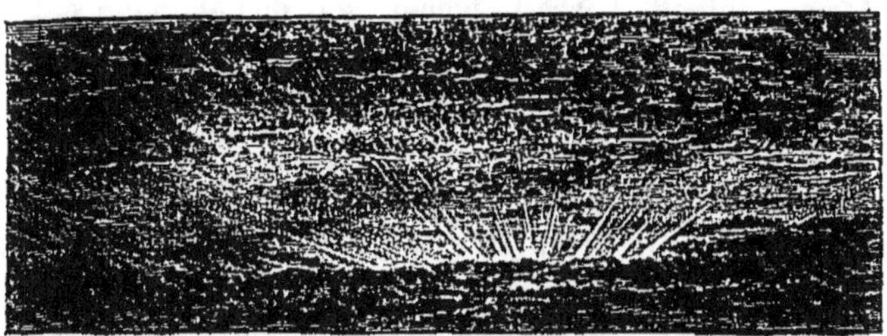

Bande de Canards sauvages en migration.

Mais ils n'ont pas eu besoin d'autrui : conseillés par leur instinct, ils utilisaient avant nous la puissance du coin.

De plus, pour répartir entre tous les individus de la bande l'excès de fatigue qu'éprouve le chef de file en brisant le premier, de son coup d'aile, l'obstacle de l'air, chacun à son tour occupe le poste d'honneur, l'extrémité antérieure de la ligne unique ou bien le sommet de l'angle. Quand son temps de service est fait, l'oiseau de la pointe va se reposer à l'arrière de l'une ou de l'autre des branches de l'angle, tandis qu'un nouveau chef le remplace. Par ce moyen d'équitable répartition, la fatigue n'excède aucun des voyageurs, et la bande ne laisse pas de traînards.

XX. —Le Pigeon voyageur.

L'oie sauvage affectionne, pour sa ponte, les contrées
de l'extrême Nord, les pays du froid, les terres désolées
où les neiges ne fondent jamais en entier. Aux campagnes
troublées par la présence de l'homme elle préfère les
solitudes les plus désertes, où elle peut élever sa famille
en toute sécurité.

Quand son pays natal est plongé dans une nuit continuelle et enseveli sous les frimas, elle fuit au Midi, en
Afrique, où elle passe l'hiver au sein de l'abondance. La
belle saison revenue, elle remonte au Nord. La distance
à franchir embrasse presque le quart du tour du
monde.

L'oiseau se propose de retourner aux terres des nids,
terres dont il garde un souvenir ineffaçable, ainsi que
l'homme, malgré tous les déplacements de sa vie remuante, conserve en l'esprit l'idée chérie de son village.
Il doit retrouver la mer dont il a entendu les grondements en son jeune âge. Dans cette mer il y a certain
îlot; dans cet îlot il y a certaine lande, et dans cette
lande se trouve certain refuge couvert de joncs et abrité
de la bise par un rocher. C'est là le lieu de naissance,
c'est là qu'il faut aller.

Sans hésitation, l'oie se met en route; elle pique droit
devant elle, comme si le point désiré était à portée de sa
vue. Les plaines uniformes des mers et les accidents si
variés des terres, les haltes dans les herbages pour pâ-
turer un moment, la brume ténébreuse des nuages tra-
versés, les terribles émotions qui l'attendent lorsque le
chasseur embusqué lui lance une grêle de plomb, rien
ne la dérange de sa voie. Si des détours sont nécessaires
pour éviter les périls ou trouver de la nourriture, elle
les fait, si longs qu'ils soient, puis reprend la direction
opportune.

Elle calcule la rapidité du voyage et ménage les haltes

pour n'arriver ni trop tôt ni trop tard, car elle sait à
fond l'ordre des saisons, en quel temps les neiges fondent et les gazons verdoient. Enfin un beau jour, aux
premières fleurs issues à peine de leur linceul de neige,
elle retrouve son bras de mer, son îlot, sa lande et l'emplacement de son nid. Comment fait l'oie pour se guider
en de si lointains voyages, pour retrouver le vieux nid
avec cette précision? Nul ne le sait.

Comment font tant d'autres oiseaux migrateurs dans
leurs alternatifs pèlerinages du nord au sud et du sud au
nord? Comment fait, en particulier, la faible hirondelle
pour retrouver son nid en traversant d'immenses étendues tant sur mer que sur terre?

Pour la reconnaître à son retour, on lui noue, vous
ai-je dit, un fil coloré autour de la patte. En avril, la
voici revenue à sa demeure de mortier appliquée sous
le rebord du toit. C'est bien elle et non pas une autre;
c'est bien elle qui a maçonné le nid de terre, propriété
chérie dont elle reprend possession. Ses joies, ses élans
d'allégresse, le disent assez; d'ailleurs le fil rouge est là,
témoin irrécusable. Comment a-t-elle fait pour ne pas
s'égarer en route?

Si l'hirondelle sait retrouver son nid quand elle nous
revient, au printemps, du pays des nègres, à plus forte
raison saura-t-elle le retrouver si elle est simplement dépaysée dans un canton voisin.

Une mère couvant ses œufs ou abecquant ses petits est,
je suppose, prise dans son nid, mise dans un panier et
transportée à la hâte à vingt, trente lieues de là. On la
remet alors en liberté. Le pays d'alentour lui est inconnu:
elle n'y est jamais venue. Du chemin qu'on lui a fait
prendre elle n'a pas la moindre connaissance : elle a
voyagé dans l'obscurité d'un panier. N'importe : sans
longues hésitations, elle s'oriente dans ces étendues où
tout est nouveau pour elle, et prend son essor vers son
nid comme s'il lui était possible de voir le toit où repose
sa couvée. Attendons quelques heures, et nous la retrouverons revenue au logis.

Ainsi se comporteraient les divers oiseaux à vol puissant, transportés loin de leurs nids puis rendus à la liberté. Ils reviendraient à leur domicile, malgré la distance à franchir et l'inconnu des lieux à traverser. L'amour maternel est capable des plus surprenantes merveilles. Pour ne pas laisser refroidir la couvée ou périr de faim les jeunes en son absence, l'oiseau devient aussi habile géographe que pour ses migrations.

Cette aptitude à retrouver le nid à de grandes distances acquiert un degré extraordinaire chez quelques-uns de nos pigeons domestiques. Les pigeons de nos colombiers se subdivisent en une foule de races, nous montrant quelle diversité les soins de l'homme ont imprimée à la forme, aux habitudes, au plumage de l'oiseau primitif. Mentionnons, en passant, quelques-unes d'entre elles.

Il y a d'abord les pigeons *pattus,* dont les pieds semblent chaussés d'amples guêtres, c'est-à-dire sont revêtus de plumes jusqu'à l'extrémité des doigts. Puis viennent les pigeons *boulans,* qui savent avaler de l'air et se gonfler le jabot en grosse boule, de façon que la base du cou semble affectée de la difformité d'un goître. C'est leur manière à eux de faire les beaux ; plus la boule est grosse, plus ils sont fiers de leur tournure.

Il y en a qui s'entourent le front d'une couronne de plumes, se chaussent comme les pattus et imitent dans leurs roucoulements le son d'un tambour. Ces roulades tambourinantes leur ont valu le nom de pigeons *tambours.* D'autres ont les ailes pendantes, la queue relevée et ouverte en éventail, le corps dans un état de tremblement presque continuel. La queue en éventail leur a fait donner le nom de pigeons *paons ;* leur agitation tremblante, celui de *trembleurs.*

Les pigeons à *cravate* ont le cou ceint d'une cravate de plumes ébouriffées ; les *nonnains* ont une huppe relevée, imitant le capuchon d'un moine ; les pigeons *coquilles* se parent la nuque d'une touffe de plumes rejetée en arrière et creusée en manière de coquille.

Les *culbutants* se font remarquer par leurs étranges
évolutions dans l'air. Au milieu de leur vol, ils se laissent choir soudain et culbutent, comme atteints d'un
plomb dans l'aile. Cette singulière récréation est leur
passe-temps favori. Le plaisir d'une chute verticale accompagnée de culbute ne doit pas être sans effroi, et
c'est là peut-être ce qui donne de l'attrait à cet exercice.
Mais le pigeon s'arrête à temps; il met fin, quand il veut,

Le Pigeon voyageur.

à sa dégringolade du haut des airs. Le vol régulier est
repris, et les culbutes recommencent de plus belle.

D'autres enfin dédaignent ces bizarreries de plumage
et de mœurs. Chez eux, pas de guêtres embarrassantes
aux pattes, de boule pleine d'air au jabot, de couronne,
de huppe, de capuchon à la tête. Pas de manie pour trembler, tambouriner, faire la culbute. Réservant toutes
leurs forces pour la puissance du vol, ils ont gardé du
pigeon sauvage l'aile pointue, le plumage lisse, la forme
régulière. On les appelle *pigeons voyageurs*. Dénomination bien méritée; écoutez en effet.

Un pigeon ayant ses jeunes à élever est pris dans le colombier. On le met dans une corbeille close et on le transporte à cent, à deux cents lieues de là; plus loin encore, si bon vous semble : d'une extrémité de la France à l'autre. Là, on le lâche. L'oiseau s'élève, tournoie quelques instants comme pour s'informer de la direction à suivre, et s'élance d'un fougueux essor du côté du colombier où l'attend sa famille.

Ce colombier, le voit-il du haut des airs ? Nullement; la distance est trop grande. S'élevât-il au niveau des nuages, à des hauteurs plus grandes encore, où d'ailleurs les ailes ne pourraient le soutenir, il ne parviendrait pas à le voir. Du trajet qu'il a fait en venant, il n'a rien vu, captif qu'il était dans l'obscurité d'une corbeille. L'étendue qu'il traverse, il la voit pour la première fois. Rien de ce qui l'entoure ne lui est connu, et cependant son vol a l'assurance que lui donnerait un but visible. Avec une vitesse d'environ vingt lieues à l'heure, il file tout droit à travers l'espace inconnu. Si le trajet est trop long, de loin en loin des haltes sont faites pour le repos et pour la nourriture; puis l'essor est repris, rapide comme celui de la flèche. Enfin au bout de quelques heures, d'un jour, de deux, suivant la distance et la durée des haltes, il rentre au colombier pour dégorger la becquée à sa famille.

En de graves circonstances, le pigeon voyageur est un précieux messager. L'hiver de l'année terrible 1870-1871, les hordes allemandes assiégeaient Paris. Aucune communication n'était possible, par les moyens ordinaires, entre la ville cernée et le reste de la France, en armes pour repousser l'odieux envahisseur. Paris muet par son isolement, on eût dit que le cœur de la patrie ne battait plus. Pour s'entendre entre défenseurs, on eut recours aux aérostats et aux pigeons.

Des gens d'un courage à toute épreuve quittaient Paris en ballon, de nuit surtout, pour échapper aux balles prussiennes qui guettaient les aérostats au passage. Ils emportaient avec eux les dépêches de Paris et un certain nombre de pigeons voyageurs. Par-dessus les camps ennemis, ils allaient retomber de-ci de-là, plus près ou plus loin, au gré des vents. La province avait ainsi les dépêches, les journaux, les lettres particulières de Paris. La nacelle de l'aérostat s'était chargée du tout.

Mais comment s'y prendre pour apporter à Paris les dépêches de la province? Sortir d'une ville en ballon dans une direction quelconque, ne présente pas grande difficulté; rentrer dans la même ville en ballon n'est plus possible. L'aérostat va où le vent le pousse et non où nous voudrions aller. Chercher à rentrer avec le moyen employé pour sortir serait tout compromettre, en s'exposant à retomber au milieu des lignes prussiennes.

Restaient, incomparables auxiliaires, les pigeons que l'aéronaute avait emportés avec lui. Lâchés un à un avec les dépêches roulées dans un canon de plume fixé à leur queue, ils revenaient au colombier par-dessus l'armée allemande; ils rentraient à Paris et y donnaient connaissance de ce qui se passait en province.

Et n'allez pas vous figurer que le messager ailé ne fût bon qu'à transmettre quelques mots, quelques lignes au plus. Ce n'était pas à la plume et sur du papier ordinaire que s'écrivaient les dépêches confiées au pigeon. Par des moyens savants, d'une délicatesse inouïe, on obtenait des caractères si fins et des feuillets si minces, qu'un rouleau de ces feuillets, pesant à peine un gramme et contenu dans un tuyau de plume, pouvait renfermer la matière de dix volumes. Quel merveilleux travail que cette boîte aux lettres fixée à la queue d'un pigeon, que ce canon de plume devenu bibliothèque, où des milliers de personnes, amis, parents, hommes d'État, échangeaient leurs projets, leurs craintes, leurs espérances. Ainsi fonctionnait la poste en ces temps douloureux.

XXI. — La Poule et ses Poussins.

Les premiers jours pour les petits poussins sont difficiles. Ils sont si délicats, les pauvrets; si frileux sous

leur clair duvet jaune ! Où les tiendra-t-on au début ?
Sera-ce pêle-mêle avec la grosse volaille, foule turbu-
lente, querelleuse, grossière, sans ménagement aucun
pour les faibles ?

Que deviendraient-ils, les innocents, mal équilibrés
encore sur leurs jambes, au milieu des poules glou-
tonnes qui, grattant pour déterrer des vers, leur enver-
raient de brutales rebuffades ? Quel danger pour eux
parmi les coqs en noise, dédaignant de prendre garde
aux petits étourdis égarés sous la pointe de leurs éperons !
Non, non, ce n'est pas là leur place.

Ce qu'il leur faut, c'est la *mue,* sorte de grande cage en
osier sous laquelle on place la mère avec des vivres. Les
barreaux de ce refuge sont assez distants pour permettre aux poussins d'entrer et de sortir à leur guise
afin de prendre leurs ébats. Mais la mère reste toujours
sous la cage, d'où elle surveille les poussins, les rappelant à elle à la moindre apparence de danger.

Au sortir de la coquille, les poussins, comme du reste
tous les oiseaux issus d'un œuf relativement volumineux,
sont aptes à prendre eux-mêmes la nourriture ; cependant faut-il encore, dans leur profonde inexpérience,
que la mère leur montre la manière de donner du bec
dans la pâtée. Assistons à cette leçon de la première
bouchée. La fermière vient de servir le repas sous la mue.

Qu'est ceci ? se demandent peut-être les naïfs oisillons,
dont l'estomac commence à crier famine, depuis tantôt
vingt-quatre heures qu'ils sont sortis de l'œuf ; qu'est
ceci ? Ébouriffée de joie, la mère les appelle à l'assiette
avec une inflexion de voix qui ressemble à un langage.
Ils s'approchent, chancelants sur leurs petites pattes.
La poule alors donne dans le tas quelques coups de
bec, mais fait seulement semblant de manger, pour ne
pas diminuer l'exquise nourriture réservée aux petits,
mie de pain bien divisée, œufs durcis à l'eau bouillante
et feuilles de laitue hachées menu.

Un des assistants, mieux avisé peut-être que les autres,
semble avoir compris ; il saisit du bec une miette, mais

la laisse aussitôt retomber. La mère recommence, insiste, encourage de la voix, du regard, et cette fois avale
à la vue de tous. Le poussin revient à la miette, et,
après deux ou trois essais maladroits, parvient à l'avaler, en fermant à demi les yeux de satisfaction.

Tiens! comme c'est bon! paraît-il se dire; essayons
encore. Et une autre miette y passe; une parcelle de
jaune d'œuf la suit. Désormais cela va tout seul.
L'exemple se propage à la ronde; qui d'ici, qui de là
s'essaye du bec, la poule répétant sa patiente leçon pour
les moins avisés de la bande. Bientôt toute la couvée a
compris, et chacun, à qui mieux mieux, becquette la
pâtée.

Puis viendra la leçon du boire. Comment il faut plonger le bec dans l'eau sans crainte, comment il faut relever la tête au ciel pour faire descendre la gorgée de
liquide le long du cou, c'est ce que la poule montrera à
ses élèves par des exemples répétés.

En l'imitant, quelque étourdi trempera peut-être la
patte dans l'eau, ou même se laissera choir dans l'assiette, grave sujet d'effroi pour l'inexpérimenté buveur.
Mais la poule le séchera sous ses ailes et lui montrera à
mieux faire une autre fois. Bref, en une courte séance,
toute la couvée est instruite des deux grands besoins de
ce monde : le boire et le manger.

Une semaine s'est à peine écoulée que les poussins
franchissent la barrière de la mue et s'aventurent au
dehors, pas bien loin : car si quelqu'un fait mine de
vouloir s'écarter, la mère l'admoneste et le rappelle à
la prudence. A-t-elle soupçon du plus petit péril, par
un gloussement persuasif elle invite tout son monde à
la retraite.

Aussitôt poussins d'accourir et de regagner, à travers
les baguettes d'osier, le refuge où nul intrus ne peut pénétrer. Quand est venu le moment de ces premières
émancipations hors de la cage, on peut donner la liberté
à la poule et lui permettre de conduire sa famille à sa
guise.

C'est bien un des plus intéressants spectacles de la ferme que celui de la poule à la tête de ses poussins. D'un pas lent, mesuré sur la faiblesse de la couvée, elle va d'ici, puis de là, au hasard des trouvailles, toujours l'œil vigilant et l'oreille attentive. Elle glousse d'une voix enrouée par les fatigues maternelles ; elle gratte pour déterrer de menus grains, que les petits viennent prendre sous son bec.

Voici qu'une bonne place est trouvée au soleil, pour se reposer de la promenade et se réchauffer. La poule s'accroupit, gonfle son plumage et soulève un peu les ailes arrondies en berceau. Tous accourent et se blottissent sous le chaud couvert.

Deux ou trois mettent la tête à la fenêtre, leur jolie tête éveillée, encadrée dans le sombre plumage de la mère. L'un, dans sa hardiesse, se campe sur le dos, et de ce poste élevé becquette le cou de la poule. Les autres, les plus nombreux, cachés dans le duvet, sommeillent ou pépient doucement.

La sieste faite, on se remet en promenade, la mère grattant et gloussant, les petits trottinant autour d'elle. Qu'est ceci ? — C'est l'ombre d'un oiseau de proie qui, un instant, est venue faire tache au milieu du soleil de la cour. La menaçante apparition n'a pas eu la durée d'un clin d'œil ; la poule néanmoins l'a vue. Le danger presse : l'oiseau de rapine n'est pas loin. Au gloussement d'alarme, les poussins se réfugient sous la mère, qui leur fait rempart de ses ailes.

Et maintenant le ravisseur peut venir. Cette mère si faible, si timide, qu'un rien mettrait en fuite dans toute autre occasion, devient d'une imposante audace quand il s'agit de sa couvée. Que l'autour paraisse, et la poule, ivre de tendresse et d'intrépidité, se jettera au-devant de la terrible serre. Par ses battements d'ailes, ses cris redoublés, ses furieux coups de bec, elle tiendra tête à l'oiseau de proie, qui finira par s'éloigner, rebuté par cette indomptable résistance.

L'attachement de la poule pour ses poussins se montre

dans une autre circonstance fort remarquable. Comme
elle est excellente couveuse, on lui donne parfois à cou-
ver les œufs de la cane. La poule élève sa famille d'adop-
tion comme sa propre famille ; elle a pour les petits
canards les mêmes soins qu'elle aurait pour ses poussins.
Tout va bien tant que les canetons, veloutés d'un poil

La Poule et ses Poussins.

follet jaune, se conforment aux avis de leur nourrice et
courent sous son aile au premier cri d'appel. Mais un
jour vient où leur instinct aquatique s'éveille. Ils sentent
la mare, les petits canards, la mare voisine, où coasse
la grenouille et frétille le têtard. Ils y vont, clopin-
clopant, rangés sur une file. La poule les suit, ignorante
de leur projet. Ils atteignent la mare et se jettent à l'eau.

C'est alors, de la part de la poule, qui croit sa famille
en danger, les gloussements les plus désespérés. Dans
ses transes mortelles, la pauvre mère court comme une

folle sur le rivage, la voix enrouée d'émotion, le plumage hérissé de frayeur. Elle rappelle, menace, supplie. Le rouge de la colère lui monte à la crête, le feu du désespoir lui allume la prunelle. Elle va même, miracle de l'amour maternel ! elle va jusqu'à risquer une patte dans l'eau, dans l'élément perfide dont la vue la fait pâmer d'effroi.

Mais à toutes ses supplications les petits canards font la sourde oreille, heureux de pourchasser, au milieu des cressons, le têtard au ventre argenté. Les visites à la mare se multipliant, la poule finit par être rassurée. Alors elle conduit elle-même les canetons au bain et surveille du rivage leurs joyeux ébats.

En un mois, les poussins sont assez forts pour se passer des soins délicats du début. On leur supprime alors la pâtée, la fine nourriture où l'œuf cuit s'associait à la laitue hachée et à la mie de pain ; la distribution des vivres consiste uniquement en grains et en verdure. Cette espèce de sevrage ne se fait pas sans quelques regrets de leur part au souvenir de la savoureuse pâtée ; mais la mère les dédommage en leur apprenant à gratter la terre et à chercher insectes et vermisseaux, pour eux friand régal.

Elle leur enseigne comment la mouche doit être vivement happée lorsqu'elle se réchauffe au soleil contre le mur ; comment le ver doit être appréhendé et retiré du sol avant qu'il rentre dans son trou. Elle leur montre de quelle manière il faut s'y prendre pour exploiter fructueusement une touffe de gazon où les fourmis soignent leurs œufs, avec quelle attention il faut visiter le dessous des larges feuilles où divers insectes se réfugient.

Marauder un peu dans les cultures voisines lorsque l'occasion s'en présente, becqueter les jeunes semis, fureter dans tous les recoins, piller d'ici, piller de là, tout cela rentre aussi dans le programme de l'éducation maternelle.

Après quinze jours de pareil exercice, les écoliers sont

passés maîtres ; ils perdent alors le nom de poussins et prennent celui de poulets. La famille se dissout. La poule se remet à pondre, et les poulets, désormais experts dans la science difficile de gagner sa vie, sont abandonnés à eux-mêmes.

XXII. — Le Cochon. — La Ladrerie.

Le cochon est une bête grossière, vorace, portée aux insatiables satisfactions du ventre. Créature à fabriquer

Le Cochon.

du lard, il vit uniquement pour manger, digérer, s'engraisser. Sa goinfrerie va jusqu'à s'accommoder des rebuts de cuisine, des grasses lavures de vaisselle, des restes immondes, des tripailles, enfin de tout, jusqu'à l'ordure.

Gardons-nous de le lui reprocher. Sa voracité nous transforme en viande savoureuse et en lard mille rebuts dont ne voudrait aucun des autres animaux domestiques et qui seraient perdus pour nous sans son intervention. Avec des matières sans valeur, son robuste estomac, que rien ne rebute, fait ces provisions précieuses si bien appréciées de nous tous sous forme de jambons, de saucissons et de saucisses.

Mais en utilisant jusqu'à l'immondice, il s'expose à une

horrible maladie, la *ladrerie*, qui rend sa chair mal-
saine et même dangereuse. Lorsque l'animal en est
atteint, sa chair et son lard sont farcis d'une multitude de
grains blancs et ronds, depuis la grosseur d'une tête d'é-
pingle jusqu'à celle d'un pois. Ces grains se nomment
hydatides. Leur nombre est parfois si grand, que dans
un morceau de lard pas plus grand que les cinq doigts
de la main on en compterait des centaines.

Pour reconnaître si un porc est ladre, on ne peut
songer à fouiller dans le lard tant que la bête est vivante.
Que fait-on alors? On fait ce que chacun de nous a pu
voir pratiquer les jours de marché. Un homme, dont
c'est le métier, le *langueyeur*, saisit l'animal par les
jambes et le culbute sur le flanc. Tandis que des aides
maintiennent la bête en respect, lui, un genou en terre
et son bâton passé comme un levier entre les dents du
porc, fait bâiller les deux mâchoires.

Alors il plonge la main dans la gueule, et du bout des
doigts il palpe les parties molles, les parois de la bouche, le dessous de la langue principalement, lieu de pré-
dilection pour les hydatides. S'il sent sous les doigts des
grains durs, le porc est ladre et perd beaucoup de son
prix; s'il ne sent rien de pareil, l'animal est sain et possède toute sa valeur.

Chacun de ces grains durs est une loge, une cellule,
une chambrette, si vous voulez, où vit une espèce de ver,
grassement nourri de la substance du porc. Vous connaissez, sans doute, le ver qui habite la pulpe juteuse
des cerises, celui qui ronge l'amande des noisettes, celui
qui s'établit au cœur de la poire et de la pomme. Eh bien,
les fruits ne sont pas les seuls à héberger des hôtes aussi
incommodes; tout animal a ses parasites qui le mangent
vivant. Pour sa part, le porc en a un grand nombre,
surtout lorsque, dans sa goinfrerie, il se repaît d'ordures.
L'un deux est le ver dont je vous parle.

C'est bien la plus singulière bête qu'il soit possible de
voir. Figurez-vous une petite vessie pleine d'un liquide
clair comme de l'eau; sur cette vessie, un cou très court

et ridé; enfin à l'extrémité de ce cou une tête ronde,
portant sur les côtés quatre suçoirs, et au bout trente-
deux crochets rangés en couronne sur un double rang.
Voilà le ver, voilà l'hydatide.

Chacun est renfermé dans une sorte de petite bourse,
dans une loge à demi transparente et ferme dont la substance est empruntée à la chair même du porc. Habituellement, la bestiole est en entier cachée dans son réduit;
d'autres fois, par un orifice de la bourse, elle allonge le
cou et sort un peu la tête, sans doute pour s'alimenter
des humeurs du voisinage au moyen de ses quatre suçoirs.
Quant à l'espèce de vessie qui termine le ver, jamais
elle ne sort de la cel-
lule, dont elle rem-
plit exactement la
cavité. L'animal ne
change donc jamais
de place.

Les hydatides habi-
tent dans le lard et la
chair du porc vivant;
ils y vivent par mil-
liers et milliers, à tel
point que parfois on

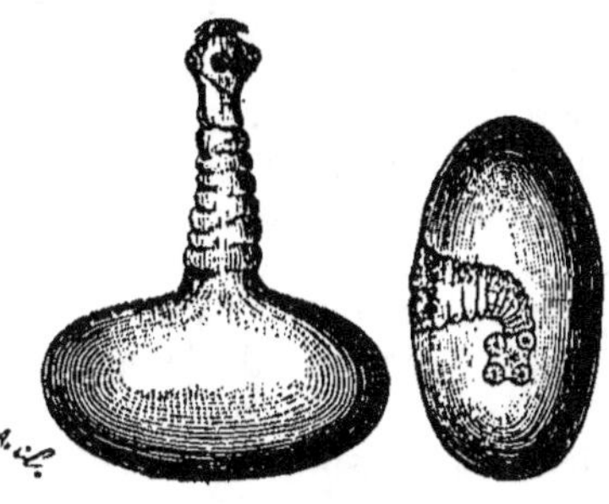

Hydatides.

ne trouverait pas un morceau de lard de la grosseur d'une
noix qui n'en contienne quelques-uns. Chacun, bien clos
dans son réduit, dans sa loge à parois résistantes, grossit
en paix, à l'abri de toute attaque, et fouille le voisinage
avec sa couronne de crochets.

Le misérable porc ainsi dévoré vivant, sans une place
nette, sans défense aucune contre l'acharnée vermine,
ne succombe pas cependant. Il dépérit, il est vrai, mais
résiste, car il a la vie dure. On ne songe pas sans effroi
aux horribles démangeaisons que doit lui causer cette
armée d'insaisissables ennemis, qui lui fouillent de tous
côtés le lard.

L'effroi redouble lorsqu'on sait que cette vermine
n'attend qu'une occasion favorable pour émigrer en

notre corps et nous ravager à notre tour. Oui, ces affreux
vers du porc ont des prétentions sur nous-mêmes, et des
prétentions, hélas! trop souvent accomplies, si nous n'y
prenons garde. C'est ce que nous allons examiner.

XXIII. — Le Ténia.

Le vermisseau qui pour gîte a les grains blancs de la
chair du porc ladre est, comme la larve des insectes,
un animal à transformations; de plus, pour changer de
forme, il change d'abord de logis. Jamais il n'atteindrait
son état final dans la chair et le lard qu'il habite. Une
nouvelle demeure est indispensable à sa métamorphose;
et cette demeure, c'est nous-mêmes, hélas! qui la four-
nissons. Oui : à l'odieux ver de la ladrerie il faut à la
fin le séjour du corps de l'homme, rien que cela.

Et comment donc le perfide ennemi s'introduit-il en
nous? C'est ce que nous allons voir. — Le porc, un
jour ou l'autre, est sacrifié pour notre nourriture. Ses
quatre membres deviennent des jambons, sa chair est
convertie en saucissons et saucisses, son lard fournit de
riches provisions. Toutes ces dépouilles sont abondamment salées, desséchées avec soin, quelquefois fumées; rien n'est négligé pour en assurer longtemps
la conservation. Or, au milieu de ces traitements énergiques par le sel, la dessiccation, la fumée, que pensez-
vous que deviennent les vermisseaux habitants de la
chair ladre ?

D'autres périraient; eux, non, car ils ont la vie singulièrement tenace, les maudits. L'âcreté du sel les laisse
indifférents. Et puis, si quelques-uns périssent, beaucoup
même, il en reste toujours de survivants, car ils sont
innombrables. Voilà donc nos vivres infestés d'une vermine qui va nous envahir à la prochaine occasion. Vous
mangez un travers de doigt de saucisse, une tranche
de jambon, et c'est fait : avec l'appétissante bouchée,
vous venez d'avaler l'horrible bête. Désormais l'ennemi

est en nous, chez lui ; il va grandir, se développer, se
transformer et faire rage.

Il traverse l'estomac, dont les forces digestives n'ont
aucune prise sur lui, et va s'établir dans l'intestin. L'emplacement est tranquille, rien ne peut venir l'y troubler.
Les vivres, le meilleur de notre nourriture, abondent
autour de lui. De sa couronne de crochets, façonnés en
bec d'ancre, il se cramponne à la paroi du gîte, et sans
retard se met à se développer. A son arrivée, c'était un

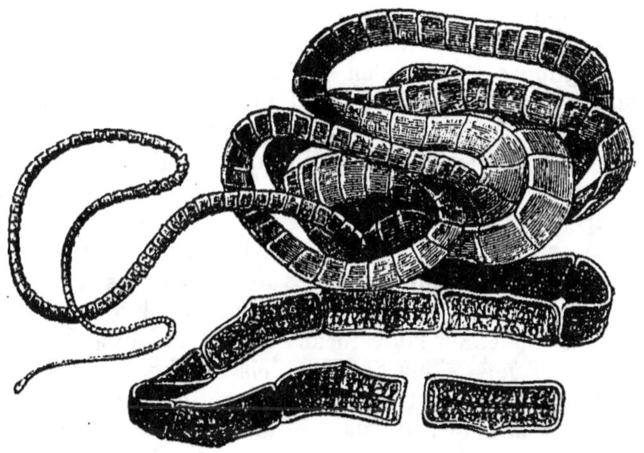

Le Ténia.

vermisseau très court et ridé, terminé d'un côté par une
petite tête ronde, de l'autre par une volumineuse vessie.
En peu de temps ce sera une espèce de ruban, qui peut
atteindre jusqu'à l'énorme longueur de quatre à cinq
mètres.

Cette horreur se nomme *ver solitaire*, dénomination
impropre : car l'animal, loin d'être solitaire, loin d'être
seul, est presque toujours en compagnie d'autres vers
pareils. Son véritable nom est *ténia*, qui signifie ruban
ou bandelette.

Figurez-vous une bandelette d'un blanc mat, une

sorte de ruban de longueur variable, qui peut aller
jusqu'à cinq mètres ; imaginez ce ruban presque aussi
menu qu'un crin vers la tête de l'animal, puis s'élar-
gissant petit à petit et atteignant la dimension d'un centi-
mètre ; représentez-vous la longueur entière de la bête
divisée en tronçons ou *articles*, les uns carrés, les autres
oblongs, placés bout à bout comme les grains d'un chapelet, ou mieux comme des semences de citrouille enfilées
à la suite les unes des autres, et vous aurez une idée
assez nette du ténia.

Le nombre de ces articles est parfois d'un millier. En
outre, il s'en forme toujours de nouveaux, car le ténia a
la singulière faculté d'en produire indéfiniment à la file
les uns des autres. Tous sont pleins d'œufs, détestable
semence qui donne d'abord au porc la ladrerie et puisà
l'homme le ver solitaire. Ceux qui terminent l'animal,
les plus vieux et les plus mûrs, se détachent de temps
en temps et sont expulsés.

Le porc qui fouillera dans l'ordure où ils se trouvent
deviendra ladre par le fait des œufs contenus dans ces
articles, car chaque œuf est le germe d'un hydatide. Ces
œufs écloront dans l'intestin de l'animal, et, aussitôt éclos,
les jeunes vers, s'ouvrant deçà delà un passage avec leur
couronne de crochets, iront se loger à leur convenance,
qui dans la chair, qui dans le lard, pour s'y entourer
d'une coque résistante formée aux dépens de la substance
même du porc, et attendre dans ce gîte le moment favorable de leur émigration dans l'homme. C'est ainsi que,
par une triste réciprocité, l'homme donne la ladrerie au
porc, et que le porc donne le ver solitaire à l'homme.

Ces pertes fréquentes de chapelets d'articles ne trou-
blent nullement la vigueur du ténia : d'autres articles lui
poussent, et son effrayante longueur se maintient. Per-
drait-il la presque totalité de son ruban, c'est pour lui
accident nul ; pourvu que la tête reste, solidement fixée
avec ses crochets, de nouveaux articles se forment, et le
ver reprend sa longueur. Tant qu'on n'est pas débarrassé
de la tête, rien n'est donc fait pour la délivrance.

Passons sous silence les atroces angoisses d'une personne en proie à ce redoutable parasite, si difficile à déloger, et parlons plutôt des précautions à prendre pour ne pas en être atteint. Ces précautions sont bien simples. Puisque le ténia a pour origine le porc ladre, méfions-nous de la chair de porc atteint de ladrerie. Cette chair, je vous l'ai dit, se reconnaît aux granulations blanches dont elle est farcie, et dont chacune est la demeure d'un vermisseau, première forme du ténia.

Les préparations crues, telles que le jambon et le saucisson, sont seules à redouter, parce que la salaison et la dessiccation laissent en vie ces vers, sinon tous, du moins quelques-uns. Mais la chair parfaitement cuite, bouillie ou rôtie est sans danger aucun, serait-elle infestée d'une multitude de ces granulations, parce que la chaleur, à un suffisant degré, tue sans retour les vers inclus.

La règle de conduite est alors évidente. Si un porc est ladre, ce n'est pas un motif pour le rejeter en plein; sa chair, quoique de qualité inférieure, sa graisse et son lard peuvent très bien être utilisés; mais il faut alors soigneusement veiller à ne jamais faire usage de cette nourriture sans une parfaite cuisson, qui détruit tout germe dangereux.

Quant au porc lui-même, on le préserve de la ladrerie par la propreté, en l'empêchant surtout de se repaître d'ordures. Tout porc qui vagabonde et fait ventre des immondices déposées le long des murs peut rencontrer sous son groin des articles de ténia, les avaler avec la sale pâture et s'infester ainsi de ladrerie.

XXIV. — Le Chien.

Difficilement on trouverait deux chiens pareils en tout. Seraient-ils de même race, auraient-ils même forme et même taille, ils différeront pour la couleur du pelage, au moins en quelques points. A la diversité de couleur s'ajoute la diversité d'abondance et de nature des poils.

La plupart des chiens les ont courts et ras ; quelques-uns les portent fins et frisés, et semblent vêtus de laine. Tel est le barbet, appelé aussi mouton, parce que sa fourrure rappelle la toison crépue de cet animal. D'autres, comme l'épagneul, ont les poils longs et ondulés, principalement aux oreilles et à la queue. Il y en a d'aspect souffreteux et déplaisant, dont le corps est tout à fait à nu. On dirait que quelque maladie de la peau les a dépouillés jusqu'au dernier poil. On les nomme chiens turcs.

La taille n'est pas moins variable. Le chien de Terre-Neuve est une majestueuse bête de la grandeur du veau ; et tel bichon, tout frisé, bon à dormir sur les coussins d'un salon, est une mignonne créature qui trouverait place dans la poche de son maître.

Dans les détails de forme, quelle diversité ne trouve-t-on pas encore ! Ici l'oreille est petite et dressée en pointe ; là elle s'élargit, recouvre toute la joue et retombe longuement pendante, jusqu'à tremper dans l'écuelle où mange l'animal. L'un, prompt à la course, dresse son corps svelte sur de hautes jambes ; l'autre, apte à s'insinuer dans l'étroite tanière du renard ou le clapier du lapin, trottine sur des membres trapus et touche presque à terre du ventre.

Dans celui-ci, le museau est gracieusement effilé, fait pour les caresses ; dans cet autre, il se raccourcit en un mufle brutal, ami de la bataille. Il y en a dont les pattes noueuses et tordues semblent estropiées de naissance ; il s'en trouve dont le nez, noir comme le charbon, a les deux narines séparées par une rigole profonde. Passons outre et donnons un rapide coup d'œil aux principales races de chiens.

Mentionnons d'abord le *mâtin*, le vigilant gardien de la ferme, le courageux protecteur du troupeau. C'est un animal robuste, hardi, d'assez grande taille, à poils courts sur le dos, plus longs sous le ventre et à la queue. Il a la tête allongée, le front aplati, les oreilles dressées à la base et pendantes au bout, les pattes fortes, la mâchoire vigoureuse.

Le mâtin a les mœurs rustiques, l'odorat obtus, l'intelligence peu développée. On lui reproche également de ne pas être des plus dociles et de ne pas prodiguer les caresses. Mais quand on mène rude vie aux pâturages des montagnes en fréquent tête-à-tête avec le loup, peut-on posséder les caressantes gentillesses du chien désœuvré? Le mâtin a les qualités de son état.

Que le loup paraisse, et, sans regarder s'il est le plus fort ou le plus faible, le vaillant chien se jettera sur la bête et l'appréhendera par la peau du cou, dût-il périr dans la bataille. Le mâtin ne pèse pas le danger; il va droit où son devoir l'appelle, noble qualité qui fait dire familièrement d'une personne énergique et résolue : C'est un bon mâtin. Cet étrangleur de loups mérite toute notre estime, bien qu'il soit inhabile à donner la patte et à faire le mort.

Nous n'estimerons pas moins le *chien de berger*. Celui-ci est d'une taille moyenne, ordinairement noir, à poils longs sur tout le corps excepté sur le museau. Il a les oreilles courtes et droites, la queue horizontale ou pendante. Nous n'ignorez pas avec quelle crânerie la plupart des chiens relèvent la queue sur le dos et la recourbent en trompette. C'est pour eux signe de haute satisfaction. Sont-ils soucieux, éprouvent-ils quelque mésaventure, ils la baissent et la serrent entre les jambes. Le chien de berger dédaigne cette mode de la queue dressée et recourbée; il porte modestement la sienne dans l'alignement du corps, et la tient plus ou moins inclinée suivant les idées qui le préoccupent.

Le mâtin est le défenseur du troupeau; le chien de berger en est le conducteur. Le premier a pour lui la force brutale, vigueur du corps et puissance de la mâchoire; mais il ne brille pas par ses facultés intellectuelles. Le second, de force médiocre, a les qualités d'esprit nécessaires pour la conduite du troupeau, fonction délicate, toute d'intelligence. Tandis que le maître repose à l'ombre ou distrait ses loisirs en soufflant dans sa flûte de buis, le chien de berger, posté sur une élévation voi-

sine, inspecte du regard le troupeau et veille à ce que
nul ne s'écarte des limites du pâturage.

Il sait que de ce côté verdoie un champ de trèfle où il
est expressément défendu de brouter. Si quelque mouton s'en approche, il accourt et, par d'inoffensives bour-
rades, ramène la bête en lieu permis. Il sait que le
garde champêtre verbaliserait si le troupeau errait de
cet autre côté, nouvellement boisé de chênes par semis.
Qu'on ne se laisse pas tenter : sinon il arrive menaçant
et impose prompte retraite.

Faut-il rassembler les brebis dispersées : sur un signe
du maître, le voilà parti. Il fait le tour du troupeau,
aboyant d'ici, houspillant de là, et chasse devant lui, de
la circonférence au centre, l'errante multitude, qui re-
devient en quelques instants un groupe compact. Sa
mission remplie, il retourne au berger, attendant de
nouveaux ordres, un mot, un geste, un simple regard.

Je voudrais surtout vous le montrer en fonction lorsque le troupeau chemine sur une route, se rendant au
marché ou changeant de pâturage. Il marche à l'arrière,
absorbé dans ses graves devoirs. Les chiens des fermes
voisines viennent à ses devants et lui font les civilités
d'usage entre camarades qui se rencontrent. « Passez
votre chemin, semble-t-il leur dire ; vous voyez bien que
je n'ai pas le temps de faire échange de politesses avec
vous. » Et, sans leur donner un coup d'œil, il continue de
suivre et de surveiller le troupeau.

C'est prudent à lui, car voici déjà les brebis qui s'at-
tardent à tondre le gazon sur le revers de la route. Leur
faire rejoindre la bande est l'affaire d'un instant. En ce
point, la haie est ouverte, et par le passage une partie
du troupeau gagne un champ de blé en herbe.

Poursuivre les indisciplinés par la même brèche serait
insigne maladresse : les moutons, traqués sur l'arrière,
ne se disperseraient que mieux dans le champ défendu.
Mais le rusé gardien ne commettra pas cette faute : il
fait un rapide détour, franchit la haie comme il peut, et

se présente brusquement sur le front de la bande, qui
ressort à la hâte par le trou d'entrée, non sans laisser aux
buissons quelques houppes de laine.

Maintenant le troupeau se croise avec un autre. Il faut
empêcher le mélange, la confusion du tien et du mien.
Le chien connaît à fond la gravité des choses. Sur le

Le Chien de berger.

flanc des deux troupes bêlantes, il manœuvre, affairé,
accourant d'un bout, puis de l'autre, allant et revenant
pour réprimer aussitôt toute tentative de désertion dans
la bande d'autrui.

A peine cette difficulté levée, une autre se présente.
Voici que, de droite et de gauche, la route est dépourvue
de barrières; l'accès des champs est libre des deux côtés.
La tentation du troupeau est grande : car, deçà et delà,

se montre à découvert l'appétissante pelouse. Le chien redouble d'activité.

« Allons à gauche. Bon : tout est en ordre. Voyons à droite. Eh! toi, là-bas, veux-tu donc cheminer sans t'arrêter à convoiter l'herbe tendre ! C'est bien. Revenons à l'arrière. Que fait là ce traînard? Vite au troupeau, lambin ! Peut-être y a-t-il du nouveau à gauche. Allons-y voir. »

Et, sans un moment de relâche, l'infatigable chien se portera ainsi sur un flanc, puis sur l'autre, puis à l'arrière du troupeau, pour activer les retardataires et maintenir en bonne voie les indociles. Si quelques-uns, plus têtus, font la sourde oreille aux avis et se débandent, il est à l'instant là, les ramenant à coups de museau inoffensifs dans les jarrets.

Les meilleurs chiens de berger nous viennent de la Brie, partie de l'ancienne Champagne. Du nom de ce pays on a fait le nom généralement usité pour le gardien du troupeau. Les autres chiens s'appellent, qui Médor, qui Sultan, qui Azor; lui s'appelle Labrie, c'est-à-dire le chien de la Brie.

XXV. — Le Chien (suite).

Le *lévrier* est doué d'une tête plus effilée, d'un museau plus allongé que dans aucune autre race. Il a les oreilles à demi tombantes et dirigées en arrière, la poitrine étroite, le ventre évidé, comme amaigri, les jambes hautes et fines, la queue longue et menue, la taille élancée. C'est le chien le plus rapide. Il force le lièvre à la course, et c'est de là que lui vient son nom. De lièvre à lévrier, il n'y a guère, en effet, qu'un simple changement de position dans les lettres.

L'*épagneul* est caractérisé par sa tête fine, médiocrement allongée; par son poil long et souple, abondant surtout aux oreilles, qui sont pendantes et soyeuses, et à la queue, qui forme panache touffu. Nul mieux que lui

n'a le regard aimable et doux. L'attachement au maître,
l'intelligence, se lisent dans ses yeux. Au mérite des qualités morales joignez cet autre, que l'épagneul est un
expert chasseur. Dans cette race se trouvent les chiens
à nez fendu ou chiens à nez double. Cette particularité
ne paraît rien ajouter à la finesse du flair.

Le *barbet*, autrement *caniche* ou *chien mouton*, se fait
remarquer par son intelligence exceptionnelle, sa dou-
ceur de caractère et sa fidélité sans égale. Qui de vous

L'Épagneul.

ne connaît le barbet, avec sa grosse tête ronde, pleine
de bonhomie, ses larges oreilles pendantes, ses jambes
courtes, son corps trapu, sa fourrure longue, fine et fri-
sée, presque semblable à de la laine et qui lui a valu le
nom de chien mouton ?

A demi tondu pour sa toilette d'été, il est plus beau
encore. La moitié postérieure du corps est à nu et montre
la peau rose ; la moitié antérieure est couverte d'une
épaisse crinière aussi blanche que l'ouate. Une houppe
coquette surmonte la queue ; d'élégantes manchettes or-
nent les pattes ; le museau porte moustaches et barbiche,

dont le souvenir se retrouve peut-être dans le nom de
barbet.

Mouton, appelons-le ainsi, comme il est d'usage, Mouton est passé maître dans les arts d'agrément. Il fait
le mort, donne la patte, saute par-dessus la canne tendue, se tient debout avec le morceau de sucre sur le nez,
fait l'exercice, l'arme au bras et le chapeau de papier

Le Barbet.

crânement sur l'oreille. Mais ce sont là les moindres de
ses talents. Mouton est le savant de la famille. Avec une
éducation soignée, on arrive à fourrer les choses les
plus étonnantes dans sa bonne tête de chien.

Aux facultés de l'esprit Mouton associe à un haut degré les facultés du cœur, encore préférables. Mouton
est le chien de l'aveugle, qu'il guide patiemment, sans
encombre, au travers de la foule, au moyen du cordon
de son collier. Quand le maître stationne au coin d'une
rue et implore la pitié sur son aigre clarinette, Mouton,

assis dans une posture suppliante, tient du bout des dents
la sébile et la tend au sou des passants.

Si le maître meurt, le maître chéri qui fraternellement
partageait avec lui son morceau de pain, Mouton suit le
cercueil, tout seul, triste, lamentable à voir. Il se couche
sur la terre qui recouvre le maître, y gémit quelques

Le Chien courant.

jours et finalement s'y endort du sommeil de la mort.
De quel nom appeler semblable serviteur ? L'aveugle
l'appelle *Fidèle*. A lui seul, ce nom est le plus beau des
éloges.

Le *chien courant* est le chasseur par excellence. Il a le
flair d'une finesse extrême, qui lui permet de reconnaître
le trajet suivi par le gibier rien qu'à l'odeur des émana-
tions laissées par le passage de la bête. Guidé par un
fumet insensible pour tout autre nez que le sien, il arrive

droit au lièvre comme s'il l'avait eu constamment sous les yeux.

Il a dans ses narines un sens merveilleux, dont notre odorat est la très imparfaite ébauche, un sens supérieur en délicatesse à la vue, que la distance et le manque de lumière mettent en défaut, tandis que l'éloignement et l'obscurité n'apportent pas de trouble à l'infaillibilité de son nez. Que le lièvre, échauffé par la course, ait seulement frôlé de son dos en sueur une touffe de buisson, cela suffit et au delà pour le mettre sur la piste. A voir

Le Basset.

l'assurance de la poursuite, on s'imaginerait que la bête chassée a tracé dans l'air un sillon visible pour le chien.

La plupart des chiens, qui plus, qui moins, ont l'odorat d'une étonnante sensibilité; mais le chien courant est le mieux doué sous ce rapport, principalement pour les choses de la chasse; aussi est-il le préféré du chasseur. Il a le museau assez gros, la tête forte, le corps vigoureux et allongé, la queue relevée, le pelage court, ordinairement blanc et varié de grandes taches noires ou brunes, les oreilles pendantes et d'une remarquable ampleur.

Comme son nom l'indique, le *basset* est très bas sur ses

jambes. Il a de plus les quatre membres tordus, estropiés en apparence, ceux de devant surtout. On dirait que
ce chien a subi quelque violente entorse dont il n'a pas
complètement guéri. Sa tête, ses oreilles amples et pendantes, son poil ras, sont à peu près les mêmes que pour
le chien courant. Le basset est encore un ardent chasseur, le compagnon obligé de celui qui, le fusil sur l'épaule, parcourt les collines rocheuses, chéries du lapin.

Avec ses jambes courtes et torses, il trottine plutôt
qu'il ne court ; mais sa lenteur est plus perfide que
l'élan : car elle laisse le
gibier jouer et muser en
sécurité devant lui. Sans
soupçonner l'approche
de l'insidieux ennemi,
Jeannot lapin gambade
et se frise la moustache,
et déjà le basset est nez
à nez avec lui, l'immobilisant d'une soudaine terreur. Le coup part : c'en
est fait de Jeannot, qui
bondit et retombe inerte
sur le serpolet.

Le Chien loup.

Le *chien loup* est le
favori des voituriers. Mille fois vous l'avez vu, pétulant
et rageur, aller et venir sur le chargement d'une voiture et aboyer du haut de cette forteresse aux enfants
qui l'agacent. Il est superbe de colère, avec sa petite crinière léonine, sa queue à panache fortement roulée en
tire-bouchon et son joli collier rouge à grelots et à
frange de poils de renard. Il a les oreilles droites et
pointues comme le chien de berger, le museau effilé, le
pelage court sur la tête et les pattes, long et soyeux
sur tout le reste du corps. Nul mieux que lui ne sait rouler la queue et la porter fièrement.

Le chien loup est trop intelligent pour n'avoir d'autre
mérite que ses gentillesses. Loubet (c'est son nom habi-

tuel) sait au besoin tourner la broche, au moyen d'une roue dans laquelle il sautille continuellement, ainsi que le fait l'écureuil dans sa cage roulante. S'il est en compagnie d'un bon chien de berger, il apprend aisément le métier et devient assez bon conducteur de troupeaux.

Je ne connais pas de physionomie plus rébarbative, plus brutale que celle du *dogue*. Considérez sa tête grosse et courte; son épais museau et son nez épaté, parfois fendu; sa lourde lèvre supérieure, qui pend de chaque

Le Dogue.

côté avec un filet de salive, tandis qu'elle bâille antérieurement et laisse apercevoir les dents; ses petits yeux, durs d'expression; ses oreilles déchirées de morsures ou rendues plus laides par l'amputation; considérez tous ces caractères de rudesse et dites-moi pour quel métier le dogue est fait.

Le dogue est fait pour le combat; pour le combat, et rien de plus. Qu'on ne lui demande pas de surveiller un troupeau, d'accompagner le chasseur, de rapporter le gibier abattu, de tourner simplement une broche : son épaisse intelligence ne va pas jusque-là. Son don à lui est le don de la mâchoire qui happe et ne lâche plus ; sa passion est la frénésie du combat.

Quand il a croisé ses crocs dans la peau d'un adversaire, n'attendez plus qu'il desserre les mâchoires : un étau ne tient pas plus ferme. Rappels, menaces, coups, rien ne parvient à séparer deux dogues crochetés entre eux ; il faut les saisir et les mordre à pleines dents au bout de la queue. La douleur de morsure peut seule les tirer de leur convulsif acharnement.

L'audace, la force et l'indomptable ténacité dans la bataille font de ce chien un précieux défenseur, qu'il fait bon avoir à ses côtés en mauvaise rencontre. Pour laisser à l'ennemi le moins de prise possible, on est dans l'usage de couper au dogue la queue et les oreilles ; on lui protège en outre le cou d'un collier armé de pointes de fer.

XXVI. — La Rage.

Le chien, le plus dévoué de nos serviteurs, est pour nous un terrible danger quand il est atteint d'une maladie appelée *rage*. Sur le point de départ de cette maladie, on ne sait rien du tout. Sans causes appréciables, sans motifs que nous puissions démêler, le chien est pris de rage ; la maladie est alors spontanée, c'est-à-dire se déclare toute seule. Tous peuvent être atteints : l'heureux chien de bonne maison comme le misérable sans demeure et cherchant de quoi vivre dans les tas de balayures, au coin des rues.

Je dois ajouter cependant que les souffrances de la faim et de la soif, que les mauvais traitements favorisent l'apparition de la maladie ; les chiens vagabonds sont plus sujets que les autres à la rage spontanée. Nouveau motif, et très sérieux, d'avoir soin de nos chiens. Les laisser cruellement pâtir, c'est les exposer à l'invasion d'un mal terrible, qui deviendrait peut-être notre perte.

Une fois la rage spontanée déclarée dans un chien, la maladie, si l'on ne prend des précautions, se propage en d'autres avec une effrayante rapidité; dix chiens, cent chiens, peuvent, en un bref délai, devenir eux-mêmes enragés. L'animal atteint de la rage est, en effet, tourmenté de l'irrésistible besoin de mordre.

L'œil hagard, la queue entre les jambes, le poil hérissé, la lèvre écumante, il se jette, tête baissée, sur le premier chien qui se présente, le mordille et se jette aussitôt sur un autre, puis sur un autre encore, autant qu'il s'en trouve sur son chemin. Or, tout chien mordu est lui-même enragé en quelques jours, qui plus tôt, qui plus tard, et propage le mal à la ronde de la même façon, à moins que d'énergiques mesures ne coupent court au fléau.

Le mal se communique à l'homme également par la morsure. Le chien enragé mord bêtes et gens sans distinction; il se jette furieux sur les passants; il se jette sur son maître, qu'il ne reconnaît plus. Si sa dent baveuse perce la peau d'une blessure saignante, c'en est fait : la rage est communiquée. C'est exactement ici comme pour le venin des vipères. De la gueule du chien enragé dégoutte une bave mortelle, un vrai venin, qui, mélangé avec le sang par le moyen d'une blessure, donne la rage au bout de quelque temps. Sur la peau intacte, cette bave est sans effet aucun; mais sur une simple écorchure saignante, elle a toute sa redoutable action. Bref, semblable en cela aux autres venins, la bave rabique, ainsi s'appelle-t-elle, doit s'infiltrer dans le sang pour agir.

C'est vous dire que la morsure est moins dangereuse faite à travers des vêtements, surtout s'ils sont épais. Les vêtements peuvent essuyer les dents du chien au passage et retenir la bave venimeuse; ils peuvent même arrêter un peu l'effort des mâchoires et empêcher les crocs de l'animal de plonger bien avant. S'il y a simple meurtrissure, sans écoulement de sang, la bave n'a pas pénétré et le danger est nul.

La condition nécessaire au développement de la rage, savoir le mélange de la bave du chien avec notre sang et son introduction dans nos veines, doit toujours être

présente à l'esprit si nous voulons éviter un danger qui
nous menace au milieu de toutes les apparences de la
sécurité. Il est à remarquer qu'au début de la maladie
le chien est plus caressant que d'habitude ; la pauvre
bête semble vouloir encore une fois prodiguer ses témoignages d'affection à ceux qu'elle aime, avant de s'abandonner aux transports de fureur qu'elle ne pourra bientôt plus maîtriser.

En ce moment, je suppose, vous avez à la main une
légère entaille, une simple écorchure ; et le chien vient,
tout soumis, tout suppliant, vous lécher avec amour sur
la petite plaie. Sa langue mélange la bave avec votre
sang ; le terrible venin s'infiltre dans vos veines. Fatale
caresse ! La rage et toutes ses horreurs en seront peut-
être la conséquence.

Tenez-vous pour avertis : ne permettez jamais au
chien, si rassurantes que soient ses apparences, de vous
lécher en un point de la peau entamée. Nul ne pourrait
affirmer que l'atroce maladie ne couve pas déjà en lui,
et vous seriez victime de trop de confiance.

Empêcher toute apparition de la rage n'est pas en
notre pouvoir ; mais il dépend de nous de rendre les
chiens enragés assez rares pour qu'il n'y ait pas lieu de
trop s'en effrayer. Quand cette maladie menace, notamment au milieu des fortes chaleurs de l'été, des ordon-
nances de police exigent que tout chien hors de sa maison soit musclé. On jette dans les rues des boulettes
empoisonnées pour se débarrasser des chiens errants ;
on fait immédiatement abattre tous ceux qu'a mordus
un chien atteint de rage.

A ces mesures de police nous devons ajouter notre
propre surveillance ; nous devons avoir toujours l'œil
sur nos chiens, si nous en avons : car, vivant avec nous,
ils seront les premiers à nous exposer au péril. Il nous
importe donc au plus haut point de savoir à quels signes
se reconnaît qu'un chien couve la rage. C'est ce que je
vais vous apprendre, et d'après les maîtres qui ont
étudié à fond ce grave sujet.

J'écarterai d'abord deux idées erronées, fort répandues,
et qui pourraient devenir fatales en donnant une fausse
sécurité. On croit généralement qu'un chien enragé est
toujours dans un état de fureur. Que cet état furibond se
manifeste quand la maladie est dans son plein, rien de
plus vrai ; mais aussi rien de plus faux au début. Loin
d'être pris d'accès furieux, le chien dont la rage débute
montre, au contraire, une exagération de sentiments
affectueux. Par les caresses multipliées, il semble solli-
citer de l'homme comme une sorte de secours contre les
vagues terreurs dont il est tourmenté.

En second lieu, dit-on, un chien enragé ne boit pas
et manifeste pour l'eau une horreur profonde ; tout chien
que l'on voit boire ne peut être enragé. Cette idée est
tellement enracinée que pour désigner la rage on a fait
un nom spécial, *hydrophobie,* signifiant horreur de l'eau.
Eh bien, mes amis, n'oubliez jamais ceci : quoi qu'en dise
le terme d'hydrophobie, un chien enragé boit très bien.

Il boit avidement chaque fois que l'occasion s'en présente. Plus tard, lorsque l'animal touche à sa fin, le
gosier se resserre et ne peut plus avaler. Alors, et seulement alors, le chien fuit la boisson avec horreur. Ainsi,
loin de nous rassurer, c'est au contraire un motif de
crainte de plus quand on voit le chien devenir plus
caressant que d'habitude et boire avec une avidité non
accoutumée.

C'est par une inquiétude et une agitation sans motifs
que se manifestent les premiers signes de l'invasion de
la rage. Le chien ne peut se tenir en place ; il va sans but
d'un lieu dans un autre ; il se retire dans un coin, où
il tourne sur lui-même sans pouvoir trouver une position qui lui convienne. Son regard exprime une tristesse
sombre. Il semble obsédé par une idée fixe, d'où l'appel
d'une voix amie peut seul un instant le tirer. Puis il
retombe dans sa tristesse.

Les aliments ne sont pas encore refusés. Le chien, au
contraire, se jette gloutonnement sur la nourriture qu'on
lui présente. Parfois sa dépravation d'appétit est telle,

qu'il avale même des matières non alimentaires, du bois, de la paille et tout ce qui peut se trouver à sa portée, jusqu'à ses excréments. L'eau est bue avec la même avidité.

Dès qu'apparaissent cette agitation sans motif, cette sombre tristesse, cette exagération de caresses et cette dépravation d'appétit, le chien doit être soupçonné de rage ; la prudence exige qu'il soit tenu à la chaîne et surveillé de très près.

Le soupçon devient certitude complète si l'animal fait entendre de loin en loin un cri particulier, tout à fait caractéristique, que l'on nomme *hurlement rabique*. Au milieu de ses accès de lugubre tristesse, tout à coup le chien s'élance d'un bond contre un ennemi imaginaire. Puis, le museau dressé en l'air, il jette un aboiement ordinaire, qui se termine brusquement et d'une singulière façon par un hurlement aigu. A ce son discordant, on dirait certains chants du coq, au moins pour le timbre rauque et fêlé.

Le chien en santé hurle, lui aussi, assez fréquemment ; mais ce hurlement ordinaire ne dénote autre chose qu'un sentiment passager de tristesse, d'ennui, de frayeur ; et ce cri ne peut être confondu avec le véritable hurlement rabique, dont les caractères sont bien différents. Celui-ci débute par un aboiement parfait et se termine par un hurlement aigu et prolongé, comparable à la voix du coq.

Tant que ne s'est pas déclarée la démence furieuse qui doit terminer la marche de la maladie, l'animal est inoffensif ; mais il est inutile, il serait même dangereux d'attendre jusque-là. Si le hurlement rabique se fait entendre, il n'y a plus de doute possible : le chien est décidément enragé. Pour notre sécurité et pour épargner aussi à la pauvre bête les tortures qui l'attendent, il faut sur-le-champ tuer le chien. Dans l'intérêt de l'animal comme dans le nôtre, c'est une bonne action. Pauvre chien ! le maître lui donne un dernier regard de regret, et, la larme à l'œil, lui loge une balle dans la tête.

Chacun de nous, au moment où l'on y songe le moins, peut être exposé aux morsures d'un chien enragé errant par les rues ou la campagne. Que faire alors ? — Voici. La bave rabique agit en empoisonnant le sang ainsi que le fait le venin des serpents dangereux ; les précautions à prendre sont donc dans les deux cas à peu près les mêmes.

Il faut empêcher cette bave de s'infiltrer dans les veines, il faut la détruire dans la plaie. A cet effet, on lie au-dessus de la blessure la partie mordue, afin de ralentir la circulation du sang ; on fait saigner les chairs déchirées, on les lave pour expulser autant que faire se peut la venimeuse humeur ; puis, le plus tôt possible, on brûle au vif les plaies avec un fer chauffé à blanc.

On frémit rien qu'à l'idée de ce bout de fer brûlant sous lequel la chair fume. Il importe cependant de ne pas reculer devant l'affreux remède et de l'employer sans tarder le moins possible. Il est bien entendu que l'opération n'irait que mieux avec l'assistance d'un médecin, dont la main est plus exercée que la nôtre ; mais si ce service doit tarder, agissons nous-mêmes, car la promptitude est ici la meilleure chance de succès.

Le temps n'est pas loin où c'était là le seul moyen préservatif ; aujourd'hui, progrès énorme ! une méthode est enfin connue pour conjurer la rage. On la doit à Pasteur, un illustre savant dont l'humanité reconnaissante répète partout le nom vénéré. De toutes les parties du monde, les pauvres mordus accourent à Paris, dans son laboratoire de guérison. Cautérisée au fer rouge pour plus de précaution, ou non cautérisée si le courage et la présence d'esprit ont fait défaut, c'est là que doit se rendre toute personne mordue par un chien enragé. Moins on différera la savante cure, peu douloureuse d'ailleurs, et plus aisément le péril sera dissipé.

Hors de là, pas de salut. Qui laisse stupidement agir le mal, qui s'en rapporte à des remèdes de bonnes femmes ou de charlatans, est menacé à bref délai d'un sort horrible. La rage se déclare dans l'homme le plus communément de trente à quarante jours après la morsure.

Cela commence par des douleurs de tête, une profonde tristesse, une inquiétude continuelle, un sommeil troublé et des rêves effrayants ; puis surviennent des convulsions et le délire. La figure exprime une terreur profonde ; les lèvres blémissent et se couvrent d'écume ; le gosier se resserre au point de ne pouvoir plus avaler.

La vue des liquides inspire au malade une insurmontable aversion ; une goutte d'eau introduite dans la bouche le jetterait dans d'épouvantables convulsions. Arrivent alors des accès de démence pendant lesquels le patient se démène pour mordre et déchirer qui le soigne. Le mal l'a changé en bête féroce. La mort vient enfin mettre un terme à cette horrible agonie.

XXVII. — La Fleur.

Ah ! le joli titre de chapitre : la fleur ! Il fait songer aux brassées de narcisses, ces magnifiques fleurs blanches à cocarde rouge, que nous fournissent les prairies quand vient le mois de mai ; aux grappes de lilas, où murmurent les premières abeilles ; aux roses, dont le délicieux parfum embaume les jardins ; aux violettes, qui, les neiges à peine disparues, s'épanouissent sous les feuilles mortes, à l'abri des haies. Allons-nous donc faire des bouquets ? Pourquoi pas ; mais avant faisons connaissance avec la fleur, apprenons ce qu'elle est dans son rôle et sa structure. C'est chose plus sérieuse que la confection d'un bouquet, car la fleur nous donne le fruit, et le fruit nous fait vivre.

Nous prendrons pour exemple la fleur du lis, qui, par son ampleur, se prête mieux que toute autre à l'examen. A l'extérieur, que voyons-nous ? Six grandes pièces ou feuilles d'un blanc de lait, assemblées en gracieuse coupe largement ouverte. Chacune de ces pièces se nomme *pétale,* et leur ensemble s'appelle *corolle.* Retenez

bien ces noms nouveaux pour vous, ainsi que les sui-
vants ; retenez-les bien : ils en valent la peine.

Les pétales enlevés, il reste un faisceau de six
filaments blancs, groupés en rond autour d'un autre
plus long et central. Les six de l'extérieur sont les *étamines*, celui du centre est le *pistil*. Chaque étamine
porte au bout une sorte de petit sac à double cavité que
remplit une fine poussière jaune. Ce double sac prend
le nom d'*anthère ;* et la poussière jaune, celui de *pollen.*
C'est le pollen qui nous barbouille le nez de jaune quand

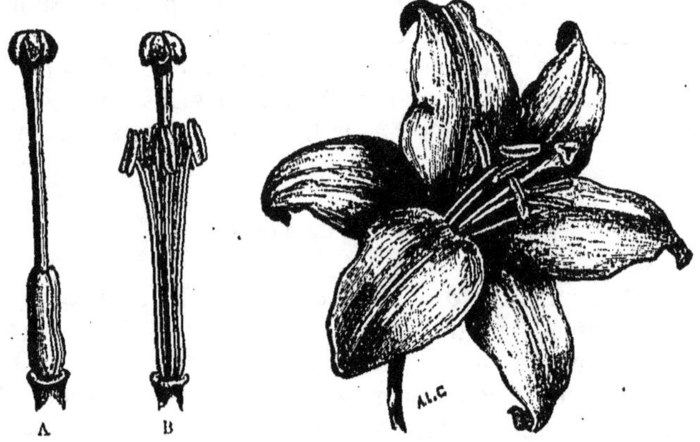

Fleur du Lis. — A, pistil seul ; B, étamines et pistil.

nous flairons un lis de trop près. L'anthère et son contenu, le pollen, voilà vraiment l'essentiel de toute
étamine. Le fil restant ou *filet* est un simple support qui
peut être plus long ou plus court, ou même parfois
manquer, suivant le genre de fleur.

Détachons les six étamines. Il ne reste plus que le
pistil, visible maintenant dans toutes ses parties. Il est
formé d'une fine baguette ou *style*, que termine un renflement à chaque bout. Le renflement d'en haut, tête
ronde et visqueuse, est appelé *stigmate ;* le renflement
d'en bas, sorte de petite colonne à trois cannelures, se
nomme *ovaire*. Avec un canif coupons ce dernier en

travers. Nous verrons que son intérieur se divise, par
des cloisons, en trois compartiments ou *loges,* structure
que faisaient déjà prévoir les trois cannelures
du dehors. Dans chacune de ces loges se
trouvent, rangés en file, de petits grains
blancs dont la délicatesse supporte à peine le
toucher. Ce sont les semences naissantes du
lis, ce sont les futures graines. En l'état actuel, on les appelle *ovules.*

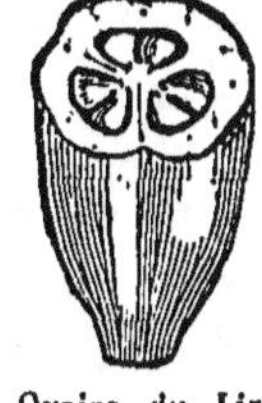

Ovaire du Lis coupé en travers.

Que de choses, que de termes nouveaux
pour une fleur ! Et ce n'est pas encore fini !
Voici maintenant la *nielle,* commune dans
les moissons avec le bleuet couleur de ciel et le coque-
licot d'un rouge écarlate. Au dehors sont cinq pièces de
couleur verte, de consis-
tance ferme, qui, réunies
entre elles inférieure-
ment, se terminent à la
partie supérieure en une
lanière longue et pointue.
Chacune de ces pièces est
un *sépale.* Leur ensemble
est le *calice.* Le lis ne
nous a montré rien de
pareil : il possède une corolle et manque de calice.
La nielle a les deux : calice
en dehors et corolle en
dedans.

Par delà les sépales
viennent, en effet, cinq
autres pièces, minces,
larges et de couleur vi-
neuse. Voilà les pétales,
au nombre de cinq ; voilà
la corolle. Que trouve-

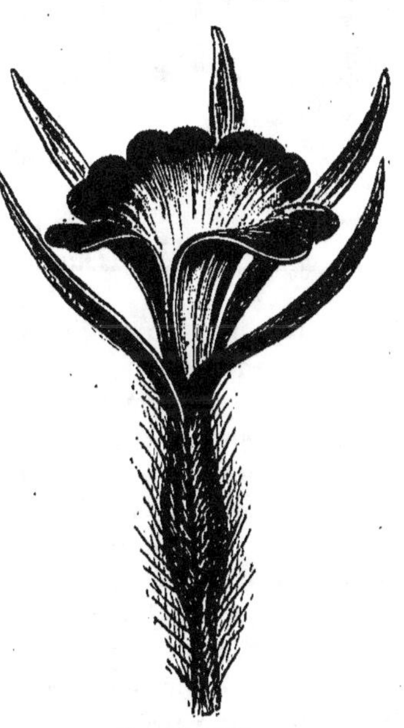

Fleur de Nielle.

rons-nous ensuite ? Nous trouverons, comme dans le
lis, les étamines d'abord et puis le pistil : les premières

rangées en cercle, au nombre de dix ; le second couronnant son ovaire ventru d'une aigrette de cinq styles. Et maintenant c'est tout : une fleur aussi complète que possible comprend, de l'extérieur au centre, le calice, la corolle, les étamines, le pistil.

La plupart des fleurs ont, comme la nielle, deux enveloppes, contenues l'une dans l'autre. L'extérieure, ou le calice, est presque toujours de couleur verte et de structure ferme ; l'intérieure, ou la corolle, de consistance bien plus délicate, est embellie de ces magnifiques teintes qui nous plaisent tant dans les fleurs.

Les sépales du calice et les pétales de la corolle sont tantôt séparés l'un de l'autre et tantôt soudés entre eux. Dans la nielle, les sépales se réunissent inférieurement en un sac, tout hérissé de cils, que l'on prendrait pour une pièce unique ; mais, dans leur partie supérieure, ils se séparent en cinq lanières pointues, montrant que le calice est en réalité composé de cinq pièces. Quant à la corolle de la nielle, on y reconnaît cinq pièces, cinq pétales distincts l'un de l'autre, sans aucune soudure.

Fleur de Campanule.

Au contraire, dans la fleur de la *campanule*, les cinq pétales dont la corolle se compose sont unis par les bords et forment une belle cloche bleue, qui semble faite d'une seule pièce. Les cinq larges dents qui bordent l'ouverture de la cloche montrent néanmoins que la corolle est réellement composée de cinq pétales, dont ces dents sont la terminaison.

Ainsi, lorsque les pièces du calice ou de la corolle s'unissent par les bords et semblent former un tout indivisible, il suffit de reconnaître les échancrures, les dents, les festons que présente l'orifice, soit du calice, soit de la corolle, pour savoir le nombre réel de sépales ou de pétales assemblés entre eux.

Le calice et la corolle sont le vêtement de la fleur, vêtement double où se trouvent à la fois la solide étoffe qui garantit des intempéries, et le tissu fin qui charme les regards. Le calice, vêtement extérieur, est de forme simple, de coloration modeste, de structure robuste, comme il convient pour résister au mauvais temps. C'est à lui que revient de protéger la fleur non encore épanouie, de la défendre du soleil, du froid et de l'humidité.

Examinez un bouton de rose ; voyez avec quelle précision minutieuse les cinq sépales du calice se rejoignent pour recouvrir le reste. La moindre goutte d'eau ne pourrait pénétrer à l'intérieur, tant les bords sont soigneusement assemblés. Il y a des fleurs qui tous les soirs ferment leur calice et s'y replient pour se garantir de la fraîcheur des nuits.

La corolle, ou vêtement intérieur, à la finesse du tissu joint l'élégance de forme et la richesse de coloration. Elle est pour la fleur ce qu'est pour nous une parure. C'est elle surtout qui captive les regards, à tel point que d'habitude nous la considérons comme la chose principale de la fleur, tandis qu'elle est un simple accessoire ornemental.

Des deux enveloppes, la plus nécessaire est le calice ; ce qui n'empêche pas certaines fleurs de renoncer à l'utile pour l'agréable, et de se parer d'une grande et superbe corolle sans calice pour la protéger. Le lis vient déjà de nous en montrer un exemple. La tulipe, le narcisse, la jacinthe et bien d'autres nous montrent le même luxe sans protection. Mais en général les fleurs réduites à une seule enveloppe sont dépourvues de corolle et possèdent un calice, qui, dans sa plus grande simplicité, peut se réduire à une toute petite feuille en forme d'écaille.

Les fleurs sans corolle restent inaperçues, et les végétaux qui les portent paraissent ne pas fleurir. C'est là une erreur : tous les arbres, toutes les plantes fleurissent, même le saule, le chêne, le peuplier, le pin, le hêtre, le froment et une foule d'autres dont nos regards novices ne connaissent pas encore les fleurs. Tous ces végétaux fleurissent ; leurs fleurs même sont extrêmement nombreuses ; mais, comme elles sont fort petites et dépourvues de corolle, elles échappent au regard inattentif. Il n'y a pas d'exception : toute plante, tout arbre a ses fleurs.

XXVIII. — La Fleur (SUITE).

Il y a des fleurs sans corolle, il y en a sans calice, mais il n'y en a pas sans étamines et sans pistil. L'accessoire peut être absent suivant le genre de plantes, mais l'essentiel reste. L'étamine fournit le pollen renfermé dans l'anthère ; le pistil fournit les ovules renfermés dans l'ovaire. Ovules et pollen, voilà le strict nécessaire.

L'ovaire est la partie de la fleur où se forment les semences. A un certain moment, la corolle se flétrit, les pétales se fanent et tombent ; le calice en fait autant, ou quelquefois persiste pour continuer son rôle protecteur ; les étamines desséchées se détachent ; seul, l'ovaire reste, grossissant, mûrissant et devenant enfin le fruit.

Tout fruit, poire, pomme, abricot, pêche, cerise, amande, noix, melon, raisin, châtaigne, a débuté par être un petit renflement du pistil ; toutes ces excellentes choses que la plante nous fournit pour nourriture ont été d'abord des ovaires. Mais le mot fruit ne s'entend pas seulement du produit de la fleur bon à manger ; il se dit aussi de ce qui contient les semences destinées à multiplier, à propager la plante. Tout végétal a son fruit, sans valeur alimentaire pour nous dans l'immense majorité des cas.

Or tout fruit, comestible ou non, est d'abord l'ovaire d'une fleur. La poire, la pomme, la cerise, l'abricot, en particulier, sont en débutant le tout petit ovaire de leurs fleurs respectives. La figure ci-après nous montre, par exemple, l'abricot dans sa fleur. Au centre se reconnaît le pistil, qu'entourent de nombreuses étamines. La

tête qui le termine en haut est le stigmate ; le renflement
qui le termine en bas est l'ovaire, c'est-à-dire l'abricot futur. Cette petite chose verte, en forme de mamelon pointu,
serait devenue un abricot, plein
de jus sucré. Une pareille petite
chose verte fait la grosse poire
fondante, la pomme parfumée,
l'énorme citrouille.

Voici maintenant, isolée à l'aide
de la pointe d'une aiguille, l'une
des nombreuses fleurs dont se
compose l'épi du froment. Deux
petites écailles lui servent d'enveloppe. Aisément on reconnaît

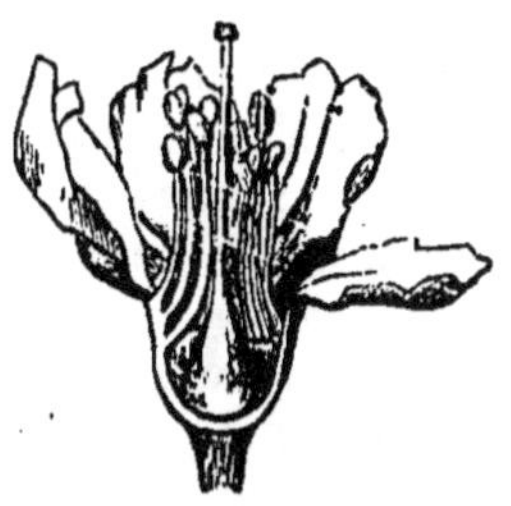
Fleur ouverte de l'Abricotier.

trois étamines pendantes, avec leur anthère à double
sachet plein de pollen. Le corps principal de la fleur est
l'ovaire ventru qui, devenu mûr, serait un grain de
blé. Il est surmonté d'un stigmate façonné en double
plumet d'exquise délicatesse. Telle
est la petite et modeste fleur qui
nous donne le grain, d'où la farine et puis le pain.

Quelle que soit la plante, en peu
de jours, en quelques heures
même, la fleur se flétrit, disons-
nous. Les pétales, les étamines,
souvent le calice, se fanent et
meurent. Une seule chose survit :
l'ovaire, qui va devenir le fruit.
Or, pour survivre aux diverses
parties de la fleur et persister sur
le rameau alors que tout le reste
se détache et tombe, l'ovaire, au

Fleur du Froment.
(Figure très grossie.)

moment où la floraison est dans sa pleine vigueur, reçoit un supplément de force, on pourrait presque dire
une nouvelle vie. Les magnificences de la corolle, ses
somptueuses colorations, ses parfums, servent à célébrer
l'instant solennel où s'éveille dans l'ovaire la nouvelle

vitalité. Ce grand acte accompli, la fleur a fait son temps.

. Eh bien, c'est la poussière des étamines, c'est le pollen, qui donne ce surcroît d'énergie, sans lequel les graines naissantes, les ovules, périraient dans l'ovaire, lui-même flétri. Il arrive des étamines sur le stigmate, toujours enduit d'une viscosité apte à le retenir ; et du stigmate il fait ressentir son action dans les profondeurs de l'ovaire. Animées alors d'une nouvelle vie, les graines naissantes prennent un rapide développement, tandis que l'ovaire se gonfle pour leur fournir la place nécessaire. Le résultat final de cet incompréhensible travail, c'est le fruit avec son contenu de semences propres à germer et à reproduire de nouvelles plantes.

· Le pollen arrive sur le stigmate de diverses manières. Tantôt, si la fleur est dressée, les étamines, plus longues, le laissent tomber par son propre poids sur le pistil, plus court ; ou bien, si la fleur est pendante, les étamines, maintenant plus courtes, l'envoient sur le stigmate placé en dessous.

Tantôt le vent, secouant la fleur, dépose la poussière des étamines sur le stigmate, ou même la transporte à de grandes distances au profit d'autres fleurs, mais appartenant à la même espèce de plante : car le pollen d'un végétal n'a d'action que sur un végétal pareil et ne produit absolument rien sur les autres.

Il y a des fleurs dont les étamines s'animent, en quelque sorte, pour remplir leur mission. A tour de rôle, elles se recourbent et viennent appliquer leur anthère sur le stigmate pour y déposer le pollen ; puis lentement elles se relèvent et font place à une autre. On dirait un cercle de courtisans déposant leur offrande aux pieds d'un grand roi. Ces salutations terminées, le rôle des étamines est fini. La fleur se fane, et l'ovaire se met à mûrir ses graines.

Les insectes sont les auxiliaires de la fleur. Mouches, guêpes, abeilles, papillons, tous, à qui mieux mieux, lui viennent en aide pour transporter le pollen des anthères sur lés stigmates. Ils plongent dans la fleur, affriandés par une goutte mielleuse expressément préparée au fond de la corolle. Dans leurs efforts pour l'atteindre, ils

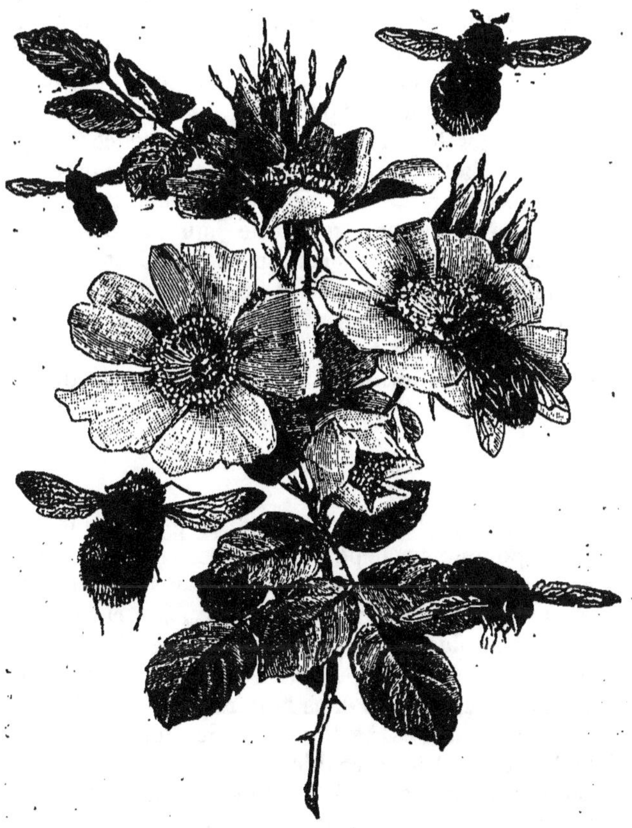

Insectes visitant les fleurs.

secouent les étamines et se poudrent de pollen, qu'ils transportent d'une fleur à l'autre.

Qui n'a vu les bourdons sortir enfarinés du sein des fleurs ? Leur ventre velu, barbouillé de pollen, n'a qu'à toucher en passant un stigmate pour lui communiquer la vie. Quand, au printemps, sur un poirier en fleur, tout un essaim de mouches, d'abeilles et de papillons s'empresse, bourdonnant et voletant, c'est triple fête, mes amis : fête pour l'insecte, qui butine au fond des fleurs ; fête pour l'arbre, dont les ovaires sont vivifiés par tout ce petit peuple en liesse ; fête pour l'homme, à qui récolte abondante est promise.

L'insecte est le distributeur par excellence du pollen ; toutes les fleurs qu'il visite reçoivent leur part de poussière vivifiante. Pour l'attirer la fleur possède, au fond de sa corolle, une goutte de liqueur sucrée appelée *nectar*. Déchirez en deux une fleur de narcisse, de chèvrefeuille, et passez le bout de la langue au fond de la corolle ouverte, vous sentez quelque chose de suavement doux. Voilà le nectar, la friandise qui attire les insectes. Avec cette liqueur, les abeilles font leur miel.

XXIX. — La Graine.

L'ovaire de la fleur, fertilisé par le pollen, devient le fruit : la pomme sur le pommier, la cerise sur le cerisier, la noix sur le noyer, le grain de blé sur le froment, et ainsi de suite pour tous les végétaux. Le fruit contient les graines, plus ou moins nombreuses : parfois une seule, comme dans la pêche, la prune, l'amande ; souvent plusieurs, comme dans la pomme et dans la poire ; en d'autres cas des centaines et des milliers, comme dans le melon et la citrouille.

Le rôle naturel du fruit n'est pas précisément de nous servir de nourriture, lorsqu'il est comestible, mais bien de nourrir d'abord et puis de protéger les graines, à l'abri d'enveloppes tantôt charnues, tantôt minces et sèches, tantôt durcies en robustes coques.

A leur tour, les graines ont pour rôle de propager l'espèce. Tout végétal, depuis les colosses des forêts, chêne, hêtre, sapin et les autres, jusqu'à la moindre mousse, a

pour origine la graine. Toute plante a ses fleurs, construites de telle ou telle autre façon ; toute plante a ses
fruits ; toute plante a ses graines. C'est avec la graine
que la végétation prospère à travers les siècles ; c'est
avec la graine que tout arbre, tout arbuste,
tout brin d'herbe, laissent après eux, pour
leur succéder, nombreuse descendance.

N'aimerions-nous pas à savoir comment
est faite la semence, qui, mise en terre,
doit devenir ou bien une petite plante ou
bien un arbre énorme? Qu'y a-t-il là dedans? Comment d'un gland peut-il sortir
un chêne, et d'un pépin de poire un poirier? Essayons cette intéressante histoire

Fruit
de l'Amandier.

avec le fruit de l'amandier, à l'état frais, tel qu'il est sur
l'arbre.

Ce fruit a d'abord une peau extérieure verte et tendre,
qui, à la maturité, s'ouvre d'elle-même, se dessèche, se
replie et laisse échapper son contenu. Ce contenu est une
coquille, parfois assez fragile pour se casser sous la
dent, mais d'autres fois aussi très dure et
ne cédant que sous le choc de la pierre ou
du marteau. La coquille enlevée, il reste la
graine.

A quoi peuvent servir les deux parties
que nous venons d'enlever? Il faudrait avoir
les yeux de l'esprit bien bouchés pour ne
pas y reconnaître des enveloppes destinées
à protéger la graine, des enceintes qui dé-
fendent la délicate semence contre le froid,
la chaleur, la pluie, la dent des animaux.
L'extérieure, veloutée d'un court duvet,

Le même dont on
a enlevé la moi-
tié de l'enve-
loppe verte.

est une couverture qui met à l'abri des intempéries; l'intérieure est un coffre-fort qui pour être rompu exige
le choc entre deux pierres.

Semblables moyens de défense se retrouvent en tout
fruit, mais extrêmement variés d'une espèce végétale à
l'autre. La cerise, la prune, l'abricot, la pêche, ont la

solide coque, le coffre-fort de l'amande, et par-dessus un rempart de chair juteuse. La pomme et la poire ont leurs pépins logés dans cinq petites niches, qui dessinent une étoile lorsque le fruit est coupé en travers. Ces niches, ces loges, ont la paroi faite d'une lame coriace semblable à de la corne, et autour de leur ensemble est une épaisse muraille de chair.

Le haricot et le pois ont leurs semences rangées dans un long étui qui s'ouvre en deux pièces ; le châtaignier a les siennes dans une bourse hérissée de longs piquants ; le noisetier enferme sa graine dans un petit baril d'un seul morceau. Toutes ces enveloppes défensives, quelles qu'en soient la configuration, la consistance, la nature, font partie du fruit et viennent de l'ovaire.

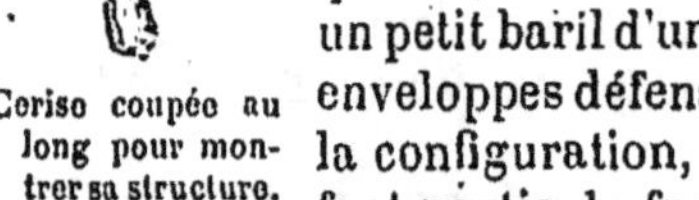

Cerise coupée au long pour montrer sa structure.

Revenons à l'amande. La coque étant brisée, apparaît la graine, la semence, qui est unique dans le fruit de

La Pomme.

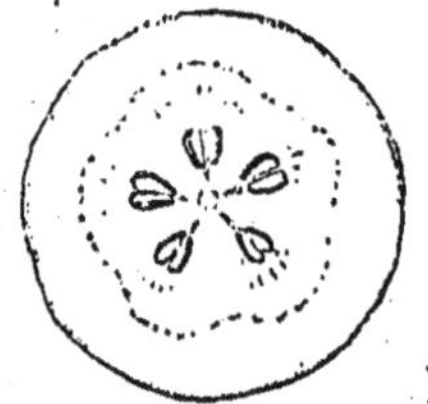

Les cinq loges de la Pomme avec leurs pépins.

l'amandier. Cette graine, nous venons de la voir défendue par deux enceintes, dont l'intérieure est une boîte

bien solide et bien dure. Comme protection, est-ce assez?
Pas encore. Après la robuste fortification du dehors
vient la fine enveloppe de l'inté-
rieur, qui emmaillote étroitement
la semence et lui évite le dur contact de la coque.

Cette enveloppe est double et
se compose au dehors d'une peau
roussâtre, au dedans d'une pellicule blanche extrêmement souple
et mince, facile à reconnaître lorsque l'amande est fraîche.

En toute graine se retrouve pareil vêtement double. Celui de l'intérieur est toujours d'une grande
finesse; et cela doit être, puisqu'il recouvre immédiatement ce
que la graine a de plus essentiel
et de plus délicat. Mettons-nous en
contact avec les tendres chairs

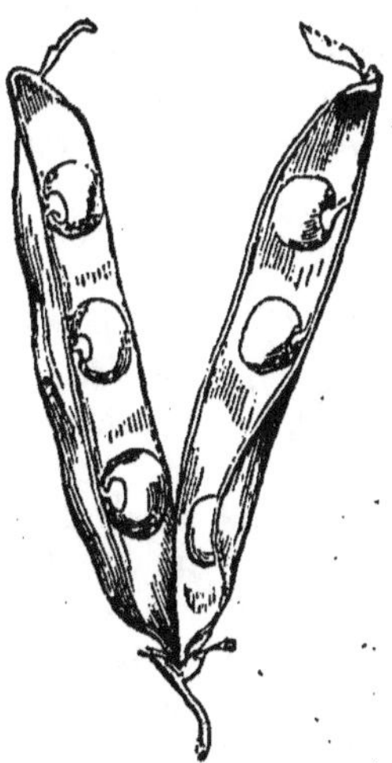

Fruit du Pois.

d'un petit enfant au maillot la bure grossière, la rude
étoffe de laine? Non, certes; mais d'abord la fine toile, et
par-dessus le tissu de laine. Ainsi
fait la plante pour ses graines em-
maillotées.

Beaucoup plus ferme, plus résistante, l'enveloppe extérieure a des
aspects fort divers d'une plante à
l'autre. C'est une peau rousse dans
l'amande et dans la noix, ainsi que
dans les semences du pêcher, de
l'abricotier, du cerisier, du prunier.
Les graines ou pépins du poirier
et du pommier l'ont formée d'une

Fruit du Châtaignier.

lame coriace et dure. Les haricots l'ont lisse et luisante,
tantôt en entier blanche, tantôt mi-partie blanche et noi-
râtre, tantôt tiquetée de taches rouges.

En outre, les haricots, les pois, les fèves, présentent

en un point de leur surface une sorte de petit œil ovale. A cet œil se rattachait un cordon court et menu qui suspendait la semence à la paroi du fruit et servait de canal pour lui amener la nourriture. Toute graine est appendue à son fruit par semblable cordon nourricier, mais toutes n'ont pas aussi bien marqué que sur le haricot et la fève l'œil où s'abouchait ce cordon.

Une fois les deux enveloppes de la graine enlevées, opération très facile quand l'amande est fraîche, il reste un objet blanc, ferme, savoureux, partie comestible du fruit de l'amandier. Cet objet est le *germe,* c'est-à-dire ce qui serait devenu un arbre si l'on avait mis la semence en terre.

Fruit de l'Amandier montrant sa graine.

Il est arrondi d'un bout, un peu pointu de l'autre. A l'extrémité pointue fait saillie un petit mamelon. Sur le contour règne un faible sillon, une rainure, qui annonce séparation facile. Introduisons la pointe du couteau dans ce sillon et forçons légèrement. Une moitié se détachera, et l'autre moitié nous montrera ce que reproduit la figure ci-contre.

Le petit mamelon pointu qui fait saillie en dehors se nomme *radicule;* c'est lui qui, s'allongeant, pénétrant dans la terre et s'y ramifiant, serait devenu la racine. Au-dessus est un bouquet serré de très petites feuilles naissantes toutes blanches ; enfin une sorte de bourgeon, bien plus faible, plus délicat que les bourgeons venus sur les rameaux. On lui donne le nom de *gemmule.* En se déployant, ce bourgeon doit donner les premières feuilles. Enfin

La graine de l'Amandier dont on a enlevé un cotylédon.

l'étroite ligne de démarcation entre la radicule et la gemmule est appelée *tigelle;* de là doit provenir le premier jet de la tige.

Tel est l'amandier dans sa graine. Le grand arbre qui doit étaler dans l'air un abondant branchage et enfoncer dans le sol de puissantes racines, est maintenant contenu dans un corpuscule de rien, tout juste assez gros pour être visible.

Lorsqu'il possédera feuilles et racines convenablement développées, le petit amandier s'alimentera de lui-même, en puisant dans la terre et dans l'air ce dont il a besoin. Mais d'ici là il faut vivre; il faut se fortifier, grossir un peu. Comme rien ne se fait avec rien, le germe doit trouver quelque part de quoi suffire à sa première croissance.

Ce ne peut être dans le sol tant que la radicule est un simple point, incapable de tout travail; ce ne peut être davantage dans l'air tant que la gemmule n'est pas déployée en feuillage. Il faut donc au germe certaines provisions alimentaires conténues, toutes préparées, dans la graine. Ces provisions, où sont-elles?

Dans l'amande, nous avons reconnu la gemmule, la radicule et la tigelle; mais il reste encore deux grosses pièces, facilement séparables l'une de l'autre, et formant à elles seules la presque totalité de la graine. Ces deux pièces sont les deux premières feuilles de l'amandier, mais des feuilles d'une structure à part, très épaisses, charnues, et relativement énormes. Voilà les réservoirs alimentaires, les magasins à vivres où doit, en ses débuts, puiser la jeune plante.

Au moment de la germination, ces deux grosses feuilles, gonflées de sucs nutritifs, cèdent peu à peu une partie de leur substance à la petite plante et l'allaitent en quelque sorte. On pourrait les appeler des mamelles végétales, des feuilles nourricières; la science les nomme *cotylédons*. Pour grandir, l'agneau a le lait de sa mère; le germe de la plante a le suc des *cotylédons*.

Mettez en terre quelques haricots. Arrosez un peu, mais pas trop. Surtout n'allez pas déterrer chaque jour les semences pour vous informer de ce qui se passe. C'est ici travail délicat, que troublerait une impatiente curiosité. D'abord les graines se gonflent, ce qui fait éclater les enveloppes protectrices; puis les cotylédons se séparent un peu l'un de l'autre et poussent devant eux la mince couche de terre, qui se crevasse pour leur livrer passage. Les voici au grand jour, largement étalés, tarissant leur mamelle pour alimenter le reste. Entre les deux est la gemmule, toute pâle encore, mais bientôt verdie au soleil et désemboîtant déjà le bouquet serré de ses feuilles. En bas est la radicelle, s'allongeant en pivot.

Arrachez alors, et vous verrez comment d'une graine naît une plante. Ce travail de naissance se nomme *germination*. Pour s'accomplir, il lui faut de la chaleur, de l'eau et de l'air. Enfoncée trop profondément dans la terre une graine ne germe pas, faute d'air. Elle ne germe pas non plus sans le stimulant d'une douce chaleur, et sans le concours de l'humidité, qui fait rompre les enveloppes de défense et délaye les provisions alimentaires des cotylédons pour les convertir en une sorte de laitage nourricier.

XXX. — Les Bourgeons.

Un *bourgeon* est l'état naissant d'un rameau, comme la gemmule est l'état naissant de la tige. Prenez un rameau de lilas ou de tout autre arbuste. Dans l'angle formé par chaque feuille et le rameau qui la porte, angle qu'on appelle *aisselle de la feuille*, vous trouverez un petit corps arrondi, enveloppé d'écailles brunes. C'est là un bourgeon, ou, comme on dit encore, un *œil*. Il est destiné à devenir un rameau implanté sur le premier.

Bourgeons à l'aisselle des feuilles.

Pendant toute la belle saison, les bourgeons grossissent à l'aisselle des feuilles. Quand viennent les froids, les feuilles tombent; mais les bourgeons restent en place, solidement fixés sur un rebord de l'écorce situé au-dessus de la cicatrice qu'a laissée la chute de la feuille voisine.

Pour résister aux injures du froid et de l'humidité, les

bourgeons sont vêtus, au dedans, de chaudes enveloppes de bourre et de duvet; au dehors, d'un robuste étui d'écailles vernissées. Considérons, par exemple, un bourgeon de marronnier. Au centre, une fine bourre enveloppe ses délicates petites feuilles; au dehors, une solide cuirasse d'écailles, disposées avec la régularité des tuiles d'un toit, l'enserre étroitement.

En outre, pour empêcher l'humidité de pénétrer, les pièces de l'armure écailleuse sont goudronnées d'un mastic résineux qui, maintenant pareil à du vernis desséché, se ramollit au printemps pour laisser le bourgeon s'épanouir. Alors les écailles cessent d'être agglutinées l'une à l'autre, s'écartent toutes visqueuses, et les premières feuilles, mollement hérissées de duvet, se déploient au centre de leur berceau entr'ouvert.

Beaucoup de bourgeons, au moment du travail printanier, présentent, à des degrés divers, cette viscosité résultant de la fusion de leur enduit résineux. Ainsi les bourgeons du peuplier, lorsqu'on les presse entre les doigts, laissent suinter une abondante glu jaune et amère. Cette glu est diligemment récoltée par

Bourgeon
de Marronnier.

les abeilles, qui en font le ciment avec lequel elles mastiquent les fissures et crépissent les parois de la ruche avant de construire leurs rayons.

Tantôt les bourgeons persistent sur le rameau qui les a produits et se développent aux points mêmes où ils se sont formés. C'est le cas de beaucoup le plus général. On donne à ces bourgeons qui d'eux-mêmes ne se détachent jamais de la plante mère, le nom de *bourgeons fixes*.

Tantôt, au contraire, parvenus à un certain degré de force, les bourgeons quittent la plante mère, destinée alors, le plus souvent, à périr bientôt; ils se détachent et prennent racine dans la terre pour y puiser directement la nourriture. Ces derniers se nomment bourgeons *mobiles* ou bourgeons *caducs*, pour rappeler leur abandon de la tige natale.

Or, il est visible qu'un bourgeon apte à se développer isolément, par ses seules et propres forces, ne peut être pareil en structure à celui qui n'abandonne jamais son rameau nourricier. Pour suffire à ses premiers besoins, alors que des racines capables de l'alimenter ne sont pas encore formées, il lui faut absolument des vivres en réserve.

Tout bourgeon mobile emporte donc avec lui des provisions alimentaires, emmagasinées tantôt dans ses propres écailles, qui s'épaississent beaucoup et deviennent charnues, tantôt dans le fragment de rameau qui le porte et s'est gonflé de matériaux nutritifs.

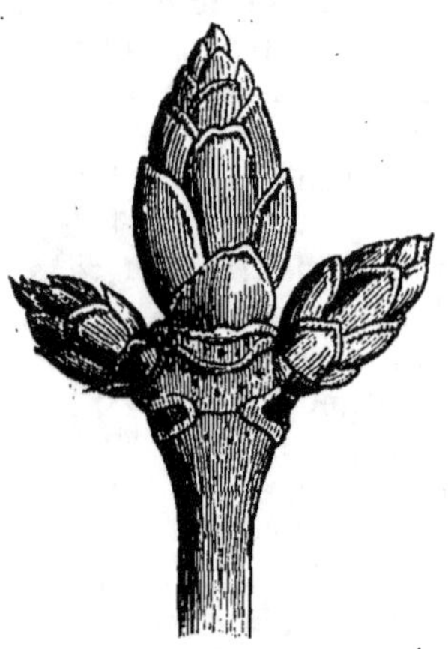

Bourgeons du Lilas.

Fendons en deux, du sommet à la base, un vulgaire oignon, emprunté au domaine de la cuisine. Nous le trouverons formé d'une suite d'écailles charnues, étroitement emboîtées l'une dans l'autre et portées sur une tige large et très courte, espèce de plateau. Au centre de ces écailles succulentes, feuilles transformées en réservoir alimentaire, d'autres feuilles apparaissent avec la forme et la couleur verte habituelles. Un oignon est donc un bourgeon approvisionné pour une vie indépendante, au moyen de ses feuilles extérieures converties en écailles charnues.

Chacun de nous peut avoir observé que l'oignon appendu au mur pour les besoins de la cuisine s'éveille, pendant l'hiver, à la chaleur de l'appartement, et du sein de ses enveloppes rousses jette une belle pousse verte, qui semble protester contre les rigueurs de la saison. A mesure que la pousse grandit, ses écailles se rident, se ramollissent, deviennent flasques et tombent en pourriture pour lui servir d'engrais. Tôt ou tard cependant, les provisions étant épuisées, la plante dépérit, à moins d'être mise en terre. Nous avons là un exemple frappant d'un bourgeon qui se développe seul à la faveur de ses provisions.

On nomme *bulbes* ou bien *oignons* les bourgeons ainsi approvisionnés d'écailles charnues qui leur permettent de se développer seuls en leur fournissant de la nourriture. L'oignon vulgaire, celui de la cuisine, a fourni son nom pour désigner de tels bourgeons, quelle que soit la plante d'où ils proviennent.

Beaucoup de plantes à oignon donnent de magnifiques fleurs, souvent d'une culture on ne peut plus facile. De ce nombre est la *jacinthe.* Voici un oignon de jacinthe ouvert. On y reconnaît les parties constituantes d'un bulbe : une courte tige ou plateau, émettant d'un côté des racines, de l'autre des écailles charnues, engaînées l'une dans l'autre. Du cœur des écailles montent déjà des feuilles ordinaires, avec une grappe de fleurs en bouton.

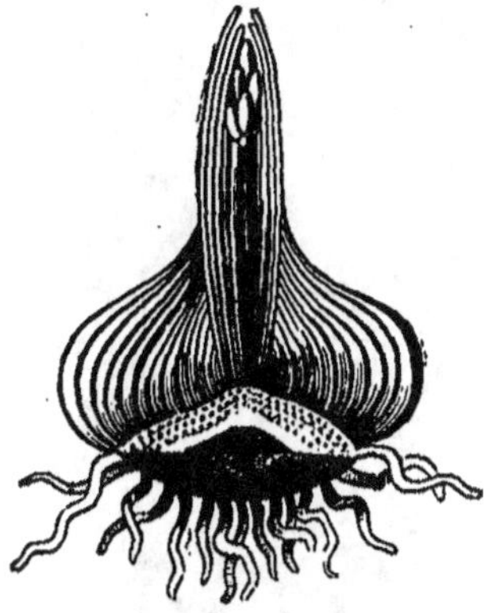

Oignon de Jacinthe coupé en long.

On applique aux oignons de jacinthe la culture ordinaire, c'est-à-dire qu'on les met en terre; et alors ils fleurissent au printemps. Mais on peut aussi les cultiver sur la cheminée et les faire fleurir en hiver. On met un de ces oignons sur le goulot d'une carafe pleine d'eau, ou bien dans un petit vase rempli de mousse qu'on a soin de maintenir humide. Sans plus, le bulbe végète, excité par la chaleur de l'appartement. Il émet de fines racines blanches qui plongent dans l'eau de la carafe, il déploie ses feuilles, il épanouit sa belle grappe de fleurs.

Or, n'allons pas croire qu'un peu d'eau claire ait, à elle

seule, réalisé cette petite merveille d'une plante délicate
en floraison au milieu de l'hiver. Le bulbe porte avec lui
sa nourriture ; stimulé par la chaleur de l'appartement,
il a fleuri avant l'heure, nourri de sa propre substance.

D'autres fois les bourgeons mobiles sont alimentés non plus par leurs écailles, mais bien par le rameau qui les a produits. Dans ce cas, le rameau destiné à l'alimentation future, au lieu de venir à l'air, où il se couvrirait de feuillage, reste sous terre, devient corpulent, difforme, de coloration pâle et d'aspect si exceptionnel, qu'on n'oserait vraiment pas lui donner le nom de rameau. On l'appelle alors *tubercule*. Cette dénomination nous désignera désormais un rameau souterrain, gonflé de nourriture et couvert des bourgeons qu'il

Jacinthe fleurie.

doit alimenter. La pomme de terre va nous montrer
plus en détail ce qu'il faut entendre par là.

XXXI. — La Pomme de terre.

Le nom de pomme de terre s'applique à deux
choses : à la plante entière et aux renflements farineux
qu'elle produit. Or ces renflements farineux, que sont-
ils? Des racines? des fruits? Ni l'un ni l'autre. D'abord
ce ne sont pas des fruits. Le fruit de la pomme de terre,
le véritable fruit, production de la fleur, est une sorte de

de petite pomme verte, de la grosseur d'une cerise et au delà, remplie d'une chair molle, au milieu de laquelle les semences sont noyées.

Ces petites pommes vertes sont vénéneuses, ainsi du reste que la tige, les ramifications et le feuillage ; nos animaux domestiques n'y touchent jamais. Les seules parties comestibles sont les renflements souterrains. La longue indécision que l'on a mise à la culture de la pomme de terre eut pour cause principale l'origine de cet aliment, donné par une plante dont toutes les autres parties sont malfaisantes.

La Pomme de terre et ses tubercules.

Ces renflements ne sont pas davantage des racines, malgré leur configuration difforme et leur séjour dans le sol. Ce sont des rameaux souterrains gonflés de vivres pour nourrir leurs bourgeons ; ce sont, en un mot, des tubercules. Que voyons-nous, en effet, à la surface d'une pomme de terre ? Certains enfoncements, des *yeux*, c'est-à-dire autant de bourgeons, car ces yeux se développent en rameaux si la pomme de terre est placée dans des conditions favorables.

Un tubercule isolé.

Sur les tubercules vieux, on les voit, dans l'arrière-saison, s'allonger en pousses ne demandant qu'un peu de soleil pour verdir et se couvrir de feuilles. La culture utilise cette propriété. Les tubercules sont coupés par quartiers, et chaque fragment mis en terre produit un nouveau pied, à la condition expresse qu'il ait au moins un œil ; s'il n'en a pas, il pourrit sans rien produire.

La pomme de terre est originaire des hauts plateaux

de l'Amérique du Sud. Sa première apparition en Europe
date de 1565. A cette époque, on fit quelques essais de
culture avec des tubercules apportés de la Colombie. Un
siècle et demi plus tard, la pomme de terre prospérait
en Angleterre ; son introduction en France fut plus tardive.
Le premier plat de pommes de terre, alors rareté de
haut prix, fut servi sur la table de Louis XIII, en 1616.

Longtemps le tubercule américain resta dans notre
pays simple objet de curiosité, auquel on attribuait des
propriétés malfaisantes et dont l'agriculture ne voulait
pas, lorsque enfin, dans les dernières années du siècle
passé, l'infatigable zèle d'un homme de bien, Parmentier, dissipa les préjugés et popularisa la culture de la
précieuse plante alimentaire.

Parmentier communiqua ses idées à Louis XVI. La
pomme de terre, disait-il, est du pain tout fait, qui ne
demande ni le meunier ni le boulanger ; telle qu'on
l'extrait du sol, elle devient, cuite sous les cendres
chaudes ou dans l'eau bouillante, un aliment farineux
qui rivalise avec celui du froment ; les terrains maigres,
impropres à d'autres cultures, lui suffisent ; avec elle ne
seront plus à craindre ces terribles disettes dont la
France souffrait alors précisément.

Le roi accueillit ces idées avec ardeur, mais le difficile
était de les faire partager aux autres. Pour intéresser la
mode à la culture du tubercule dédaigné, Louis XVI
parut un jour dans une fête publique avec un gros bouquet de fleurs de pomme de terre à la main. La curiosité
s'éveilla devant ces belles corolles blanches nuancées
de violet et rehaussées par le vert sombre du feuillage.

On en parla à la cour et à la ville ; les fleuristes en
firent des imitations pour leurs bouquets artificiels ; les
jardins d'ornement les admirent dans leurs banquettes ;
et, pour faire la cour au roi, les seigneurs envoyèrent
des tubercules à leurs fermiers avec ordre de les cultiver. Mais l'ordre n'est pas la persuasion : les tubercules
royalement patronnés furent jetés au fumier, ou végété-
rent oubliés dans un coin.

Il fallait convaincre non le grand seigneur, mais le paysan lui-même, plus directement intéressé en cette affaire ; il fallait vaincre ses répugnances, qui lui faisaient rejeter la pomme de terre même pour la nourriture du bétail ; il fallait lui apprendre, par sa propre expérience, que le tubercule mal-famé, loin d'être un poison, est une nourriture excellente.

C'est ce que Parmentier comprit, et, sans tarder, il se mit à l'œuvre. Aux environs de Paris, il acheta ou prit à ferme de grandes étendues de terrain, qu'il fit planter en pommes de terre. La première année, la récolte fut vendue à très bas prix ; quelques paysans en achetèrent. La seconde année, les pommes de terre furent données pour rien ; personne n'en voulut.

L'attrait de la chose défendue fit enfin ce que n'avaient pu faire les écrits, les conseils, les

Fleur de la Pomme de terre.

exemples, les offres. Un vaste terrain est planté de pommes de terre, et quand le moment de la maturité est venu, Parmentier fait publier à son de trompe, dans les villages voisins, défense de toucher à la récolte, avec menace de toutes les sévérités de la loi. Pendant le jour, des gardes exercent autour des champs une sévère surveillance ; la nuit, comme il est convenu avec Parmentier, ils restent chez eux.

« Qu'est-ce donc que cette plante que l'on surveille

avec des soins si jaloux? se demandent les paysans,
alléchés par la défense. Ce doit être bien précieux. Essayons d'en avoir, à la nuit noire. »

Et la maraude nocturne commence, bientôt véritable
pillage. Le tubercule tant méprisé s'emportait furtivement à pleins sacs. En peu de jours, le champ n'avait
plus de pommes de terre. Le volé, l'excellent Parmentier,
pleurait de joie; il venait de doter son pays d'une ressource alimentaire inestimable.

XXXII. — Le Tabac.

Avant d'être la poudre que le priseur se fourre dans
le nez pour se chatouiller les narines et provoquer
l'éternuement, avant d'être le rouleau du cigare ou la
mousse crépue dont le fumeur bourre sa pipe, le tabac
a fait partie d'une plante qui porte le même nom. Une
tige haute d'un mètre environ; de grandes feuilles visqueuses, à odeur forte; des fleurs d'un rouge clair,
façonnées en étroit entonnoir et découpées en étoiles à
cinq pointes à l'orifice; des capsules sèches remplies d'innombrables petites semences, voilà la plante du tabac.

Les feuilles seules sont employées, après certaines préparations qui exaltent leurs propriétés et leur font perdre
leur coloration verte. Roulées en petits paquets serrés,
elles deviennent les cigares; hachées très menu, elles
constituent le tabac à fumer; réduites en poudre, elles
fournissent le tabac à priser.

L'Amérique, à qui nous devons la pomme de terre,
nous a pareillement fourni le tabac. Lorsque — il y a
aujourd'hui bien près de quatre siècles — Christophe
Colomb découvrit le nouveau monde, l'une des premières
terres visitées fut la grande île de Cuba. Craignant de
s'engager dans les bois au milieu de peuplades sauvages,
Colomb envoya des éclaireurs pour reconnaître le pays.

Les matelots de l'expédition trouvèrent en chemin, à
leur extrême surprise, de nombreux Indiens, hommes et

femmes, tenant à la bouche une sorte de tison allumé dont ils aspiraient la fumée. Ces tisons, appelés *tabagos*, étaient formés d'une herbe roulée dans une feuille sèche. Voilà les premiers fumeurs et les premiers cigares dont l'histoire fasse mention.

Les naturels de Cuba et des îles voisines fumaient

Le Tabac. — Fleur, fruit et graine très grossie.

donc depuis longtemps, depuis des siècles sans doute, lorsque pour la première fois les Européens prirent terre chez eux. Ils avaient leurs rouleaux de feuilles sèches ou tabagos; ils avaient leurs brûloirs en pierre tendre ou bien en terre cuite, brûloirs que nous appelons pipes et qu'ils nommaient *calumets*. Le tabac, en effet, jouait un grand rôle dans leur médication, leurs pratiques superstitieuses, leurs assemblées politiques.

Consulté sur les choses de l'avenir, le devin commen-

çait par humer la fumée de plusieurs tabagos, tandis
que les assistants, rangés en rond, fumaient à qui mieux
mieux, pour s'envelopper d'un épais nuage. La tête exaltée
par le tabac, le devin rendait alors ses oracles, du sein
de la nuée, en un langage extraordinaire, où les auditeurs
croyaient reconnaître la voix de la divinité.

Semblable cérémonie se passait dans les assemblées
où devaient se traiter les affaires publiques. Assis sur
une pierre et aspirant la fumée de son calumet, l'orateur
qui devait prendre la parole attendait, impassible, les
chefs de la nation, qui s'approchaient de lui, à tour de
rôle, pour lui envoyer au visage d'abondantes bouffées
de leurs pipes et lui recommander les intérêts de la peu-
plade. Ces fumigations terminées, l'orateur s'aban-
donnait à son éloquence, au milieu de l'enthousiasme de
l'assemblée.

Voyant les insulaires fumer, les compagnons de Colomb
voulurent essayer leur singulière coutume. L'Indien se
prêta volontiers à leur désir ; il leur montra comment se
roule le tabago, comment se garnit et s'allume le calumet. Sans que l'histoire en parle, il est clair que le premier matelot s'avisant d'aspirer la fumée capiteuse du
tabac fut pris de ces affreuses nausées auxquelles n'é-
chappe aucun fumeur novice. Un estomac quelque peu
délicat eût été pour toujours rebuté ; l'âpre gosier du
marin trouva quelque charme à la chose lorsque furent
passées les dures épreuves du début.

Le goût de fumer fut si bien pris que, de retour en Espagne, l'équipage de Colomb ne manqua pas de répandre
dans son pays la coutume indienne. Bientôt on trouva
même une nouvelle manière d'employer le tabac. On
s'avisa de réduire la feuille sèche en une poudre dont
on se bourrait les narines en reniflant. L'Indien avait
inventé le tabac à fumer ; l'Européen, à son tour, venait
d'inventer le tabac à priser.

L'Espagne et le Portugal comptaient déjà des fumeurs
et des priseurs par milliers lorsque, en 1560, le tabac fit
sa première apparition en France. Nicot, ambassadeur

français à Lisbonne, envoya, comme objet de curiosité, à sa souveraine, Catherine de Médicis, des graines de la plante à la mode et une boîte de tabac en poudre. Charmée des effets de la tabatière, la reine contracta rapidement la passion de priser. Pour lui plaire, on cultiva le tabac, et les priseurs furent bientôt nombreux dans toutes les pro-

Machine pour hacher le tabac à fumer.

vinces. On dit que certain grand personnage de l'époque prisait jusqu'à trois onces de tabac par jour. Celui-là, certes, devait avoir le nez singulièrement tanné.

D'une nation à l'autre, l'usage du tabac devint peu à peu général, non sans de sérieuses luttes. Les Turcs sont aujourd'hui de passionnés fumeurs, amis des longues pipes. Or voici comment, chez eux, fut tout d'abord accueilli le tabac. Leur empereur, Amurat, édicta contre les priseurs et les fumeurs une loi sévère jusqu'à la cruauté. Tout délinquant était condamné à recevoir cinquante coups de bâton sur la plante des pieds.

C'était là un simple avertissement pour la première pipe ou la première prise. S'il y avait récidive, le malheureux surpris en délit avait le nez coupé. Le moyen était radical pour mater les priseurs : plus de nez, plus de prise; mais les fumeurs, après l'horrible mutilation, n'en persistaient pas moins dans leurs habitudes.

Un roi de Perse crut trouver remède à la chose : toute personne surprise une pipe à la bouche avait la lèvre supérieure coupée. Il va de soi, d'ailleurs, que tout nez convaincu d'avoir humé une prise tombait sous le fer du bourreau. L'atroce loi du roi de Perse échoua comme celle de l'empereur des Turcs. Malgré tous les nez abattus, les lèvres coupées, les pieds meurtris sous le bâton, l'usage du tabac allait croissant toujours. Il fallut renoncer à ces atrocités impuissantes.

D'autres règlements parurent, un peu partout, moins cruels, mais féconds en amendes pécuniaires, en journées de prison, en vexations de toute sorte. Rien n'y fit: priseurs et fumeurs restaient incorrigibles. Enfin les gouvernements, mieux avisés, eurent l'idée de se créer de gros revenus avec une passion qu'aucune sévérité n'avait pu dompter. Ils se firent eux-mêmes marchands exclusifs de ce tabac qu'ils proscrivaient d'abord avec tant de rigueur. Pour son compte, la France retire annuellement près de trois cents millions de la vente de ses tabacs.

XXXIII. — Les Végétaux cultivés.

Vous vous figurez peut-être que de tout temps, en vue de notre alimentation, le poirier s'est empressé de produire de gros fruits à chair fondante; que la pomme de terre, pour nous faire plaisir, a gonflé ses rameaux souterrains en amas farineux; que le chou cabus, dans

le désir de nous être agréable, s'est avisé lui-même
d'empiler en tête compacte de belles feuilles blanches.

Vous vous figurez que le froment, le potiron, la carotte, la vigne, la rave, et tant d'autres encore, épris d'un
vif intérêt pour l'homme, ont de leur propre gré toujours travaillé pour lui. Vous croyez que la grappe de
la vigne est maintenant pareille à celle d'où fut exprimé
le premier jus converti en vin; que le froment, depuis
qu'il y en a sur terre, n'a pas manqué de produire tous
les ans une récolte de grain; que la rave et le potiron
avaient à leurs débuts la corpulence qui nous les rend
précieux.

Il vous semble enfin que les plantes alimentaires nous
sont venues dans le principe. telles que nous les possé-
dons aujourd'hui. Détrompez-vous : la plante sauvage
est en général pour nous une médiocre ressource alimentaire; elle n'acquiert de la valeur que par nos soins.
C'est à nous, par notre travail, à tirer parti de ses aptitudes en les améliorant.

Dans son pays natal, sur les montagnes du Chili et du
Pérou, la pomme de terre à l'état sauvage est un maigre
tubercule de la grosseur d'une noisette. L'homme donne
accueil dans son jardin au misérable sauvageon; il le
plante dans une terre substantielle, il l'arrose, il le
soigne; et voilà que d'année en année la pomme de terre
prospère; elle gagne en volume, en propriétés nutritives, et devient enfin un tubercule farineux de la grosseur des deux poings.

Au bord de la mer, sur les rochers exposés à tous les
vents, croît naturellement un chou, haut de tige, à
feuilles rares, échevelées, d'un vert cru, de saveur âcre,
d'odeur forte. Sous ces rustiques apparences, il recèle
peut-être de précieuses aptitudes. Pareil soupçon vint
apparemment à l'esprit de celui qui, le premier, à une
époque dont le souvenir s'est perdu, admit le chou des
falaises dans ses cultures. Le soupçon était fondé. Le
chou sauvage s'est amélioré par les soins incessants de
l'homme; sa tige s'est affermie; ses feuilles, devenues

plus nombreuses, se sont emboîtées, blanches et tendres, en une tête serrée, et le chou pommé a été le résultat final de cette magnifique transformation.

Encore aujourd'hui voilà bien, sur le roc de la falaise, le point de départ de la précieuse plante ; voici, dans nos jardins potagers, son point d'arrivée. Mais où sont les formes intermédiaires qui, à travers les siècles, ont amené graduellement la plante aux caractères actuels ? Ces formes étaient des pas en avant. Il fallait les conserver, les empêcher de rétrograder, les multiplier et tenter sur elles de nouvelles améliorations. Qui pourrait dire tout le travail accumulé qui nous a valu le chou cabus ?

Et le poirier sauvage, le connaissez-vous ? C'est un affreux buisson hérissé de féroces épines. Ses poires, détestable fruit qui vous serre la gorge et vous agace les dents, sont toutes petites, âpres, dures, et semblent pétries de grains de gravier. Certes, celui-là eut besoin d'une rare inspiration qui, le premier, eut foi dans l'arbuste revêche et entrevit, dans un avenir éloigné, la poire beurrée que nous mangeons aujourd'hui.

De même, avec la grappe de la vigne primitive, dont les grains ne dépassent pas en volume les baies du sureau, l'homme, à la sueur du front, s'est acquis la grappe juteuse de la vigne actuelle ; avec quelque pauvre gramen aujourd'hui inconnu il a obtenu le froment ; avec quelques misérables arbustes, quelques herbes d'aspect peu engageant, il a créé ses races potagères et ses arbres fruitiers.

La terre, pour nous engager au travail, loi suprême de notre existence, est pour nous une rude marâtre. Aux petits des oiseaux elle donne abondante pâture ; à nous, elle n'offre de son plein gré que les mûres de la ronce et les prunelles du buisson. Ne nous en plaignons pas, car de la lutte contre le besoin naît précisément notre grandeur. C'est à nous, par notre intelligence, à nous tirer d'affaire ; c'est à nous à mettre en pratique la noble devise : Aide-toi, le Ciel t'aidera.

L'homme s'est donc étudié de tout temps à démêler

parmi les innombrables espèces végétales celles qui peuvent se prêter à des améliorations. La plupart sont restées pour nous sans utilité; d'autres se sont faites à nos soins et ont acquis, par la culture, des propriétés d'une importance capitale : car notre nourriture en dépend.

L'amélioration obtenue n'est pas cependant si profonde que nous puissions compter sur sa permanence, si nos soins viennent à faire défaut. La plante tend toujours à revenir à l'état primitif. Que le jardinier, par exemple, abandonne le chou cabus à lui-même, sans engrais, sans arrosage, sans culture; qu'il laisse les graines germer au hasard où le vent les aura chassées, et le chou s'empressera d'abandonner sa pomme serrée de feuilles blanches pour reprendre les feuilles lâches et vertes de la plante sauvage.

La vigne, pareillement affranchie des soins de l'homme, deviendra dans les haies la maigre lambrusque, dont toute la grappe n'équivaut pas à un seul grain de raisin cultivé; le poirier reprendra, sur la lisière des bois, ses longs piquants et ses petits fruits détestables; le prunier et le cerisier réduiront leurs fruits à des noyaux recouverts d'un peu de chair amère; enfin toutes les richesses de nos vergers s'appauvriront jusqu'à devenir pour nous sans valeur.

Ce retour à l'état sauvage s'effectue même dans nos cultures malgré tous nos soins, quand on a recours au semis pour reproduire la plante. On sème, je suppose, des pépins pris dans une excellente poire. Eh bien, les poiriers issus de ces graines ne donnent, pour la plupart, que des poires médiocres, mauvaises, très mauvaises même. Quelques-uns seulement reproduisent la poire mère. Un autre semis est fait avec les pépins de seconde génération : les poires dégénèrent encore. Si l'on continue ainsi les semis en puisant toujours les graines dans la génération précédente, le fruit, de plus en plus petit, âpre et dur, revient enfin à la méchante poire du buisson.

10.

Un exemple encore. Quelle fleur mettre en comparaison avec la rose, si noble de port, si odorante, d'un pourpre si vif? On sème les graines de la superbe plante, et ses descendants se trouvent de misérables buissons, de simples églantiers comme ceux de nos haies. Rien d'étonnant : la reine des fleurs avait pour point de départ un églantier; par le revirement du semis elle reprend les caractères de sa race.

Chez quelques plantes enfin les améliorations acquises par la culture sont plus stables et persistent malgré l'épreuve du semis, mais à la condition expresse que nos soins ne leur feront jamais défaut. Tel est le froment. Toutes donc, abandonnées à elles-mêmes et propagées uniquement par semence, reviennent à l'état primitif après un certain nombre de générations chez lesquelles s'effacent peu à peu les caractères imprimés par l'intervention de l'homme.

XXXIV. — Greffe. — Bouturage.

Nos arbres fruitiers et nos plantes ornementales retournent par le semis à l'état sauvage. Comment s'y prendre alors pour les multiplier sans crainte de les voir dégénérer? Il faut recourir à la *greffe,* au *bouturage,* au *marcottage,* précieuses ressources qui nous permettent de fixer dans le végétal la perfection obtenue par de longues années de travail, et de profiter des améliorations obtenues par nos devanciers, au lieu de recommencer nous-mêmes une éducation à laquelle une vie humaine ne suffirait pas.

Greffer, c'est transplanter un bourgeon ou un rameau d'un végétal sur un autre. L'arbre sur lequel se fait la transplantation prend le nom de *sujet;* et le rameau ou le bourgeon qu'on y implante celui de *greffe.* Examinons le cas le plus simple de cette opération.

Vous avez donné asile dans votre parterre à un églantier, le vulgaire rosier sauvage, qui végétait pauvrement

au bord du chemin en compagnie de la ronce. L'arbuste
n'est pas beau. Au fond, c'est bien le rosier pour la tige,
les épines, les feuilles, les fruits ; mais quelles tristes
roses ! Cinq pétales, ni plus ni moins, pâles, à peine
teintées d'incarnat, sans odeur. Il s'agit de faire produire
à l'arbuste la splendide rose des jardins.

· Au printemps, on incise l'écorce du sauvageon d'une
double entaille en forme de T, pénétrant jusqu'au bois,
et l'on soulève un peu les deux lèvres de la blessure. On
détache alors, sur un rosier à belles fleurs, un lambeau
d'écorce muni d'un bourgeon, lambeau qu'on nomme
écusson. On a le soin de
bien enlever le bois qui
pourrait adhérer à la face
intérieure de l'écusson,
tout en respectant l'é-
corce, la couche verdâtre
surtout.

· Enfin l'on introduit l'é-
cusson entre l'écorce et
le bois du sujet ; on rapproche les lèvres de la
plaie au moyen d'une
ligature, de manière que
l'écusson soit bien appli-

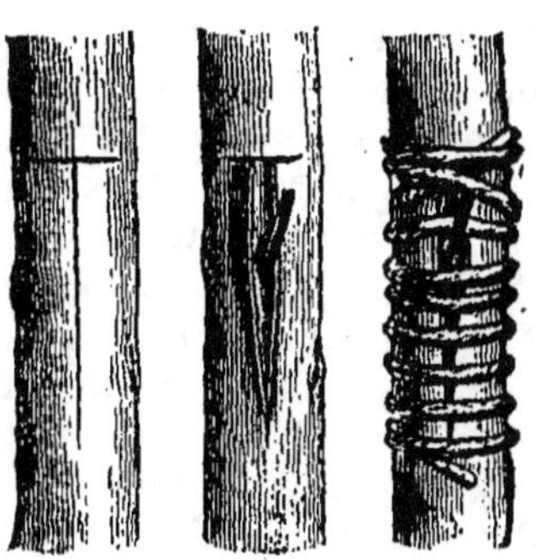

La greffe en écusson.

qué contre le bois du sujet, et c'est fini. Bientôt le bourgeon de la greffe, alimenté par le sujet, se développera
en rameau, et l'églantier se couvrira de superbes roses.

La greffe ne peut se faire qu'entre végétaux de la
même espèce, ou d'espèces très rapprochées, afin que le
bourgeon et le rameau transplantés trouvent, auprès de
la nouvelle branche nourricière, l'alimentation qui leur
convient. On perdrait son temps à vouloir greffer le lilas
sur le rosier, le rosier sur la vigne. Il n'y a rien de commun entre ces trois espèces végétales, ni dans les feuilles,
ni dans les fleurs, ni dans les fruits. De cette différence
de structure résulte une différence profonde de nutrition.
Le bourgeon de rosier périrait donc affamé sur une branche

de lilas; le bourgeon de lilas en ferait autant sur une branche de rosier.

Mais on peut très bien greffer lilas sur lilas, rosier sur rosier, vigne sur vigne. Il est possible encore de faire nourrir un bourgeon de pêcher par un amandier, un bourgeon de cerisier par un prunier, et réciproquement : car il y a entre ces végétaux une étroite ressemblance. Il faut, en somme, pour la réussite de la greffe la plus grande analogie possible entre les deux végétaux.

On est loin d'avoir toujours des idées nettes sur les conditions de réussite de la greffe. Vous entendrez peut-être parler de rosiers greffés sur le houx pour obtenir des roses vertes, de vignes greffées sur le noyer pour avoir des raisins à grains énormes, pareils en volume à des noix. Laissez dire et n'en croyez rien. De telles greffes et d'autres entre végétaux non semblables n'ont jamais existé que dans l'imagination de ceux qui les ont rêvées.

Le *bouturage* est le procédé de propagation qui consiste à détacher un rameau de la plante mère et à le placer dans des conditions où il puisse développer des racines et vivre à ses propres frais. Le rameau détaché prend le nom de *bouture*.

Par son extrémité amputée, la bouture est mise en terre, en un lieu frais, ombragé, où l'évaporation soit lente et la température douce. L'abri d'une cloche en verre est souvent indispensable pour maintenir l'air, autour du rameau, dans un état convenable d'humidité et empêcher la bouture de se dessécher avant d'avoir acquis des racines, qui lui permettront de réparer ses pertes.

Pour plus de sûreté, si le rameau est très feuillé, on enlève la majeure partie des feuilles inférieures, afin de réduire autant que possible les surfaces d'évaporation sans compromettre la vitalité de la plante, qui réside surtout dans la partie supérieure. L'extrémité plongée dans le sol humide ne tarde pas à s'enraciner; désormais le rameau se suffit à lui-même et forme un plant qui n'a plus besoin de l'abri de la cloche.

Quelques plantes poussent, à la base de la tige mère, des ramifications droites et souples qui peuvent servir à obtenir autant de plants nouveaux. On couche ces rameaux en leur faisant décrire un coude, que l'on fixe dans la terre avec un crochet; puis on redresse l'extrémité, que l'on maintient avec l'appui d'une baguette ou tuteur. Le coude enterré pousse tôt ou tard des racines, et d'ici là la souche mère nourrit les rameaux.

Lorsque les parties enterrées sont suffisamment enracinées, on tranche les ramifications, et chacune d'elles, transplantée à part, est désormais un plant distinct. Cette opération se nomme *marcottage*, et les divers plants détachés de la souche première se nomment *marcottes*. Le succès par ce procédé est mieux assuré que par le bouturage, qui, sans préparation aucune, prive brusquement le rameau de la nourriture fournie par la tige et l'oblige à se suffire immédiatement à lui-même.

Marcottage dans un cornet de plomb.

D'autres végétaux n'ont pas assez de flexibilité dans leurs ramifications pour se prêter au couchage en terre; la branche casserait si l'on essayait de la coucher. Quelquefois enfin la ramification est située trop haut. Alors un pot fendu en long ou bien un cornet de plomb est appendu à l'arbuste, et la branche à marcotter est placée dans le pot ou le cornet suivant son axe.

Le pot est ensuite rempli de terre ou de mousse, que l'on maintient humide par des arrosements. Dans ce milieu toujours frais des racines apparaissent tôt ou tard. On procède alors au *sevrage* du rameau, c'est-à-dire qu'on fait au-dessous du pot une légère entaille qu'on approfondit davantage chaque jour. On a ainsi pour but d'habituer peu à peu la plante à se passer de la tige mère et à vivre par elle-même. Enfin on achève la séparation. Ce sevrage graduel est pareillement utile pour les marcottes couchées en terre : il assure le succès de l'opération.

XXXV. — Les Céréales.

Le pain se fait avec de la farine, et la farine est le grain de blé réduit en poudre sous la roue du moulin. Ah! l'intéressante machine que celle du meunier, mue par l'eau, par le vent, parfois par la vapeur! Quelles fatigues, quelles dépenses de temps, si nous n'avions pas son secours et s'il nous fallait nous-mêmes, par la seule force de nos bras, faire le travail de la mouture!

Il faut vous dire que, dans l'ancien temps, faute de savoir moudre le blé, on se bornait à l'écraser entre deux pierres après l'avoir légèrement grillé au feu. La grossière poudre obtenue par ce moyen était cuite dans l'eau et devenait une bouillie, que l'on mangeait sans autre préparation. Le pain était inconnu.

On s'avisa plus tard de pétrir la farine avec de l'eau et de faire cuire la pâte entre deux pierres chaudes. On obtenait ainsi de mauvaises galettes, de l'épaisseur du doigt, serrées et dures, souillées de cendres et de charbon. C'était préférable à la bouillie, à la colle fade du début, mais bien inférieur au plus mauvais pain d'aujourd'hui. Bref, d'essais en essais on parvint à faire du pain pareil au nôtre. Il fallut songer alors à moudre du blé en abondance, sans rien posséder de pareil à nos moulins.

La farine s'obtenait en triturant le blé avec un pilon dans une pierre creuse. Le pilon était tantôt assez léger pour être directement manœuvré à la main, et tantôt, afin d'activer l'ouvrage, il était si gros et si lourd qu'il fallait le faire tourner avec une longue barre dans le

creux de la pierre. Tel fut le premier moulin. Avec de
pareils outils, je vous laisse à penser ce qu'exigeait de
temps une simple poignée de farine. Pour le pain qu'un
seul devait manger à son repas, de misérables esclaves
étaient occupés, du matin au soir et du soir au matin, à
tourner le pilon.

On les attelait à la barre comme des bêtes de somme;
et quand, exténués de fatigue, *ils n'allaient pas assez*

Le moulin.

vite, on leur cinglait les épaules nues avec un nerf de
bœuf. Ces malheureux meuniers étaient de pauvres gens
pris à la guerre et vendus après au marché avec le même
sans-façon qu'un propriétaire le fait de son bétail. Voilà
quelles misères ont précédé le moulin, qui, aujourd'hui,
en quelques tours de roue, au son joyeux de son tic tac,
peut faire farine pour toute une famille.

Mais laissons tourner le moulin et occupons-nous de
l'intéressante expérience que voici : Prenez une poignée
de farine et réduisez-la en pâte avec un peu d'eau. La
pâte faite, pétrissez-la entre vos doigts au-dessus

d'un grand plat, tandis qu'un aide l'arrose continuellement avec l'eau d'une carafe. Maintenez bien la pâte et
pétrissez toujours, étirez et rassemblez, tournez et retour-
nez sous le mince filet d'eau versé.

Remarquez bien l'eau qui passe sur la pâte et la lave.
Elle tombe dans le plat blanche comme du lait, preuve
qu'elle entraîne quelque chose de la farine. Ce quelque

Esclave faisant tourner la roue de l'antique moulin.

chose s'amassera par le repos au fond du plat, et nous
reconnaîtrons alors une matière pareille à l'amidon qui
sert aux repasseuses pour empeser le linge. C'est effectivement de l'amidon ou fécule, ni plus ni moins. Celui
des repasseuses s'obtient en grand par un moyen semblable : on lave de la pâte, et les eaux blanches déposent,
par le repos, une couche d'amidon qu'il suffit de recueillir et de faire sécher.

Voilà un premier point établi : la farine contient de
la fécule; mais elle contient encore autre chose. Un moment arrive où la pâte lavée ne cède plus rien; on a beau

pétrir, l'eau tombe incolore dans le plat. Ce qui reste
entre les doigts après ce lavage prolongé est une matière
molle, gluante, s'étirant à peu près comme la gomme
élastique. Sa couleur est grisâtre, son odeur a quelque
chose de fort. Desséchée au soleil, elle devient dure et
transparente comme de la corne. On lui donne le nom
de *gluten,* pour rappeler son état glutineux,
sa viscosité.

Or cette matière, d'aspect si peu engageant, toute molle, toute visqueuse, qui en-
glue les doigts, ce gluten enfin, savez-vous
ce que c'est? N'allez pas vous récrier; ce que
j'avance est l'exacte vérité. Par sa composition, le gluten ne diffère pas de la chair. C'est
de la chair végétale qui, sans rien perdre et
sans rien gagner, par une légère retouche de
la digestion, devient chair animale. Aussi le
gluten est-il, par excellence, la cause des hautes propriétés nutritives du pain.

De toutes les céréales, le froment en contient le plus; le seigle n'arrive qu'en seconde
ligne. Le maïs et le riz, ainsi que les châtai-
gnes et les pommes de terre, n'en contiennent
point; par cela même, leur farine, si riche
qu'elle soit en fécule, n'est nullement bonne
à faire du pain. Cela vous explique la supé-
riorité du froment sur tous les autres grains
farineux.

Le Froment.

Le froment, la seule céréale qui puisse nous
donner le pain blanc, ce pain supérieur, qui néanmoins
n'est pas toujours de votre goût quand il n'est pas frotté
d'un peu de beurre, le froment ne vient pas dans tous
les pays. Ouvrez votre atlas et parcourez du doigt les
pays qui entourent la mer Méditerranée; vous aurez touché aux principales régions où le froment prospère. Plus
au nord, il fait trop froid pour que la culture de la précieuse céréale réussisse; plus au sud, il fait trop chaud.

Ce n'est pas tout. Dans ces régions privilégiées, toutes

les terres ne sont pas aptes à donner l'incomparable
moisson; il faut au froment la douce température et le
sol fécond des plaines, et non l'âpre climat et les pentes
arides des montagnes. Considérons en particulier la
France. Les plaines y produisent de très beau froment,
mais pas assez pour nourrir toute la
population; aussi dans les contrées
montueuses et froides où la culture
de cette céréale est impossible, on a
recours en première ligne au seigle,
qui donne un pain serré, brun,
lourd, mais en somme préférable à
tout autre, celui de froment excepté,
bien entendu. Ce pain de seigle est
l'habituelle nourriture de la campagne dans la majeure partie de nos
départements.

La culture du seigle est à son tour
impossible dans les terrains les plus
maigres et les plus froids. Une dernière ressource reste alors : c'est
l'orge, la plus robuste des céréales,
qui remonte dans les montagnes jusqu'au voisinage des neiges et peut se
cultiver même sous le climat glacé
de l'extrême nord.

Il vous faudrait goûter le triste pain
d'orge pour trouver le nôtre bon,
que dis-je ; pour le trouver friandise
exquise, sans accompagnement de

L'Orge.

confitures ou de beurre. C'est plein de longues arêtes qui
s'arrêtent au gosier; c'est pétri de plus de son que de
farine; c'est amer, gluant et d'odeur déplaisante. Ah! le
triste pain! Cependant beaucoup s'en contentent, trop
heureux encore quand ils en ont à discrétion.

Dans la majeure partie du monde, le froment, répandu
partout par le commerce, ne fournit du pain qu'à la table
des riches. Le reste de la population ne connaît pas en

général cette nourriture, ne l'a jamais vue ; à peine en a-
t-elle entendu parler comme d'une rare curiosité. En guise
de pain on mange tantôt une chose, tantôt une autre, suivant le pays. L'Asie a le riz ; l'Afrique, le millet ; l'Amérique,
le maïs. Dans l'Inde et la Chine, le peuple n'a guère d'autre
nourriture que du riz cuit à l'eau avec un peu de sel. La
moitié du monde entier s'alimente à peu près de même.

La plante qui produit le riz a une tige semblable à
celle du blé ; mais au lieu de
se terminer par un épi dressé,
elle porte au sommet un panache de rameaux faibles et
pendants, tout chargé de
grains. Les feuilles ont la
forme d'étroits rubans, rudes au toucher. Cette plante
est aquatique. Pour prospérer, elle doit plonger ses racines dans une vase noyée
et déployer son feuillage,
la cime fleurie exceptée, au
sein même de l'eau. Les bas-
fonds marécageux, inondés
une partie de l'année, con-
viennent à sa culture.

Lorsque de tels maréca-
ges lui manquent, l'indus-
trieux Chinois inonde les terres basses avec les eaux de
quelque rivière voisine, jusqu'à ce que le sol soit réduit
en une boue bien molle. Il fait alors écouler les eaux par
des rigoles et laboure la vase avec une légère charrue
que traîne un buffle, espèce de bœuf portant longue
barbe au menton et sur le dos crinière pendante.

Le Riz.

Une fois le grain déposé dans les sillons et les jeunes
plantes levées, l'eau de la rivière est ramenée dans les
champs, où elle séjourne jusqu'au moment de la moisson. Pour la seconde fois l'eau s'écoule. La faucille en
main, on pénètre dans le champ, enfoncé jusqu'aux

genoux dans la vase noire, et l'on coupe les sommités
fructifiées des tiges.

Le maïs est l'habituel aliment de l'Amérique méridionale, comme le riz est celui de l'Asie. Beaucoup l'appellent
blé de Turquie, nom doublement impropre : car d'abord
ce grain n'est pas originaire de la Turquie, mais bien de

Le Maïs.

l'Amérique, et ensuite il n'a
rien de commun avec le
blé qui donne le pain. De
l'Amérique, sa culture s'est
propagée dans nos pays.

L'épi de maïs est très
gros et se compose d'une
multitude de grains arrondis, volumineux, d'un jaune
luisant, pressés l'un contre
l'autre en lignes régulières.
Comme le riz, le maïs fournit une belle farine, qui plaît
aux regards, mais qui pèche
par un point essentiel : elle
n'a pas de gluten. De là impossibilité complète d'utiliser le riz et le maïs pour
faire du pain, malgré le bel
aspect de leur farine.

Néanmoins le maïs est un
aliment très sain, ressource
de grande valeur dans la campagne, où l'appétit s'aiguise
par le grand air et de rudes travaux. Seulement ce n'est pas
sous forme de pain imparfait qu'il convient de s'en nourrir,
mais bien sous forme de bouillie ou de farine cuite à l'eau.

XXXVI. — L'Air.

Passez-vous rapidement la main devant le visage. Ne
sentez-vous pas un souffle courir sur la joue ? Agitez votre

cartable : le souffle devient plus fort. Essayez de courir
vite en tenant un parapluie ouvert derrière vous : la
course devient fort pénible ; il semble qu'on traîne après
soi, non un léger parapluie, mais un lourd fardeau, qui
par sa résistance s'oppose à notre élan et bientôt épuise
nos forces.

Or, d'où proviennent ce souffle et cette résistance ? Ils
proviennent de l'air, dans lequel nous sommes plongés
absolument comme les poissons sont plongés dans l'eau.
N'est-il pas vrai qu'agitée dans l'eau la main provoque
un mouvement de remous, avec petites vagues qui rident
la surface et viennent battre la rive ? Avec l'air, même
résultat. Mis en branle par l'agitation du cartable ou
de la main, il se déplace, se meut et heurte de ses
vagues tout ce qu'il rencontre. De là le souffle qui nous
caresse le visage.

N'est-il pas vrai que si l'on s'avisait de courir dans
l'eau en traînant derrière soi une toile formant poche,
ne serait-ce que son mouchoir tendu par les quatre
bouts, on éprouverait une résistance difficile et même
impossible à surmonter ? Pareillement l'étoffe du parapluie, arrêtée par l'air, nous empêche de courir vite.
Plus il y a d'air agité, plus les efforts doivent être considérables. C'est tout clair. Un large cartable nous évente
bien mieux que la main ; un grand parapluie entrave
notre course bien plus qu'un petit.

Avez-vous jamais fait attention aux brins de jonc
dont le pied trempe dans un ruisseau ? Ils sont dans un
tremblotement continuel. Les libellules ou demoiselles
aux grandes ailes de gaze, au long ventre vert ou bleu,
qui viennent se reposer sur leur cime, ont quelque peine
à se tenir sur cette branlante balançoire. Pourquoi ces
joncs sont-ils en perpétuel mouvement ? Cela saute aux
yeux : ils tremblent parce que l'eau courante les choque
et les fait osciller.

Et les grands arbres, les hauts peupliers surtout qui
fléchissent, se courbent en profondes révérences, se relèvent pour fléchir encore, par quoi donc sont-ils secoués

de la sorte? La main d'un géant cherchant à les déraciner ne leur imprimerait pas agitation pareille. Ils sont
secoués par l'air en mouvement, de même que les joncs
sont ébranlés par l'eau courante. Le vent est de l'air qui
se meut. Son choc est assez puissant pour casser les
peupliers, ébrancher les chênes, renverser les murailles.

Bien qu'il soit invisible, l'air est donc une substance
réelle, une matière, aux mêmes titres que l'eau du ruisseau, du fleuve, de la mer. Tant qu'il est en repos, nous
n'y prenons pas garde ; dès qu'il se meut en énormes
vagues et devient le vent, il s'impose à l'attention par la
force de ses chocs. Sans attendre la prochaine tempête
pour nous convaincre que l'air est matière, nous pouvons,
avec un peu d'adresse, étudier de près cette substance
que la main ne saisit pas et que l'œil ne voit pas.

Prenons un verre à boire et plongeons-le dans l'eau.
Il s'emplit de lui-même. Maintenant qu'il est plein,
tenons-le dans telle position que nous voudrons, mais
sans le sortir de l'eau. Que son orifice soit en haut, ou
en bas, ou de côté, le verre restera plein. Tant qu'il restera dans l'eau, nous ne pourrons le vider, même en le
renversant. Et cela doit être. Où donc irait effectivement
son contenu, puisqu'il y a de tous côtés de l'eau qui
remplacerait aussitôt ce qui pourrait sortir?

Cela reconnu, que pensez-vous d'un verre à boire tel
qu'il est servi sur la table pour les préparatifs du dîner?
Est-il réellement vide comme nous le disons avant d'y
avoir versé le liquide fourni par la carafe ou la bouteille?
Ne contient-il rien, ce qui s'appelle rien? Si vous me
répondez qu'il est vide, je vous apprendrai qu'il est plein,
et même plein jusqu'au bord. Plein de quoi? D'air tout
simplement.

Puisqu'il est plongé dans l'air, ce verre s'est rempli
d'air sans notre intervention, de même qu'il s'emplirait
d'eau tout seul au fond du bassin d'une fontaine. De plus,
il reste plein dans toutes les positions, même avec l'orifice en bas : car si quelque chose s'en échappait, l'air
environnant en prendrait aussitôt la place. Tout ici se

passe exactement comme nous venons de le voir pour le
verre plongé dans l'eau.

Ainsi lorsque nous disons d'un verre, d'une carafe,
d'une bouteille, d'un tonneau, d'une cruche, d'un pot,
d'un vase quelconque qu'il est vide, le langage courant
n'est pas d'accord avec la scrupuleuse vérité. L'objet
dit vide est en réalité plein d'air, et il reste plein dans
toutes les positions qu'on peut lui faire prendre.

Revenons au verre à boire. Plongeons-le dans l'eau
en le tenant bien droit et l'orifice en bas. Vainement nous
l'enfonçons autant que
le bras le permet, cette
fois le verre ne s'emplit
pas d'eau. Étant déjà
plein d'air, comme on
vient de l'expliquer, il
ne peut recevoir un se-
cond contenu tant que
le premier ne partira
pas. Il devrait se vider
d'abord de ce qu'il ren-
ferme pour laisser en-
trer l'eau, car où la
place est prise rien au-
tre ne peut se loger.

Verre plein d'air plongé dans l'eau.

C'est donc l'air empri-
sonné dans le verre, sans aucune issue possible, qui met
obstacle à l'entrée de l'eau. Sous un autre aspect, nous
voyons ici que l'air est réelle matière, capable de résistance et ne cédant pas sa place tant que manque le
moyen de se porter ailleurs. Laissons fuir le prisonnier. A cet effet, inclinons le verre toujours maintenu
plongé.

Une sorte de globe diaphane monte à travers l'eau et
vient crever la surface, où il se dissipe sans rien laisser de
visible. D'autres globes suivent, puis d'autres encore à mesure que nous inclinons davantage le verre. On dirait des
perles en cristal d'une incomparable limpidité. Ces globes

transparents, ces perles qui font bouillonner l'eau, ne sont autre chose que l'air s'échappant du verre par petites bouffées rondes ou bulles. Voilà l'air rendu sensible à la vue malgré son ordinaire invisibilité. Nous le distinguons fort bien de l'eau au sein de laquelle il monte ; nous suivons du regard sa sortie du verre et son ascension en bulles ; mais une fois parvenu à la surface et mélangé avec l'air extérieur, il chappe aux yeux les plus perçants.

Nous venons de nous donner pas mal de peine pour constater l'existence d'une matière qu'on ne voit pas. Cette matière, l'air, aurait donc quelque importance ? Mais oui : l'air est de la première importance, tellement que sans lui l'animal et la plante ne pourraient exister. Vous dire l'immensité de son rôle exigerait trop de science et trop de temps ; bornons-nous à de courts aperçus.

Lorsque le feu languit dans l'âtre, que les tisons noircissent, fument sans flamber et menacent de s'éteindre, que faisons-nous pour aviver le foyer ? Avec un soufflet, nous y lançons de l'air. A chaque bouffée, les charbons obscurs deviennent braise ardente ; le feu reprend vigueur, la flamme reparaît. Largement nourri d'air renouvelé par le soufflet, le foyer se rallume.

Voulons-nous, au contraire, empêcher le bois de se consumer trop vite ? Nous couvrons à demi les tisons de quelques pelletées de cendres. Sous cette couverture qui entrave l'accès de l'air, le feu se ralentit. Il finirait même par s'éteindre si la couche de cendres, l'enveloppant en entier, empêchait totalement l'air de lui arriver.

Lorsque, par une rude journée d'hiver, nous entourons le poêle tout rouge pour nous réchauffer les mains endolories de froid, nous entendons un sourd grondement, signe de l'activité du feu. Nous disons alors que le poêle ronfle. Ce grondement a pour cause l'air, qui pénètre par la porte du cendrier et s'engouffre avec bruit dans le tas de charbon embrasé, dont il entretient l'ardeur. Plus l'air arrive en abondance, plus aussi le poêle chauffe.

Si nous voulons modérer la chaleur, nous n'avons qu'à

fermer la porte du cendrier. L'air n'arrivant qu'en
petite quantité par les jointures, le feu s'apaisera et le
poêle redeviendra noir, de rouge qu'il était. Il s'éteindrait
tout à fait si l'air ne pénétrait absolument plus dans
l'amas de charbon.

Ces exemples nous le prouvent assez : l'air est indispensable à toute combustion. Il est le générateur du feu ;
il consume le combustible avec production de chaleur
et de lumière. Sans lui pas de feu dans nos foyers : car
le bois, le charbon et autres ne brûlent qu'avec le concours de l'air ; sans lui pas de lumière la nuit dans nos
habitations, car la flamme éclairante de la lampe, de la
bougie et des divers luminaires s'éteint dès que l'air
manque.

Pour vivre chacun de nous a besoin d'air, à tout instant, sans repos aucun. Notre poitrine se soulève un
peu, puis s'abaisse tour à tour à la façon d'un soufflet.
A la faveur de ce double mouvement, de l'air sans cesse
renouvelé pénètre en nous par la voie de la bouche et des
narines, puis est rejeté après avoir rempli son rôle, qui
est encore de produire de la chaleur.

Notre corps est exactement comparable à un foyer.
La nourriture fournit le combustible que tout doucement
consume l'air respiré. De là vient la chaleur, que les
vêtements conservent, mais ne donnent pas. Que cette
chaleur naturelle vienne à cesser, et la vie finit.

Voulez-vous promptement vous convaincre de l'absolue nécessité de l'air pour vivre ? Fermez-lui les voies qui
lui donnent accès dans le corps, la bouche et les narines.
La bouche close et les narines pincées entre deux doigts,
combien de temps résisterez-vous au manque d'air ? Pas
une minute, mes petits amis ! A peine essayez-vous que
déjà vous suffoquez ; vous sentez que l'étouffement ne
tarderait pas pour peu que cet état se prolongeât. La
preuve est concluante : sans air on ne peut vivre.

Et ce besoin, le plus pressant, le plus impérieux de
tous, n'est pas seulement le nôtre ; il est aussi celui de tout
animal, si gros ou si petit qu'il soit. En l'absence de l'air

toute créature périrait, comme aussi toute plante. Trop profondément enterrée, la graine manque d'air et pourrit sans germer. Il faut de l'air à la gemmule pour sortir de la semence, au bourgeon pour s'allonger en pousse, à la feuille pour s'étaler, à la fleur pour s'épanouir. Sans air, la plante et l'animal devenant impossibles, la terre ne serait plus qu'un morne désert.

XXXVII. — L'Atmosphère.

L'air, indispensable à la vie de toute plante et de tout animal, est en quantité inépuisable. Il forme autour de la terre une enveloppe continue, nommée *atmosphère,* dont l'épaisseur atteint pour le moins une quinzaine de lieues.

C'est une mer aérienne sans rivages, une mer universelle au fond de laquelle s'agite tout ce qui vit d'une vie terrestre. Ses limites supérieures dépassent de beaucoup les plus hautes cimes et atteignent des régions que l'essor d'aucun oiseau n'a jamais visitées; sa base repose, sans interruption nulle part, sur le sol des continents et sur les eaux des océans, autre mer plus lourde et bien moins étendue, demeure des populations aquatiques.

Pendant le jour s'arrondit sur nos têtes une immense voûte bleue que nous appelons le ciel. Cette voûte est une simple apparence dont la cause est l'atmosphère. Pour nous rendre compte de la coupole azurée du ciel, remarquons que les matières très faiblement colorées ne montrent leur teinte réelle qu'autant qu'elles sont vues sous une grande épaisseur. Un carreau de vitre est incolore; néanmoins sur la tranche il est d'un vert tendre. Dans le premier cas, on ne voit de la lame du verre que sa faible épaisseur; dans le second cas, le regard plonge profondément, et alors apparait la teinte verte.

Vue en petite masse, dans une carafe, l'eau semble sans couleur; vue en grande masse, dans un bassin, dans un lac, dans la mer, elle est teintée soit de vert soit de bleu. Même résultat pour l'air. Incolore et par conséquent invisible sous une médiocre épaisseur, il devient visible et se montre avec sa délicate coloration bleue sous une épaisseur considérable. C'est ainsi que l'énorme couche d'air enveloppant la terre prend l'aspect d'une voûte azurée.

Puisqu'il est matière, l'air doit avoir un poids. Il en a un, en effet, très faible, il est vrai, quoique supérieur à celui de bien d'autres substances. Supposons un cube ou dé mesurant un mètre de chaque côté. L'air contenu dans ce cube pèserait un kilogramme et trois cents grammes. A volume égal, l'eau pèse mille kilogrammes, c'est-à-dire sept cent soixante-neuf fois plus.

C'est dans l'atmosphère, tantôt plus haut, tantôt plus bas, que flottent les nuages; c'est dans l'atmosphère que monte et se dissipe la fumée. Pourquoi les nuages se tiennent-ils en haut et pourquoi la fumée monte-t-elle? Parce qu'ils sont plus légers que l'air. Descendu au fond de l'eau, puis abandonné, un morceau de bois remonte de lui-même aussitôt qu'il est lâché : il remonte parce qu'il est plus léger que l'eau. Ainsi se comportent dans la mer aérienne les nuages et la fumée, plus légers que l'air. Sans l'atmosphère, la fumée ne quitterait pas le sol et les nuages traîneraient à terre; sans l'atmosphère, où la résistance de l'air fournit un appui à leurs coups d'aile, les oiseaux ne pourraient voler.

Pour nous garantir du froid nous avons des vêtements. Le globe terrestre a, lui aussi, son épaisse couverture sous laquelle se conserve quelque temps la chaleur reçue du soleil pendant le jour; il a son atmosphère, manteau d'air épais de quinze lieues. Privée de cet abri, dont le rôle, pour la conservation de la chaleur, est comparable à celui de l'édredon de nos lits, la terre subirait toutes les nuits un refroidissement auquel nulle créature ne pourrait résister.

A mesure que son épaisseur est moindre, cette enveloppe d'air protège moins, comme le font du reste nos propres couvertures. Aussi trouve-t-on que le froid augmente rapidement dans les hautes régions de l'atmosphère, parce que la couche protectrice est amoindrie de toute l'épaisseur située plus bas. Nous comprenons alors pour quel motif les montagnes de grande élévation sont couvertes de neige en toute saison, même pendant l'été : leurs cimes, moins abritées que les plaines environnantes par la couverture d'air, éprouvent avec plus de rigueur le refroidissement de la nuit.

Un volumineux flocon d'ouate se comprime sous la pression des mains et se réduit à une petite pelote. Pareillement l'air est très compressible. Il se resserre, se ramasse en un volume moindre à mesure qu'il supporte une pression plus forte. Cela dit, considérons dans toute son épaisseur l'enveloppe atmosphérique. La couche qui repose sur le sol supporte le poids de toute la partie située au-dessus; elle subit la compression la plus forte, et par conséquent, à volume égal, elle est la plus riche en matière, de même que la pelote la plus comprimée est aussi la plus riche en coton. Sans autres détails, il est visible que l'air est de moins en moins compact à mesure qu'il est situé plus haut, parce qu'il ne supporte que le poids décroissant de ce qui reste encore au-dessus.

Vivant au fond de l'atmosphère, nous en respirons les couches inférieures, dont l'air, par son degré de compression, plus grand que partout ailleurs, convient aux besoins de notre poitrine. Élevons-nous à trois ou quatre mille mètres, et nous y trouverons un air moins riche qui nous rendra la respiration pénible, insuffisante. Plus haut encore, c'est plus que du malaise : c'est très grave péril. Enfin, à une certaine élévation, qui n'est pas bien grande, les forces défaillent, l'intelligence se trouble, un brusque évanouissement survient bientôt, suivi de la mort.

La vie cesse, l'air en suffisante quantité lui manquant. L'atmosphère est néanmoins toujours là; son épaisseur se prolonge même bien au-dessus, mais l'air n'y possède plus le degré de compacité nécessaire à l'entretien de la

vie. Les régions inférieures de l'atmosphère sont donc
les seules respirables ; par delà tout être vivant périt.
Aucun oiseau ne monte, bien entendu, dans ces déserts
aériens, où d'ailleurs son coup d'aile ne trouverait pas
le soutien d'un air assez résistant pour permettre le vol.

Un froid glacial, un malaise accablant, enfin une soudaine mort, voilà ce qui nous attendrait dans les espaces
bleus du ciel. Restons
dans les bas-fonds de
l'atmosphère, le seul
séjour à notre con-
venance ; et si le dé-
sir nous prend de
savoir plus en détail
ce qui se passe là-
haut, qu'il nous suf-
fise d'écouter ce que
nous racontent les
audacieux explora-
teurs des régions su-
périeures.

Un aérostat ou bal-
lon s'élève dans les
airs à des hauteurs
que n'atteint aucune
cime de montagne.
L'énorme machine de
toile est gonflée d'une

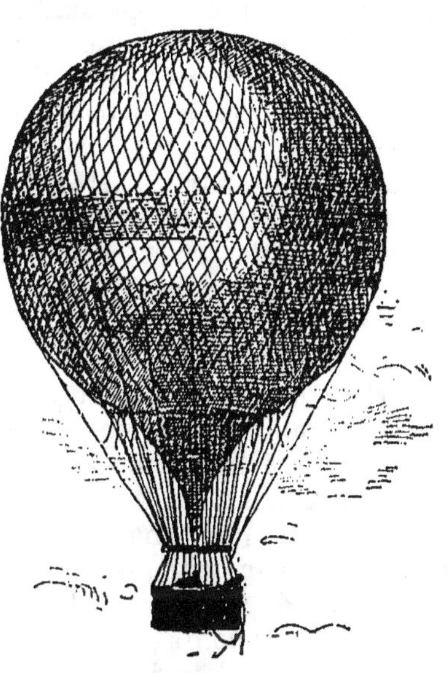

L'Aérostat.

sorte d'air artificiel ou gaz, appelé *hydrogène*, comparable à l'air ordinaire pour l'invisibilité, mais bien plus
subtil et plus léger que lui, car son poids est seulement
de cent grammes par mètre cube : c'est treize fois moins
que le poids de l'air. Ainsi allégé par ce gaz subtil, l'aérostat monte, parce que son ensemble pèse moins que
l'air atmosphérique à volume pareil.

Il y a là, il est vrai, des objets lourds, très lourds
même ; il y a notamment l'*aéronaute*, la personne qui va
faire le voyage aérien. Tout monte néanmoins. Comment

cela se fait-il ? C'est tout simple. Parlons encore du morceau de bois qui, enfoncé dans l'eau, remonte de lui-
même dès qu'on le lâche. Un morceau de plomb n'en
ferait certes pas autant, parce qu'il est plus lourd que
l'eau ; mais avec de l'aide il remonte très bien.

Fixons-le à quelque morceau de bois, ou mieux, de liège
de grandeur convenable. Le tout, étant descendu au fond
de l'eau, reviendra à la surface ; le liège, plus léger,
entraînera le plomb, plus lourd. Ainsi se comporte
l'aérostat. Le gaz très léger qui le gonfle entraîne avec
lui les objets lourds contenus dans la *nacelle* ou grande
corbeille d'osier.

Pour redescendre, l'aéronaute ouvre une soupape à
l'aide d'un cordon qui pend à portée de sa main. Un peu
d'hydrogène s'en va, et l'air ordinaire prend sa place.
La machine, devenue de la sorte plus lourde, se met à
descendre avec lenteur ou rapidité, suivant le volume de
gaz perdu. Tenons-nous-en là sur les causes de l'ascension et de la descente, et arrivons au récit d'un savant
anglais, Glaisher, qui, en septembre 1862, atteignit la
plus grande élévation où l'homme soit jamais parvenu.

« Nous avons quitté la terre, raconte-t-il, à une heure
de l'après-midi, par une douce température. Dix minutes
après, nous nagions dans un épais nuage qui nous enve-
loppait de ténèbres impénétrables. La couche nuageuse
franchie, le ballon s'éleva dans une région inondée de
lumière, où le soleil, d'une extraordinaire vigueur, donnait le plus vif éclat à la teinte bleue du ciel.

« Au-dessus de nos têtes nous n'avions que l'azur du
firmament ; sous nos pieds, à perte de vue, s'étalait la
surface des nuages, imitant des collines, des chaînes de
montagnes, des pics isolés, resplendissants de blancheur.
On eût dit un paysage montueux couvert de neige d'une
incomparable pureté. A mesure que nous montions, la
terre apparaissait par moments, à travers les percées
qui s'ouvraient dans les nuages.

« En vingt-cinq minutes, l'aérostat nous avait élevés à
quatre mille huit cents mètres, ce qui est a peu près l'al-

titude du Mont-Blanc, la cime la plus haute de l'Europe.
Pour pareille ascension sur terre, il nous eût fallu plusieurs journées de très rudes fatigues. La température
était déjà très refroidie; de la glace se formait sur les
flancs du ballon. Un bond de plus nous éleva à huit mille
mètres, où le froid est déjà celui des plus rudes hivers.
Nous montons toujours.

« Nous étions parvenus à une hauteur de onze mille
mètres, dépassant de près d'une lieue le pic le plus haut du
monde, lorsque mon aide, Coxwell, s'aperçoit que la
corde de la soupape s'est entortillée parmi les cordages
et grimpe pour la remettre en ordre.

« A ce moment, une paralysie soudaine me gagne le
bras droit. Je cherche à me servir du bras gauche : il
est également paralysé. Ni l'un ni l'autre n'obéit à ma
volonté. J'essaye de remuer le corps : j'y parviens à peine
et d'une manière si vague, qu'il me semble que je n'ai
plus de membres. Je veux au moins lire les indications
de mes instruments : ma tête retombe inerte sur mon
épaule.

« J'avais le dos appuyé sur le bord de la nacelle, et,
dans cette position, je regardais Coxwell, occupé à dé-
brouiller la corde de la soupape. J'essayai de lui parler
sans parvenir à proférer un son. Enfin des ténèbres
épaisses m'envahirent : la vue à son tour était paralysée.
Cependant j'avais encore toute ma connaissance. Je
pensais que l'air me manquait et que j'allais mourir si
nous ne parvenions à descendre à l'instant. Enfin je per-
dis connaissance comme si je m'étais brusquement en-
dormi. »

Encore une minute de cet engourdissement, et c'en
était fait de Glaisher. Coxwell grimpa dans les cordages
au milieu de longues chandelles de glace qui pendaient
au-dessous du ballon. A peine eut-il le temps de dé-
brouiller la corde de la soupape : un froid extrême l'avait
saisi; ses mains engourdies et devenues toutes noires
refusaient leur service. Il lui fallut redescendre dans la
nacelle en se maintenant aux cordages avec les coudes.

Voyant Glaisher étendu sans mouvement sur le dos, il crut d'abord que son compagnon se reposait, et il lui parla, sans obtenir de réponse. Le silence l'avertit que Glaisher était évanoui. Il voulut alors lui venir en aide; mais la paralysie, l'insensibilité, le gagnaient rapidement lui-même, et il ne put parvenir à se rapprocher du mourant. Il comprit enfin que, sans retard aucun, il fallait descendre pour ne pas périr l'un et l'autre dans quelques instants.

Heureusement la corde de la soupape se trouvait à sa portée. Ne pouvant la prendre avec les mains, immobilisées par le froid, il la saisit avec les dents, et en quelques secousses parvint à ouvrir la soupape. Le ballon aussitôt descendit. Peu après, dans un air moins froid et moins raréfié, Glaisher reprenait connaissance et donnait des soins aux mains gelées de son compagnon.

Ils revinrent à terre sains et saufs l'un et l'autre, mais dégoûtés à jamais d'aussi périlleuses ascensions. Le résultat fut plus navrant pour trois aéronautes français qui, quelques années plus tard, dans le but d'accroître nos connaissances sur l'atmosphère, s'élevèrent à pareilles hauteurs. Lorsque le ballon redescendit, deux des imprudents étaient morts, raidis par le froid, suffoqués par le manque d'air; le troisième, sauvé par miracle, en était à son dernier souffle. Le savoir s'achète parfois très chèrement. La science a ses héros et ses martyrs.

XXXVIII. — La Mer.

Qui n'a pas vu la mer ignore l'un des plus grands spectacles de ce monde : la mer, aujourd'hui plaine liquide calme, aussi polie qu'un miroir, aussi bleue que le ciel, demain agitée par les vents, soulevée en vagues qui viennent écrouler avec fracas sur la plage leurs crêtes blanchies d'écume, plus tard furieuse, bouleversée par la tempête, faisant trembler les écueils et les falaises sous le tonnerre de ses flots.

Qui n'a pas vu la mer est semblable à l'aveugle
n'ayant jamais vu le ciel étoilé, cette image de l'infini.
La mer a des bornes sans doute; mais, toute bornée
qu'elle est, elle accable l'esprit de son immensité. De la
boule du monde faisons quatre parts : la mer en occupe
trois, et la terre ferme occupe la quatrième.

Pauvres voyageurs que nous sommes ! Chacun de nous
ne connaît guère de la terre qu'un tout petit recoin; nos
jambes, si bonnes qu'elles soient, ne nous ont pas portés
hors de notre canton. Voyageons un peu en imagination,
cette merveilleuse monture qui nous mène tout de suite
où nous voulons.

Nous sommes en mer, sur l'un de ces paquebots
fumeux qui rivalisent de vitesse avec la locomotive des
chemins de fer. Nous venons de quitter le rivage. En
quelques heures la terre ne se verra plus, si hautes que
soient ses tours, si élevées que soient ses montagnes.
Une étroite bande grise, une ligne brumeuse à peine
visible, telles ont été les dernières apparences de la
terre, où la famille et les amis nous ont donné la poignée de main des adieux. Puis, plus rien.

Autour de nous un cercle bleu, celui des eaux, dont
nous occupons le centre; au-dessus de nous la calotte
bleue du ciel, se confondant sur les bords avec la mer.
La courbure des océans, courbure à laquelle participe
l'ensemble du globe terrestre, est cause de ces apparences. De la nappe de la mer le regard n'embrasse
qu'une faible étendue, la même dans toutes les directions.
Ainsi se délimite autour de nous un rond parfait, dont
nous occupons le point central.

Et le paquebot file toujours, enveloppé à l'avant d'une
ceinture d'écume. Des jours, des semaines, des mois
entiers, il file à toute vitesse; et, malgré l'énorme espace franchi, rien n'est changé autour de nous, comme
si nous étions restés immobiles. C'est encore, aujour-
d'hui comme hier, le mois présent comme le mois passé,
le rond bleu des eaux et la voûte bleue du ciel. Rien
autre n'apparaît.

Oh! que l'on se sent petit dans ces immensités, soutenu par quelques planches au-dessus de gouffres insondables! Que l'on est isolé dans ces solitudes où le regard n'a pour se distraire que les nuages le jour et les étoiles la nuit! C'est événement à vous remuer le cœur lorsque passe au loin un autre navire, réduit par la distance aux dimensions d'un sabot.

Et le paquebot file toujours, et le rond des eaux reste le même. Enfin commencent à se montrer des bandes d'oiseaux de mer tout blancs, aux ailes longuement pointues. Ce sont des mouettes. Pour chercher leur nourriture, elles ne craignent pas de s'aventurer au loin sur la mer et de perdre de vue les îlots où reposent leurs couvées. La terre doit être proche.

La voici, en effet, d'abord nébulosité douteuse, tout juste reconnaissable pour un regard exercé; puis amas confus voilé de brume; enfin rivage distinct, avec ses rochers, ses arbres, ses habitations, son port tout hérissé de mâts. Nous sommes arrivés.

Arrivés où? Je ne sais. L'imagination nous faisait voyager sans but déterminé, histoire simplement de voir un peu la mer. A votre gré, sous serons chez les Chinois, qui se rasent la tête en conservant au sommet du crâne une longue tresse de cheveux descendant jusqu'aux talons; chez les Cafres, plus noirs que l'encre et frottés de beurre rance pour se préserver des moustiques quand ils vont en chasse; chez les Indiens à peau rouge, qui trempent la pointe de leurs flèches dans la sueur des crapauds pour en rendre la moindre piqûre mortelle. Nous serons là ou ailleurs, comme bon vous semblera.

Notre voyage si long, si long, nous a-t-il au moins montré toute la mer? Oh! non. Ce que nous en avons vu n'est rien en comparaison de ce qui nous reste à voir. Une vie humaine ne suffirait pas s'il fallait explorer dans toute sa superficie l'étendue océanique. Tel marin a visité un bout du monde, tel autre le bout opposé, tel autre encore a fait le tour du globe; mais aucun ne peut se flatter d'avoir tout vu, tant la mer est immense.

Qu'y a-t-il sous la mer? Il y a le sol, de même que
sous les eaux d'un lac, d'un fleuve, d'un simple ruisseau. En certains points ce fond, ce lit, est creusé de
vallées, d'énormes abîmes; en d'autres il est hérissé
de chaînes de montagnes, dont les plus hauts sommets
dépassent le niveau des eaux et forment des îles; en
d'autres encore il s'étale en vastes plaines. S'il était à

Village cafre.

sec, le sol sous-marin ne différerait pas du sol des
continents.

Pour effectuer un sondage, on jette à la mer un boulet
attaché à un très long cordon. La longueur de cordon
déroulée indique la profondeur de l'eau. On a trouvé de
la sorte des profondeurs extrêmement variables, qui peuvent aller jusqu'à huit mille mètres et au delà. Entre
ces abîmes océaniques et la rive, où la couche d'eau peut
n'avoir qu'un travers de doigt, tous les degrés de profondeur se rencontrent, tantôt d'une manière graduelle,
tantôt brusquement, d'après la configuration du lit.

La profondeur moyenne des mers paraît être de six

à sept kilomètres, une lieue et demie environ, c'est-à-dire
que si toutes les inégalités sous-marines disparaissaient
pour faire place à un lit régulier, comme le fond d'un
bassin bâti de main d'homme, les mers, tout en conservant en surface l'étendue qu'elles ont aujourd'hui,
posséderaient une couche d'eau uniforme de six à sept
kilomètres d'épaisseur.

Supposons que le bassin des mers soit à sec et
qu'un fleuve intarissable y déverse ses eaux pour le
remplir. Ce fleuve, si vous voulez, sera le Rhône, le plus
fort cours d'eau de la France. Le débit du Rhône à Lyon
est, dans les circonstances ordinaires, de six cents mètres
cubes ou de six cent mille litres par seconde. Pendant les
crues, à la suite de pluies prolongées, il atteint quatre
mille mètres cubes et même les dépasse. Admettons cinq
mille mètres cubes, cinq millions de litres d'eau par
seconde, et supposons que, sans interruption, le fleuve
conserve cette majestueuse ampleur.

Eh bien, ce roi de nos fleuves, toujours plein jusqu'aux
bords, aura, au bout de vingt mille ans, rempli au plus la
millième partie des bassins océaniques. Commencez-vous
à comprendre combien la mer est immense? Mais non, vous
ne concevez pas. C'est au-dessus de notre intelligence.

L'eau de la mer, à la fois amère et salée, est de saveur
si désagréable qu'on ne peut la boire, si pressé que l'on
soit par la soif. Elle ne peut servir aux usages de la
cuisine; elle ne peut servir non plus au blanchissage du
linge, parce que le savon ne s'y dissout pas. Y rincer un
simple mouchoir est même impraticable, parce que le
tissu, en se desséchant, resterait imprégné de sel ainsi
qu'une morue appendue à la devanture d'un épicier.
Allez donc vous servir d'un mouchoir raide comme un
carton et suant la saumure!

Le sel en si grande abondance dans les eaux de la
mer est le même que celui dont nous faisons usage
pour relever le goût de notre nourriture. Le sel de la
cuisine vient de la mer. Pour comprendre comment on
peut l'en retirer, faisons l'expérience suivante.

Mettons dans une assiette de l'eau de la mer, ou tout simplement, si cette eau nous manque, de l'eau ordinaire dans laquelle nous aurons fait fondre une poignée de sel, puis exposons l'assiette aux rayons du soleil. En été, quelques heures suffiront pour amener le résultat que j'ai en vue.

Toute l'eau s'en ira, dissipée en vapeur par la chaleur, et il restera au fond de l'assiette, en couche miroi-

Marais salants.

tante de petits cristaux, soit le sel de l'eau puisée dans la mer, soit le sel que nous avons fait dissoudre nous-mêmes dans de l'eau de fontaine. Tout y sera, jusqu'à la moindre parcelle. Par la chaleur, l'eau seule part et le sel reste.

L'extraction en grand ne se fait pas autrement. Sur les rivages à très faible pente on fait arriver l'eau de la mer dans des bassins, dits *marais salants*, de vaste superficie et de petite profondeur, qui représentent avec de colossales proportions notre assiette de tantôt. Il n'y a plus qu'à attendre ; le travail se fait désormais tout seul. L'eau se dissipe dans les airs, évaporée par le soleil, et le sel s'amasse en une croûte cristalline que l'on recueille avec des râteaux.

XXXIX. — La Pêche.

« Qui veut venir à la pêche ? — Moi, moi ! » font Pierre, Jean, Paul, Louis et tant d'autres. Tous viendraient s'ils en avaient le temps. C'est que la pêche est un passe-temps bien agréable ; et puis, il y en a pour tous les âges, pour tous les goûts.

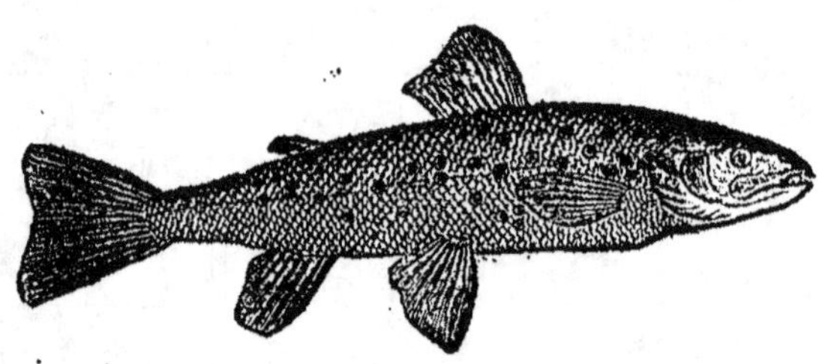

La Truite.

Tel, les bras nus jusqu'aux épaules et les pantalons retroussés jusqu'aux genoux, aime à fouiller des mains le creux des rocailles, où peut se surprendre la truite, piquetée de points roses et amie des ruisseaux aux eaux froides.

Tel autre, avec une fourchette pour trident, guette la loche tigrée de brun, immobile au fond des eaux, parmi les herbages, le ventre sur le sable fin. Doucement, bien doucement ! Houp ! Ça y est : la loche enferrée se débat au bout de la fourchette, à moins que, d'un mouvement brusque, elle n'ait fui on ne sait plus où. Cela arrive, et plus souvent qu'on ne voudrait.

Peut-être préférez-vous la pêche à la bouteille, qui épargne de se mettre à l'eau. Prenons une bouteille en

verre blanc. Se confondant avec l'eau, elle effarouchera
moins le poisson. D'un coup adroit nous faisons sauter
le bout de cette sorte de mamelon en pain de sucre qui
rentre dans le fond. Le goulot est fermé avec un bouchon troué, qui permet la circulation de l'eau. Un peu

L'Épinoche et son nid.

de pain, servant d'appât, est mis dans la bouteille, et
l'engin ainsi préparé est descendu dans le ruisseau avec
une ficelle.

Là se prennent l'*épinoche*, armée sur le dos et les
flancs de quelques épines dures comme des dards; le
vairon, porteur au printemps d'une magnifique cravate

rouge. Attirés par le pain, les petits poissons savent très bien trouver l'embouchure du fond du piège; mais une fois entrés dans la perfide bouteille, ils ne peuvent plus sortir, incapables de retrouver l'étroite porte du fond du cône.

Si nous étions plus grands, à la place de bouteilles nous ferions usage de nasses en osier tressé. Elles forment une série d'entonnoirs emboîtés l'un dans l'autre à distance. Le jeu de ce traquenard est exactement le même. Le poisson pénètre aisément, favorisé par d'amples ouvertures, mais il ne peut revenir en arrière, trop étourdi pour retrouver la petite porte du sommet du cône, surtout s'il y a plusieurs de ces cônes à quelque distance l'un de l'autre.

Si nous étions plus forts nous choisirions l'épervier, vaste filet à mailles, appesanti sur les bords par un chapelet de balles en plomb. Soigneusement arrangé, pli par pli, sur le bras gauche et sur l'épaule, l'épervier, d'un brusque et vigoureux élan de la main droite, est déployé et lancé sur les eaux. Le filet s'ouvre en grand éventail, qui descend tout de suite au fond, entraîné par les plombs. Tout ce qui est cerné par l'enceinte de mailles est inévitablement pris.

Si nous étions plus patients, la ligne pourrait nous convenir. Un croc d'acier bien pointu avec barbelure, ou hameçon, est amorcé d'une sauterelle, d'une mouche, d'un ver, suivant l'espèce de poisson. Un fin et solide cordon le rattache au bout d'un long roseau; un bouchon le soutient à la profondeur convenable. L'appât, avalé gloutonnement, transperce le gosier du poisson, qui ne peut se dégager à cause de la barbelure.

Le bouchon indicateur oscille sur l'eau, il plonge. Le poisson a mordu, il est pris. Tirez à vous, et vivement. Le voilà qui frétille sur l'herbe. Quel est-il? Tantôt l'*ablette,* si brillante qu'on la dirait en argent poli; tantôt le *brochet,* le tigre des eaux douces, aux dents féroces; tantôt la *carpe* pacifique.

Pour moi, je préfère la pêche à la balance, où se prend

l'écrevisse. Sur un rond en gros fil de fer est fixé un filet formant poche peu profonde. Au centre est fixé un morceau de mauvaise viande. Si la boucherie n'en a pas, une grenouille morte suffit. Trois ficelles suspendent l'engin à un bâton nécessaire pour la manœuvre. La ma-

La Carpe.

chine est descendue dans l'eau au voisinage des racines d'arbres, des vieilles souches et des cavités que l'on soupçonne fréquentées par l'écrevisse. Plusieurs balances, tant qu'on peut en avoir, sont ainsi placées, de distance en distance, sur les bords du ruisseau.

Il ne s'agit plus que d'attendre et de visiter de temps

Le Brochet.

à autre ces engins avec quelque discrétion. Trop de hâte compromettrait le succès. Se voyant surveillée, l'écrevisse non encore bien attablée se retirerait par un brusque choc de la queue. C'est le moment de s'asseoir à l'ombre d'un arbre touffu, où nous lirons quelque histoire amusante, où nous ferons des sifflets d'écorce, où nous écouterons le chant du grillon.

Le sifflet est fini, l'histoire est lue; allons voir les balances. Succès complet! Dans la première, il y a cinq écrevisses. De leurs grosses pinces elles tiennent la

Filet pour la pêche aux écrevisses.

chair gâtée, pour elles mets savoureux. Elles mordent sur le morceau, elles se repaissent avec délices, tellement affairées de mangeaille qu'elles ne font plus

L'Écrevisse.

guère attention à nous. Cependant pas de manœuvre trop précipitée; évitons de nous montrer autant que possible. Le bâton saisi, retirons soudain la balance.

C'est fait. Les cinq écrevisses sont prises. Les voilà
grouillant, donnant leurs coups de queue au fond de la
poche en filet. Gare aux doigts qui les saisiraient sans précaution : leurs pinces serrent comme des étaux et font
venir le sang. Hardi! tout cela dans le panier, et courons
aux autres balances. Qui sait ce que nous y trouverons?

Certes oui : toutes ces pêches sont bien amusantes,
parfois assez fructueuses pour fournir une friture; mais
que sont-elles, comme produit, comparées aux pêches
en mer? C'est là vraiment qu'il y en a, des poissons; et
des poissons de toutes les tailles, de toutes les formes, de
toutes les couleurs, de tous les goûts.

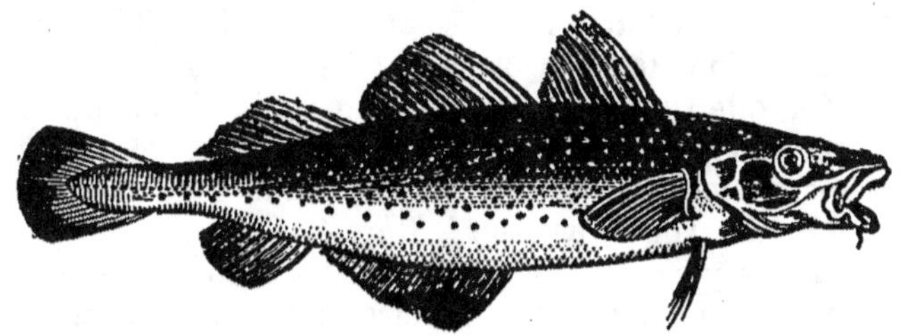

La Morue.

Ne mentionnons que les plus connus : l'anchois, la
sardine, le hareng, la morue. A certaines époques de
l'année ils voyagent en troupes prodigieuses, en bancs
où ils se comptent par millions et millions. Leurs rangs
sont si pressés qu'il suffirait de plonger un seau dans la
mer pour le retirer plein de poissons. Cela pourrait se
cueillir à la pelle.

Les anchois sont confits dans la saumure pour les
besoins de la cuisine; les sardines sont salées en ton-
neaux ou conservées avec de l'huile dans des boîtes en
fer-blanc, soigneusement closes et soudées pour éviter
tout accès de l'air, qui en amènerait la corruption; les
harengs sont exposés à la fumée de broussailles humides, qui les empêche de se gâter, leur donne une couleur dorée et une saveur particulière; les morues, dont

on enlève la tête, sont ouvertes, étalées à plat, salées et desséchées à l'air.

Ce sont là, pour tout le monde, des provisions alimentaires d'une ressource énorme, dont l'acquisition occupe une armée de pêcheurs. Joignons-y le thon, à la pêche duquel maintenant je vous convie.

XL. — La pêche du Thon.

Le thon est un gros poisson de la mer, de couleur sombre semblable à celle de l'ardoise, tout rebondi, rondelet, comme fait au tour. Il est si gros qu'on le débite par tranches, dont la chair rouge et ferme rappelle pour l'aspect celle du bœuf, bien plus que celle de l'habituel poisson. C'est une nourriture fort estimée. Sa pêche est parfois un véritable combat naval, où le sang coule à flots. Voulez-vous y assister? Alors écoutez-moi.

Dans les parages fréquentés par les thons, un enclos d'une lieue et davantage de circuit est formé avec de solides filets retenus par des ancres qui leur permettent de résister aux plus violents coups de mer. D'amples flotteurs de liège en maintiennent à la surface le bord supérieur; de lourdes pierres en fixent au fond le bout inférieur.

Ce sont là les murailles d'un édifice compliqué, d'un vrai labyrinthe, avec allées, couloirs, chambres communiquant les unes avec les autres, portes se refermant derrière les poissons à mesure qu'ils avancent; enfin, au bout de l'enclos, *chambre de mort,* où doit se faire le massacre des captifs. Ce colossal engin de pêche se nomme *madrague.*

Toute une population de pêcheurs doit prendre part au travail. Lorsque la madrague est prête à fonctionner, des drapeaux sont arborés sur les points les plus élevés du voisinage. C'est le signal pour avertir les intéressés, et on accourt de tous les côtés, si bien que la mer ne tarde pas à se couvrir de légères embarcations à voile.

Par des manœuvres adroites, la flottille cerne à demi
une bande de thons et la dirige doucement vers l'entrée
du parc en filets. Rien encore n'éveille la crainte : les
eaux sont libres, les passages sont vastes. Les poissons
avancent donc ; mais à l'instant, derrière eux, tombe
d'aplomb une barrière, une nappe de filets : c'est la première porte de la madrague qui se ferme.

Rendue maintenant méfiante, la troupe hésite ; elle

Le Thon.

voudrait fuir. C'est trop tard : un obstacle infranchissable s'y oppose. En avant les voies sont ouvertes. Faute
de mieux, les thons s'y engagent ; au lieu des eaux
libres, ils y trouvent un espace encore plus rétréci, car
en arrière une autre muraille de filets vient de descendre et de barrer la retraite.

D'un défilé à l'autre, dont les portes se ferment dès
que le troupeau a pénétré, les thons sont prisonniers
dans des chambres chaque fois moins vastes ; ils arrivent enfin dans la plus étroite de toutes, la chambre de
mort. Aux délicates et silencieuses manœuvres néces-

saires pour faire engager les thons dans la madrague
vont succéder les clameurs du triomphe et les brutalités
du carnage.

Le plancher de la chambre de mort est mobile. Il se
compose d'un robuste filet que des cordages et des
cabestans peuvent, par degrés, hisser du fond et ramener à la surface. Ses bords reposent sur une enceinte
continue de grandes barques montées par les pêcheurs.
Au centre de cette espèce de bassin circule un canot manœuvré par deux rameurs. Là se tient le chef de pêche
pour donner ses ordres et surveiller le travail.

Deux cents marins, demi-nus, bronzés par le soleil,
coiffés d'un bonnet de laine brune, attendent sur l'enceinte des barques le moment d'agir. Leurs regards
brillent d'impatience ; leurs mains agitent les instruments de carnage, crocs aigus adaptés à de longues per-
ches, larges lames tranchantes avec manche profondément entaillé pour donner solide prise aux doigts.

Cependant les cabestans virent, et le plancher de la
chambre de mort monte d'autant. Déjà dans les profondeurs transparentes on commence à distinguer un grouil-
lement de dos ardoisés : ce sont les thons qui remontent,
refoulés en haut par le filet. En des élans éperdus, ils vont
et viennent dans la vaste poche qui les enserre. Quelques-
uns rasent la surface des eaux et d'un bond essayent de
se rejeter hors de l'enceinte.

Malheur aux imprudents qui se montrent à la portée
des barques. Des griffes acérées à l'instant les harponnent.
Mais la plupart échappent à ces premières attaques. Ils
laissent aux crampons de fer quelques lambeaux san-
glants, et, pleins de vigueur malgré leurs blessures, ils
replongent dans le bassin, dont l'étendue est encore assez
vaste pour leur laisser une entière liberté de mouvements.

Mais des chants cadencés animent la besogne, les cabestans ne cessent de tourner, et le plancher à mailles
monte toujours. Bientôt quelque poisson, plus sérieusement atteint, ralentit sa course et montre son large

ventre argenté d'où ruisselle un filet de sang ; qu'il s'arrête un instant, et cet instant suffit pour le perdre.

Dix crampons s'enfoncent à la fois dans ses chairs ; vingt bras se raidissent et le soulèvent au-dessus des eaux. En vain la peau se déchire ; le croc qui vient de lâcher prise s'élève, retombe, s'enfonce de nouveau. Ses vigoureux soubresauts, ses coups de queue qui font sonner les flancs de la barque comme sous les coups d'une massue, ne le sauveront pas. Il est saisi par

Disposition des filets d'une madrague.

ses grandes nageoires en forme de croissant et lancé dans la cale, où d'autres ne tarderont pas à le rejoindre.

Le moment de la grande tuerie approche. L'impitoyable filet, avec son ascension continuelle, diminue de plus en plus la profondeur de l'eau. Le troupeau de thons se montre maintenant à découvert ; pressés les uns contre les autres, les monstrueux poissons bondissent en désordre. Au milieu d'eux se débat un espadon, poisson de grande taille, curieusement armé : car il porte au bout du nez une longue épée de corne capable de transpercer qui l'attaque. Les pêcheurs n'ont souci de son arme. Sa capture viendra grossir le riche butin.

Le signal d'attaque générale est donné. C'est alors, sur

toutes les barques entourant le troupeau prisonnier, une
œuvre d'extermination acharnée, au milieu de rauques
clameurs. La foule des pêcheurs est une mêlée de têtes qui
s'agitent, de bras rougis qui s'élèvent et s'abaissent, de
lances qui tranchent les chairs, de crocs qui tiraillent, de
griffes qui déchirent. De partout, les eaux de la madrague se teignent de sang. Ce n'est pas une pêche, c'est
une hideuse boucherie.

A mesure que le carnage progresse, les thons s'amon-
cellent au fond des cales, les mourants sur les morts,
jusqu'à ce que les embarcations menacent de s'enfoncer
sous la charge à demi vivante.

Dans telle de ces pêches il se prend en une seule fois
cinq cents thons et plus, pesant chacun en moyenne
quatre-vingts kilogrammes. Pareil coup de filet représente une valeur d'une quarantaine de mille francs. Que
nous sommes loin, mes amis, de la pacifique pêche à la
bouteille et de la capture de six vairons moins gros que
le doigt !

XLI. — L'Évaporation

Jeanne vient de laver quelques mouchoirs. Après les
avoir savonnés, elle les a rincés dans de l'eau claire.
Puis, les prenant et les tordant, elle en a exprimé l'eau
autant que faire se peut. Cela fait, sont-ils secs au point
convenable ? Pourrions-nous, tels qu'ils sont, nous en
servir ?

Pas du tout. Les mouchoirs sont encore très humides ;
ils contiennent en eau de lavage plus qu'ils ne pèsent
eux-mêmes. Que va faire Jeanne pour les amener au
degré de dessiccation que réclame le linge avant d'être
employé ?

Ce qu'elle va faire, vous le savez tous. Elle les éta-
lera sur une corde, au soleil, dans un léger courant d'air,
s'il se peut. Si les circonstances sont favorables, si le
soleil est chaud, s'il règne un léger souffle de vent, les
mouchoirs auront bientôt perdu toute leur humidité. Il

ne restera plus qu'à les plier et à les mettre en réserve
dans un coin de la commode.

Si le soleil ne donne pas, si la température est froide
et l'air en repos, l'opération sera plus longue. Mais enfin,
tôt ou tard les mouchoirs se sécheront tout de même ;
ils perdront l'eau dont ils étaient imbibés au début.

Prenons un autre exemple. Exposons au soleil une
assiette pleine d'eau. En été, par un temps clair et chaud,
du matin au soir l'eau aura disparu, le fond de l'assiette
se trouvera à sec. En hiver, ayons patience quelques
jours, quelques semaines peut-être, suivant l'état du ciel,

Jeanne et ses mouchoirs.

et le même fait se reproduira : l'assiette finira par être
vide, bien qu'elle n'ait pas laissé suinter la moindre
goutte à travers son épaisseur.

Est-il bien nécessaire, après tout, de recourir à de
pareilles expériences, qui par leur lenteur nous impa-
tienteraient ? Ne suffira-t-il pas de remettre en mémoire
ce que chacun de nous a vu et revu bien des fois ? Qui ne
connaît les petits amas d'eau, les mares, qui se forment
après une pluie dans les dépressions du sol ?

On passe par là quand la mare est dans son plein. Les
canards y barbotent, les grenouilles y coassent, les
têtards noirs, futurs petits crapauds, s'y tiennent aux
bords, le dos au soleil, le ventre sur la vase tiède. Des
plantes singulières, des *conferves,* comme on les appelle,

y étalent leurs longues touffes de filaments gluants et verts.

On repasse par là plus tard : plus de canards barbotant, plus de grenouilles coassant, plus de têtards frétillant, plus de conferves verdoyant. Tout a disparu. La mare est à sec. Sans doute le sol a bu peu à peu, du moins en partie, la nappe d'eau croupissante où se délectait la noire famille du crapaud ; où les petits canards, rangés en file, venaient, clopin-clopant, s'essayer aux premières leçons de natation ; mais dans bien des cas cette lente infiltration de l'eau dans la terre ne peut rendre compte de la disparition de la mare.

La mare aux canards.

Il peut se faire que le fond de la cuvette naturelle où s'est amassée la pluie soit formée de terre grasse ou d'argile que l'eau ne peut absolument pas pénétrer ; il peut se faire que ce fond soit le roc dur, qui, par sa nature, s'oppose à toute infiltration.

Comment alors a disparu la mare ? L'eau qu'elle contenait, qu'est-elle devenue, puisque le terrain ne l'a pas bue ? Il y en avait des mille et mille litres, et maintenant il n'y a plus rien. Un pinson, pressé par la soif, n'y trouverait pas de quoi se désaltérer. Que sont devenues aussi l'eau de l'assiette exposée au soleil et l'humidité du linge lavé par Jeanne ?

Pour trouver la réponse à cette question, qui nous mènera plus loin que vous ne croyez, il suffit de songer à ce qui se passe lorsqu'on met sur le feu une marmite pleine d'eau. Le liquide d'abord s'échauffe, puis se met à bouillir, tandis qu'il s'échappe de la marmite des tourbillons d'une sorte de fumée blanche, à la fois humide et chaude, que tout le monde appelle *vapeur*.

Or, cette fumée blanche, cette vapeur, c'est de l'eau,

rien que de l'eau; mais de l'eau sous une autre forme,
de l'eau qui, au lieu de couler, de ruisseler, se répand
dans l'air, y flotte aussi légère, aussi subtile que lui, et
s'y dissémine jusqu'à devenir totalement invisible.

Suivez du regard une bouffée de vapeur sortant de la
marmite. Vous voyez très bien le jet de fumée à l'embouchure du vase; un peu plus haut vous ne voyez plus
rien : la bouffée blanche s'est dissipée dans l'air, désormais imperceptible au regard. Nous ne voyons plus la
vapeur, néanmoins elle existe toujours, soit répandue
dans l'appartement, dont les portes et les fenêtres la
céderont au dehors, soit entraînée par le courant de la
cheminée.

Ainsi la marmite perd de son contenu par l'embouchure; elle se vide peu à peu par le haut; elle cède à
l'air son eau sous forme de vapeur. Plus le feu est
ardent, plus la déperdition est rapide. Perdant toujours
de cette façon et ne recevant rien, la marmite ne peut
manquer, plus tôt ou plus tard, de se trouver à sec. Si
la ménagère n'y veille et ne remplace à temps l'eau
disparue, les légumes qu'elle a mis cuire sentiront le
roussi.

Que conclure de ce que nous apprend un pot d'eau
sur le feu ? Nous en conclurons ceci : la chaleur réduit
l'eau en vapeur, c'est-à-dire en quelque chose de subtil
et d'invisible comme l'air lui-même. J'insiste sur ce mot
d'invisible, car, remarquez-le bien, la fumée blanche que
nous voyons très nettement monter de la marmite n'est
pas encore de la vraie vapeur.

Donnons-lui, si vous voulez, les noms de *vapeur imparfaite*, de *vapeur visible*, de *brouillard*. Mais quand la
bouffée blanche s'est dissipée dans l'air et qu'elle y est
devenue une substance tellement subtile et limpide que
le regard n'a plus de prise sur elle, alors c'est de la
vapeur véritable.

Ce que fait en peu de temps la violente chaleur d'un
foyer, la douce chaleur du soleil le fait aussi, mais avec
plus de lenteur. C'est donc la chaleur du soleil qui tarit

la mare en changeant son eau en vapeur ; c'est la chaleur du soleil qui met à sec l'assiette en réduisant son contenu en vapeur ; c'est la chaleur du soleil qui sèche le linge étendu sur une corde en convertissant son humidité en vapeur.

Vapeur de la mare, de l'assiette, du linge, du pot qui bout, tout cela va dans l'air et y flotte invisible, chassé de-ci de-là par le moindre vent. Plus la chaleur est grande et plus la transformation de l'eau en vapeur est rapide ; plus aussi l'air est apte à recevoir une abondante charge de vapeur.

Voilà pourquoi la mare aux canetons se tarit plus vite en été qu'en hiver ; pourquoi le linge, si prompt à se dessécher par une chaude journée, traîne en longueur par un temps couvert et froid.

Mais, quelle que soit la température, l'air ne peut recevoir une quantité illimitée de vapeur. Lorsqu'il en contient une certaine dose, il devient lui-même trop humide pour se pénétrer d'une nouvelle charge d'humidité.

Une éponge bien aride se gonfle aisément d'eau ; déjà humide, elle ne prend que peu de liquide ; tout à fait gorgée, elle n'en prend plus du tout. Un tas de sable sec, reposant par sa base dans de l'eau, s'humecte peu à peu dans toute sa masse jusqu'au sommet ; s'il est déjà de partout imbibé, il ne pourra s'imbiber davantage.

Ainsi fait l'air. Sec, il se pénètre aisément de vapeur ; humide à certain point, il n'en accepte plus. C'est l'éponge gorgée, dans l'impuissance de se gorger davantage. On comprend alors tout de suite pour quels motifs l'air agité, c'est-à-dire le vent, favorise la dessiccation du linge et le tarissement de la mare.

À mesure qu'il se pénètre d'humidité, l'air devient moins apte à recevoir de la vapeur, dont la formation est ainsi arrêtée ; mais si, au contact de la mare, du linge mouillé, de la nappe d'eau quelconque, l'air se renouvelle sans cesse par l'effet du vent, à l'air déjà humide en succède de sec, qui prend à son tour sa charge de vapeur et fait place à d'autre continuant le travail de dessiccation. Ainsi se poursuit sans discontinuer la réduction de l'eau en vapeur.

Résumons le peu que nous venons d'apprendre. La chaleur change l'eau en vapeur, c'est-à-dire en quelque chose de léger, de subtil, qui flotte et se dissémine dans l'air en y devenant invisible comme l'air lui-même. Ce changement se nomme *évaporation*. L'eau s'évapore à toute température, mais avec plus de rapidité, plus d'abondance, à mesure que la chaleur est plus élevée.

XLII. — La Vapeur atmosphérique.

Après une bonne pluie, les champs sont devenus boueux; mille et mille filets d'eau courant sur les pentes ont rempli les fossés ou se sont amassés en flaques, en mares; le feuillage des arbres est d'un vert lustré et reluit comme vernissé par l'aspersion de l'orage; à l'extrémité de chaque feuille, au bout du moindre brin d'herbe, tremble une goutte d'eau, où brille par éclairs l'illumination du soleil.

Attendons quelques jours. Si le soleil est chaud, si le vent souffle un peu, il ne restera bientôt plus trace de cette ondée qui a fait la joie des laboureurs. Les terres redeviendront poudreuses; dans les bois, les coussinets de mousse, d'abord d'une exquise fraîcheur, se recroquevilleront tout fanés; les feuilles des arbres reprendront leur aridité, les flaques seront à sec, les boues seront devenues de la poussière.

Où sont donc allées les eaux si abondantes versées par l'orage? Certes le sol en a bu une partie, à la prospérité des cultures; mais l'air, l'insatiable buveur, en a pris aussi sa part, sa grande part. L'eau qui était tombée sous forme de pluie des hauteurs aériennes est revenue, par l'évaporation, dans l'atmosphère d'où elle était descendue; l'air a repris ce qu'il avait un moment cédé au sol. Telle goutte qui reluisait au bout d'une

feuille est repartie, invisible, pour les immensités de
l'air sans toucher terre. Bref, l'évaporation a dissipé
dans l'espace les eaux de l'orage.

Semblable travail, qui de la terre élève au ciel les eaux
réduites en vapeur, s'accomplit continuellement en tous
lieux, ici plus rapide et là plus lent, d'après la température; et cela se fait sans que des pluies préalables soient
nécessaires.

D'innombrables nappes d'eau, courantes ou dormantes,
sont, à leur surface, travaillées par une perpétuelle évaporation. Ruisselets se réunissant plusieurs pour former
un ruisseau, ruisseaux alimentant les rivières, rivières se
déversant dans les fleuves, fleuves énormes roulant leurs
eaux jusqu'à la mer, lacs, étangs, marais, flaques crou-
pissantes, tout cela, absolument tout, jusqu'à la plus petite cuvette, serait-elle moindre que le creux de la main,
cède des vapeurs à l'atmosphère sans un instant de repos.

Se figurer la quantité d'eau qui s'élève ainsi continuellement dans les airs dépasserait le pouvoir de notre
imagination, et pourtant ce n'est rien encore, car nous
oublions la source principale des vapeurs atmosphériques. Nous oublions la mer, la mer immense, couvrant à
elle seule les trois quarts de la boule du monde, la mer
prodigieuse, en comparaison de laquelle l'ensemble de
tous les fleuves ne compte plus. Qu'est une goutte d'eau
par rapport au grand réservoir d'un moulin? Rien. Ainsi
des eaux arrosant les continents par rapport à la mer.

De la totalité des mers et de leur faible appoint, les
eaux continentales, monte donc sans cesse dans l'atmosphère une inconcevable masse de vapeurs. Or celles-ci
ne séjournent pas longtemps au-dessus des nappes
liquides qui les ont fournies; le vent les emporte, aujourd'hui dans un sens, demain dans un autre, parfois
à des distances immenses, si bien que telle couche d'air
imprégnée d'humidité à des mille lieues d'ici peut arriver jusqu'à nous et nous fournir l'air que nous respirons.

Par le fait des orages, des ouragans et de tous les

souffles, faibles ou tempétueux, qui agitent l'atmosphère, il s'effectue un mélange qui dissémine de çà et de là les vapeurs issues de tel et tel autre point des mers et des terres. De cette manière l'air qui nous environne contient partout et toujours de l'humidité.

Oui, cet air qui est là maintenant autour de nous, cet air au sein duquel nous allons et nous venons, renferme de l'eau sous forme de vapeur invisible. Et il en renferme toujours, tantôt un peu plus, tantôt un peu moins, à toute heure, en toute saison. Vous en serez convaincus si je parviens à vous rendre visible ce qui est encore invisible ; enfin si je parviens à ramener à l'état d'eau véritable, à l'état d'eau ruisselante, ce qui est vapeur subtile, qu'aucun regard ne peut saisir.

Puisque avec un peu plus de chaleur ce qui était eau ordinaire est devenu vapeur imperceptible, il suffira d'enlever de la chaleur ou de refroidir pour ramener la vapeur à son point de départ, c'est-à-dire à l'état d'eau. Le refroidissement ou la diminution de chaleur défera ce qu'avait fait l'échauffement ou l'augmentation de chaleur. C'est tout clair, ce me semble.

Revenons un peu à la marmite d'eau bouillante. Fermons-la avec son couvercle, que je suppose essuyé à l'intérieur pour qu'il soit bien sec. Ou mieux encore : tenons le couvercle à la main et exposons-le aux vapeurs qui se dégagent de la marmite, à une petite distance de l'embouchure.

Vous prévoyez tous ce qui va arriver. La face inférieure du couvercle, parfaitement sèche d'abord, ruissellera de gouttes d'eau dans quelques instants. Ces gouttes, d'où proviennent-elles, si ce n'est des vapeurs, qui, au contact du couvercle froid, ont perdu la chaleur, cause de leur état de matière subtile, et sont revenues à leur état originel, celui d'eau ? Voilà qui est prouvé : le refroidissement change en eau les vapeurs. C'est le contraire de ce que fait l'échauffement.

Pour abréger, dans nos conversations futures nous nous servirons désormais de quelques expressions dont voici le sens. Le retour des vapeurs à l'état d'eau se nomme *condensation*. Le terme contraire est *évaporation*, qui désigne le changement de l'eau en vapeurs. Pour dire que les vapeurs redeviennent de l'eau, nous dirons qu'elles se *condensent*.

Voulons-nous maintenant faire apparaître à l'état d'eau la vapeur qu'il y a dans l'air? Rien de plus simple si nous avons à notre disposition de la glace ou de la neige. Nous remplissons une carafe de fragments de glace, nous en essuyons bien l'extérieur pour enlever l'humidité qui

L'humidité de l'air se condense sur la carafe pleine de glace.

peut déjà s'y trouver, et nous la déposons sur une assiette, elle-même bien sèche.

Le résultat ne se fait pas attendre. Voici que les flancs de la carafe, d'abord parfaitement limpides, se ternissent et se voilent d'une sorte de brouillard. Puis des gouttelettes se forment, grossissent et ruissellent sur le verre pour descendre peu à peu dans l'assiette. Attendons un petit quart d'heure et nous aurons assez d'eau dans l'assiette pour la faire couler, la recueillir, la goûter, si bon nous semble.

D'où provient cette eau, s'il vous plaît? Ce n'est pas, bien sûr, de l'intérieur de la carafe, car le verre ne se laisse nullement traverser par l'eau. Elle provient alors de l'air environnant, qui, au contact du verre refroidi par la glace, s'est refroidi lui-même, si bien que la vapeur contenue a d'abord apparu en manière de brouillard, premier degré de la condensation, et s'est enfin condensée en gouttes ruisselantes. Ainsi est prouvée, en toute saison, la présence de la vapeur d'eau dans l'air.

On n'a pas tous les jours de la glace ou de la neige à
sa disposition, surtout en été. Pendant la belle saison
serons-nous privés pour cela de cette expérience, si intéressante et si riche en conséquences? Non.

Remplissons simplement la carafe d'eau très fraîche.
Nous verrons le verre se ternir au dehors et se voiler
d'humidité. Quelques fines gouttes pourront même ruisseler. Le résultat sera le même, mais moins prononcé,
parce que le refroidissement provoqué par l'eau fraîche
est moindre que celui dû à la glace.

Bien des fois, sans y arrêter notre attention, chacun
a pu voir des faits du même genre. La carafe d'eau
fraîche que l'on apporte sur la table pour le dîner perd
aussitôt sa transparence et se ternit d'humidité. Un verre
que l'on remplit d'eau fraîche cesse d'être transparent,
se couvre d'un nuage trouble et paraît mal lavé. C'est
toujours la vapeur de l'air environnant qui se condense
et se dépose sur l'objet froid.

XLIII. — Les Nuages.

Nous voilà renseignés sur un point d'une haute importance : l'atmosphère, partout et toujours, renferme
de la vapeur d'eau, dont l'origine principale est l'évaporation des mers. D'autre part, la chaleur ne se maintient pas la même, en tout lieu, à toute hauteur. Chacun
sait combien la température change, d'une saison à
l'autre, parfois même brusquement d'une journée à
l'autre.

Il fait plus froid au sommet d'une montagne que dans
la plaine, et le froid s'accroît à mesure que la montagne
est plus élevée. Voyez les hautes cimes blanchies de
neiges alors que les plaines environnantes n'éprouvent
pas encore les rigueurs de l'hiver.

A trois mille mètres environ, dans nos pays, les neiges
ne fondent plus en entier sur les montagnes; elles y
persistent toute l'année, été comme hiver. Il n'y a plus

assez de chaleur, même sous le soleil du mois d'août, pour les faire disparaître. Ce qui se passe sur les cimes élevées se passe également dans toute l'étendue de l'atmosphère. La chaleur y est moindre à mesure que l'élévation augmente. C'est ce que nous ont appris les ascensions en aérostat.

Cela rappelé, suivons en esprit les vapeurs qui s'élèvent soit de la mer, soit des nappes d'eau continentales, soit du sol humide. Elles sont d'abord d'une extrême subtilité, qui les rend invisibles. Elles montent avec l'air chaud qu'elles imprègnent, elles gagnent des hauteurs dont la température décroît toujours et finissent par se trouver à une élévation où la température n'est plus suffisante pour leur conserver leur subtilité, leur invisibilité.

Il y a alors un commencement de condensation. Il se passe ce que vient de nous montrer en petit la carafe d'eau fraîche, qui se ternit d'un brouillard humide. Refroidies dans les hauteurs de l'air, les vapeurs du début, imperceptibles au regard, deviennent vapeurs visibles, brouillard, fumée comparable aux bouffées blanches qui montent d'une marmite en ébullition. Eh bien, un amas de ces vapeurs à demi condensées, de ces vapeurs devenues fumée visible, n'est autre chose qu'un nuage.

Si beaux qu'ils soient vus d'ici, les nuages, ce superbe ornement du ciel, sont, en réalité, fort désagréables de près. Ceux qui ont gravi de hautes cimes, où les nuages si fréquemment stationnent; ceux qui, en ballon, ont traversé d'épais amas nuageux, ne nous raconteraient rien d'attrayant sur leur compte. Une fumée grise, impénétrable au regard, une poussière humide, tourbillonnante, qui vous pénètre et vous transit, voilà le nuage dans sa triste réalité quand on est dedans.

Nous pouvons nous en convaincre sans gravir une montagne élevée, sans recourir à la périlleuse ascension de l'aérostat. Rappelez à vos souvenirs le brouillard qui, dans certaines matinées froides, en automne et en hiver surtout, enveloppe la campagne de son voile gris et humide.

A quelques pas devant soi on ne distingue plus rien. Les gens se rapprochant de nous ressemblent à de vagues fantômes qui s'agiteraient au milieu de ténèbres palpables. Les arbres voisins ne sont plus qu'un enchevêtrement indécis. Autour de soi on voit flotter et mollement tourbillonner une poussière très fine, tout juste visible, poussière d'eau qui mouille et donne le frisson. Tout ruisselle d'humidité, tout est morne, silencieux.

Tel est le brouillard. Tel est aussi le nuage dans sa réalité, le nuage dépouillé des riches apparences qu'il revêt

Formes diverses des nuages.

en flottant loin de nous, dans les hauteurs de l'air. Effectivement, un brouillard n'est pas autre chose qu'un nuage traînant à terre, au lieu de planer à une élévation qui, changeant le point de vue, nous montrerait la triste fumée sous un aspect admirable.

Il en est ainsi pour bien des choses, mes petits amis. La réalité est fort loin de répondre toujours aux magnificences de nos illusions. Que le point de vue change, et ce que nous admirions tant cesse de nous plaire. Le superbe spectacle des nuées nous est donné par une fumée déplaisante.

Ces entassements de fumée humide, illuminés par le

soleil, tantôt par devant, tantôt par côté, tantôt par derrière, prennent les apparences les plus riches associées aux formes les plus variées.

Il y a des nuages qui ressemblent à de prodigieux amoncellements d'ouate, comme si des géants s'étaient avisés d'entasser de la terre jusqu'au ciel d'énormes balles de coton d'une éblouissante blancheur. Ces nuages-là se nomment *cumulus*. Ils sont fréquents en été, et d'habitude sont signe d'orage.

Il y en a d'autres qui s'étagent en bandes irrégulières près de l'horizon, soit au lever, soit au coucher du soleil. Ce sont les plus richement colorés. On en voit de grisâtres, frangés de carmin vif ou de couleur de feu. On dirait qu'un brasier céleste les incendie de proche en proche en commençant par les bords.

Il y en a qui ressemblent à de monstrueuses coulées d'or fondu, à des ruisseaux de lave issus d'un invisible volcan. Il y en a qui font songer à quelque océan de feu, roulant pour galets, sur sa plage, d'énormes charbons ardents. Tous ces nuages splendides se nomment *stratus*. Les stratus rouges du soir sont signe de beau temps pour le lendemain; ceux du matin, au contraire, annoncent la pluie.

D'autres nuages enfin prennent l'aspect de longues crinières soyeuses, dont les mèches s'effilent en subtiles traînées. Ou bien encore ils se façonnent en flocons isolés l'un de l'autre, assez souvent courbes, rapprochés et disposés à peu près comme les écailles d'un poisson, ou mieux comme le seraient les toisons d'un interminable troupeau de moutons. Ces nuages prennent le nom de *cirrus*. Le ciel qui en est couvert est dit *pommelé*. Pareil état est signe d'un prochain changement de temps.

De tous les nuages, les cirrus, surtout ceux qui se réduisent à de délicates traînées filamenteuses, sont les plus élevés. Ils atteignent deux lieues environ de hauteur. Par delà cette région des cirrus, l'atmosphère est d'une perpétuelle sérénité. Là jamais ne montent les vapeurs de la terre pour former les nuées, là jamais n'éclate l'orage et ne gronde la foudre.

Ceux qui ont visité en ballon la région des cirrus nous apprennent que ces nuages sont formés d'excessivement fines aiguilles de glace flottant dans l'air, grâce à leur ténuité, comme nous voyons flotter dans un rayon de soleil les atomes de poussière.

Lorsque la lune ou le soleil brille à travers une couche de cirrus, sa lumière, en traversant les fines aiguilles de glace, donne naissance à un grand cercle de clarté blafarde, sur les bords duquel se distinguent vaguement les couleurs de l'arc-en-ciel. On donne à ce cercle lumineux le nom de *halo*. Son apparition dénote un abaissement de température dans les hauteurs du ciel, et par suite la possibilité d'un mauvais temps prochain.

D'après les deux extrêmes comme élévation, le brouillard et le cirrus, on voit que les nuages peuvent se trouver à des hauteurs fort variables, depuis le niveau du sol, où se couche le brouillard, jusqu'à l'altitude de huit à dix kilomètres, où s'étalent les délicates houppes des cirrus. Vers deux mille mètres est leur région habituelle.

XLIV. — La Pluie.

Que faut-il pour que la vapeur à demi condensée des nuages achève de se condenser et devienne de l'eau, tombant en gouttes de pluie? Peu de chose : un léger refroidissement, un souffle d'air froid venu d'ailleurs.

Aussitôt refroidie, la fine poussière aqueuse des nuages, pareille à celle que nous voyons tourbillonner dans un brouillard, se rassemble en très petites gouttelettes, qui tombent par leur propre poids.

Dans leur trajet à travers l'épaisseur nuageuse, elles condensent à leur surface un peu de la vapeur rencontrée. Elles grossissent d'autant et deviennent gouttes, capables de grossir encore tant qu'elles ne seront pas sorties du nuage. Enfin elles tombent à terre, d'autant plus grosses qu'elles sont descendues de plus haut, en traversant une couche nuageuse plus épaisse.

Voilà la pluie, un jour fine ondée qui ne fait pas même fléchir les brins de gazon, une autre jour forte averse dont les larges gouttes crépitent sur le feuillage et les tuiles des toits; voilà la pluie tant désirée lorsque la campagne souffre de la sécheresse.

Il pleut sous les nuages que le refroidissement résout en eau; mais ailleurs il ne pleut pas, le ciel est clair, le soleil brille. Il n'est pas rare de pouvoir assister à cette inégale distribution des pluies.

Ne vous est-il pas arrivé, tandis que le ciel est tout bleu au-dessus de vos têtes, de voir au loin comme un grand rideau grisâtre, rayé en long et descendant du ciel jusqu'en terre? C'est un nuage qui se résout en pluie et qui verse son ondée partout où il passe. Peut-être même est-il venu jusqu'à vous, chassé dans votre direction par le vent. Alors au ciel bleu de tout à l'heure a succédé un ciel sombre, et l'averse vous a surpris.

Les nuages sont comparables à d'immenses arrosoirs célestes, qui voyagent un peu partout, au caprice des vents qui les poussent. Tout pays qu'ils visitent reçoit une ondée; tout autre, si voisin qu'il soit, ne reçoit rien s'il n'est pas sous leur couvert. Parfois l'étendue pluvieuse est si restreinte et sa limite si nette, que quelques pas de plus vous mettent sous la pluie, et quelques pas de moins vous laissent à l'abri. Mais les pluies locales ne sont pas les seules. Il en est, et fréquemment, qui embrassent des régions énormes, plusieurs provinces à la fois.

Laissons pleuvoir et causons un peu du merveilleux voyage accompli par une goutte d'eau de pluie. D'où descend-elle? Du nuage qui plane là-haut au-dessus de nos têtes, peut-être à mille et deux mille mètres d'élévation. Elle était là où éclatait le tonnerre; elle assistait aux aveuglantes explosions de la foudre.

Aussitôt formée, elle s'est précipitée, par son propre poids, du haut du ciel avec une vitesse vertigineuse. La voilà qui rebondit sur une feuille et tombe à terre, où

elle s'infiltre pour contribuer à cette fraîcheur sans
aquelle toute plante ne pourrait vivre. Un plant de laitues peut-être, en la buvant, reprendra un peu de vigueur.

Elle vient du nuage, et le nuage s'est formé au moyen
des vapeurs atmosphériques. Celles-ci, à leur tour, proviennent de l'évaporation des eaux par la chaleur du
soleil, principalement des eaux de la mer. Mais de quelle
mer? Qui pourrait le dire? Qui saurait démêler en quel
point des étendues marines le soleil a cueilli la vapeur
qui devait un jour la former?

Est-ce sur les flots bleus de la Méditerranée, la riante
mer du midi de la France? C'est possible si le nuage
d'où elle est descendue a été chassé jusqu'ici par le vent
du sud. Est-ce sur les flots verdâtres de l'Océan, dont les
vagues grondent contre les falaises de la Normandie et
les écueils de la Bretagne? C'est possible si le vent
d'ouest a poussé jusqu'à nous le nuage qui l'a versée sur
la terre.

Il est possible encore que la goutte de pluie vienne de
bien plus loin, peut-être de quelque golfe bordé de co-
cotiers où perchent les perroquets verts, à queue rouge;
peut-être de quelque bras de mer où la baleine allaite son
baleineau; peut-être de l'autre bout du monde. Oui, tout
cela est possible; et alors quel voyage pour venir jusqu'à
nous arroser un pied de laitue!

Ce prodigieux voyage terminé, va-t-elle du moins rester en repos dans la plante qui l'a bue? Nullement. Rien
ne reste en repos dans ce monde, pas même une goutte
d'eau. Tout s'agite, tout travaille, tout recommence indéfiniment le labeur accompli.

La goutte d'eau monte, avec la sève, par les racines;
elle parcourt la tige et arrive aux feuilles, où elle s'évapore. La chaleur du soleil réduit en vapeurs ce qu'elle
avait un moment cédé à la terre.

Voilà de nouveau la goutte d'eau dans les immensités
aériennes, sous forme invisible; la voilà de nouveau
livrée aux caprices des vents et des orages, qui la trans-
porteront nul ne sait où. Un jour ou l'autre elle rede-

viendra pluie, et rien n'empêche qu'elle ne puisse arroser tôt ou tard le cocotier de non loin duquel nous l'avons supposée partie.

Ces voyages se répétant sans cesse, tantôt dans un sens et tantôt dans un autre, la goutte de pluie ne peut manquer de rentrer un jour au sein des mers, d'où elle était venue. Toute pluie vient des mers et toute pluie y retourne.

XLV. — La Neige.

La neige a la même origine que la pluie. Elle provient des vapeurs atmosphériques, fournies surtout par la surface des mers. Qu'un refroidissement vif survienne dans les hauteurs nuageuses, et la condensation des vapeurs sera immédiatement suivie de la congélation, qui transformera l'eau en parcelles de glace.

Je vous l'ai dit : les cirrus, ces nuages les plus éle-

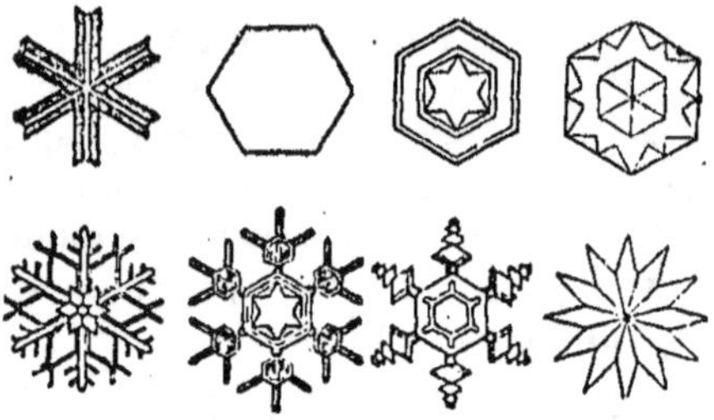

Formes diverses des cristaux de la neige.

vés et de la sorte exposés au froid plus que les autres, se composent d'aiguilles de glace extrêmement fines. Avec un refroidissement convenable, les nuages inférieurs éprouvent les mêmes transformations. Puis les aiguilles voisines s'assemblent et se groupent avec ordre en délicates étoiles à six pointes, qui, plus ou moins nombreuses et confusément entassées, donnent un flocon de neige. Alors, devenu trop lourd pour flotter dans les airs, le flocon descend à terre.

Examinez avec attention celui qui vient de tomber à
l'instant sur le fond obscur de votre manche ou de votre
chapeau. Vous y reconnaîtrez un amas d'admirables
petits cristaux étoilés, si élégants de forme, si subtils de
structure, que les doigts les plus habiles ne pourraient se
flatter d'en tailler jamais un pareil. Ces exquises délica-
tesses, défiant notre industrie, ont néanmoins pris
naissance dans la tumultueuse mêlée des nuages.

Voici la neige, si chère aux écoliers. D'un ciel sombre

Les pelotes et la grosse boule de neige.

et silencieux elle descend mollement, presque d'aplomb.
Le regard la suit dans sa chute. En haut, dans les profondeurs grises, c'est comme le confus tourbillonnement
d'un essaim; en bas, c'est comme une pluie de duvet,
dont chaque flocon tournoie, hésitant à toucher terre.
Pour peu que l'averse continue aussi nourrie, tout dis-
paraîtra sous une couverture d'éblouissante blancheur.

C'est le moment de la pelote de neige qui s'aplatit
sur le dos d'un camarade, prêt à la riposte. C'est le moment de l'énorme boule qui, roulant et craquant,
grossit toujours jusqu'à ce que nos forces ne puissent
plus la mouvoir.

Sur cette boule une autre plus petite sera hissée, puis une autre encore moindre, et le tout sera taillé en un géant grotesque ayant pour moustaches deux fortes plumes de dinde et pour arme un vieux manche à balai. Mais gare aux mains en sculptant le chef-d'œuvre ! Plus d'un les abritera, endolories de froid, dans le chaud réduit de ses poches. Inactif, il n'en contribuera pas moins, par ses conseils, à l'achèvement du colosse.

Oh ! que c'est beau, un jour de neige, lorsqu'on a congé ! Si je m'écoutais, que j'en aurais à dire long là-dessus ! Après tout, que vous apprendrai-je de nouveau ? Ce qui se passe alors, vous le savez mieux que moi. Vous êtes le présent, je suis le passé : vous dressez sur la place l'homme de neige ; moi, je n'en parle que de souvenir. Nous ferons mieux de reprendre nos modestes études, où je peux vous être de quelque secours.

Il n'y a pas loin de la neige à la grêle, l'une et l'autre vapeurs atmosphériques devenues glace par le froid. Mais tandis que la neige est en délicats flocons, la grêle est sous forme de noyaux de glace compacte nommés *grêlons*. La grosseur des grêlons varie beaucoup, depuis celle d'une petite tête d'épingle, jusqu'à celle d'un pois, d'une prune, d'un œuf de pigeon, et au delà.

Souvent la grêle est un fléau et ruine les campagnes. Ces projectiles de glace, durs comme pierre, en tombant de la hauteur des nuages, ont une vitesse assez grande pour leur faire briser les vitres des habitations, meurtrir les gens à découvert et hacher en quelques minutes moissons, vendanges, récoltes de fruits. La grêle tombe presque toujours dans la saison chaude. Il faut, pour son apparition, un orage violent, les éclairs de la foudre et les grondements du tonnerre.

Si la grêle est désastreuse, la neige nous rend des services. Elle imbibe lentement le sol d'une humidité bien plus durable que celle d'une pluie ; elle couvre les champs d'un manteau sous lequel tout refroidissement plus vif s'arrête, de façon que la jeune pousse provenant des grains confiés aux sillons se maintient verdoyante et vigoureuse au lieu de rester exposée aux mortelles morsures de la bise.

Elle remplit un autre rôle, rôle immense duquel dépendent les cours d'eau. A cause du.froid des régions élevées, il neige bien plus souvent sur les montagnes que dans les plaines. Sur les hautes cimes, pourvu qu'elles atteignent environ trois mille mètres dans nos pays, la pluie même est inconnue. Tout nuage qui vient les visiter y dépose, au lieu d'ondée de pluie, une averse de neige, et cela en toute saison, aussi bien l'été que l'hiver.

. Chassées par le vent ou bien éboulées des pentes rapides, ces neiges des hauteurs, presque journellement renouvelées, s'amassent dans les vallées voisines, s'y entassent en amoncellements dont l'épaisseur se mesure par centaines de mètres, et finissent par devenir de la glace, aussi dure, aussi limpide que celle des étangs où nous allons patiner. Ainsi se forment et s'entretiennent les *glaciers*, prodigieux réservoirs d'eau gelée, distribués en grand nombre dans tous les puissants massifs montagneux.

Dans sa partie la plus haute, au voisinage des cimes, le glacier reçoit toujours de nouvelles neiges descendues des pentes environnantes, tandis que dans sa partie inférieure, plus en avant dans la vallée, en un point où la chaleur est suffisante, la glace se fond et produit un cours d'eau, bientôt grossi par d'autres que fournissent les glaciers du voisinage. Ainsi naissent les fleuves et les rivières les plus importantes.

. Du sol imbibé par les eaux pluviales et la fusion des neiges sortent les sources et les ruisseaux. C'est bien peu d'abord : un suintement que l'on craint de tarir en s'y désaltérant, un filet d'eau que l'on barre de la main.

. Mais venus un peu de partout, en suivant les pentes des terrains, le suintement s'ajoute au suintement, la goutte à la goutte, le filet d'eau au filet d'eau, et voici, de proche en proche, le ruisselet qui bruit au milieu des cailloux polis, le ruisseau qui fait tourner la roue du moulin, la rivière qui porte bateau, le fleuve majestueux

ramenant à la mer tous les suintements d'une immense
contrée.

Toutes les eaux arrosant la terre ferme viennent de
la mer, et toutes y retournent. La chaleur du soleil les
y puise sous forme de vapeurs; ces vapeurs deviennent
nuages que les vents distribuent de tous côtés; de ces
nuages descendent les pluies et les neiges; de ces pluies et
de ces neiges se forment les fleuves, les rivières et autres
courants, dont l'ensemble restitue les eaux à la mer.

Eaux des sources, des puits, des fontaines, eaux des
lacs, des étangs, des marais, des fossés, tout, absolument tout, jusqu'à la petite mare aux têtards, jusqu'à
l'humidité qui gonfle un coussinet de mousse, tout vient
de la mer et tout y retourne.

Si l'eau ne peut couler, retenue dans un creux de rocher, dans une cuvette du sol, dans une feuille abreuvée
de sève, peu importe : le grand voyage s'effectuera tout
de même. Le soleil la réduira en vapeurs qui se répan-
dront dans les airs; et une fois gagnée cette route sans
bornes, conduisant à tout, la rentrée dans les mers est,
plus tôt ou plus tard, inévitable.

Tout cela doit commencer à être compris, je l'espère,
à part une difficulté qui se présente certainement dans
votre esprit. Vous vous demandez comment il se fait
que, les eaux de la mer étant salées et fort désagréables
à boire, celles des pluies, des neiges, des sources, des
ruisseaux et autres soient dépourvues de saveur.

La réponse est aisée. Rappelez-vous l'expérience de
l'assiette d'eau salée mise au soleil. Ce qui part, ce que
la chaleur évapore, c'est de l'eau pure et rien de plus.
Ce qui reste dans l'assiette, c'est la totalité du sel, matière sur laquelle l'évaporation n'a pas de prise.

Les choses ne se passent pas autrement à la surface
des mers. L'eau seule est réduite en vapeurs, et le sel
reste. De ces vapeurs, dépouillées de tout ce qui rendait
les eaux marines si désagréables au goût, ne peuvent
résulter que des eaux sans saveur.

XLVI. — Les Volcans.

Aucun de nous, sans doute, n'a vu de volcans, ces montagnes extraordinaires dont le sommet, creusé en vaste entonnoir ou *cratère*, continuellement fume et de loin en loin rejette des pierres ardentes, des poussières calcinées, des matières fondues appelées *laves*. En verrons-nous un jour? Pourquoi pas? Qui sait où nous con-

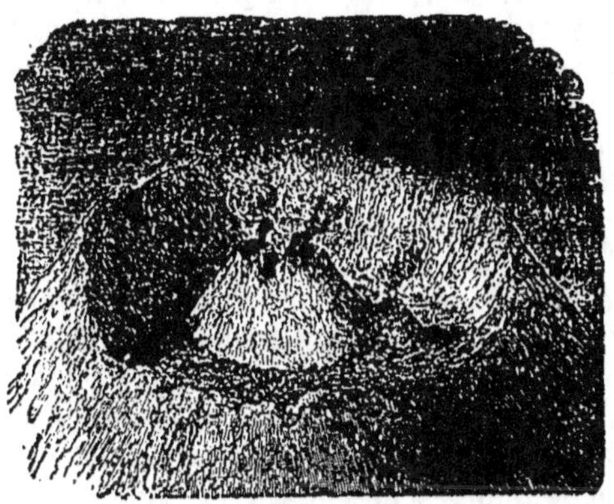

Cratère d'un volcan.

duira notre vie remuante ? Peut-être au fond de l'Italie, où nous trouverions le Vésuve, près de Naples ; peut-être en Sicile, où nous trouverions l'Etna, volcan plus considérable encore. Serions-nous destinés à ne jamais en voir, parlons-en tout de même, car ces montagnes en feu nous apprendront des choses d'un grand intérêt.

Il y a des volcans de toute élévation. Quelques-uns sont de simples collines de quelques centaines de mètres ; d'autres sont de majestueuses cimes, toujours neigeuses, atteignant jusqu'à une lieue et demie de hauteur. Leur excavation du sommet n'est pas moins variable. Pour les moindres, le cratère mesure une lieue environ de circuit ;

pour les plus largement ouverts, le tour de l'entonnoir est de cinq à six lieues. Voilà certes de formidables bassins lorsque, pleins jusqu'aux bords de matières pierreuses fondues, ils deviennent des lacs de feu dont l'éblouissante ardeur ferait pâlir le fer rouge sortant de la forge.

Leur fond communique avec l'intérieur de la terre par des canaux tortueux ou cheminées, à profondeur inconnue, mais certainement considérable. Rien ne dit que telle de ces cheminées volcaniques ne descende au-dessous du niveau du sol bien plus que le volcan lui-même ne s'élève au-dessus. La lave qui bouillonne dans le cratère remonte peut-être de quelques lieues sous terre.

Sauf de rares exceptions, un volcan est habituellement en repos et se borne à rejeter des tourbillons de fumée ; mais de loin en loin, à des époques très irrégulières que rien ne permet de prévoir, il entre dans une période d'activité d'une durée plus ou moins longue. La sortie des matières fondues hors des fournaises volcaniques s'appelle *éruption*. Pour vous donner une idée des faits les plus saillants qui se passent alors, je vous parlerai de préférence du Vésuve, le volcan actif le plus rapproché de nous et d'ailleurs le mieux étudié.

L'approche d'une éruption est en général annoncée par une colonne de fumée qui remplit l'orifice du cratère, et s'élève tout droit, lorsque l'air est calme, jusqu'à près d'une lieue de hauteur. A cette élévation, elle s'étale en un large nuage interceptant les rayons du soleil. Quelques jours avant l'éruption, la gerbe fumeuse s'épaissit et s'affaisse sur le volcan, qu'elle recouvre d'un gros nuage noir.

Mais alors la terre commence à trembler autour du Vésuve ; de sourdes détonations grondent sous le sol, et, de moment en moment plus fortes, dépassent bientôt en intensité les plus violents coups de tonnerre. On croirait entendre les canonnades d'une nombreuse artillerie détonant sans repos dans les flancs de la montagne.

Tout à coup une gerbe de feu jaillit du cratère jusqu'à

deux ou trois mille mètres d'élévation. Le nuage planant
sur le volcan s'allume des rougeurs de l'incendie, le ciel
paraît s'embraser. Des millions d'étincelles s'élancent,
comme des fusées, jusqu'au sommet de la gerbe flam-
boyante, décrivent de grands arcs en laissant sur leur
trajet d'éblouissantes traînées, et retombent en pluie.
de feu sur les flancs du volcan.

Or ces étincelles, si petites de loin, sont des pierres
ardentes, des blocs incandescents, parfois de quelques
mètres de dimension et de force à écraser dans leur
chute les plus solides édifices. Quelle est la machine

Volcan en éruption.

construite de nos mains qui pourrait lancer de pareils
quartiers de roche à de telles hauteurs ? Ce que tous nos
efforts réunis ne sauraient faire une seule fois, le volcan l'accomplit sans relâche, comme en se jouant. Pendant des semaines, des mois entiers, ces blocs rougis sont
lancés par le Vésuve, aussi nombreux que les étincelles
d'un feu d'artifice.

Cependant, des profondeurs de la montagne monte,
par la cheminée volcanique, un flux de matières minérales fondues ou laves, qui s'amassent dans le cratère et
forment un lac de feu aussi éblouissant que le soleil.
Les spectateurs qui, de la plaine, suivent avec anxiété
la marche de l'éruption sont avertis de l'arrivée des

laves par la pénétrante réverbération qu'elles jettent sur les fumées planant dans les hauteurs de l'air.

Mais le cratère est plein. Alors le sol s'ébranle soudain, se fend avec un bruit de tonnerre, et par les crevasses les laves s'épanchent en ruisseaux. Le courant de feu, formé d'une matière éblouissante et pâteuse, pareille à un métal en fusion, s'avance avec lenteur ; on peut fuir devant lui, mais tout ce qui est fixé au sol est perdu. Les arbres flamboient un instant et s'affaissent carbonisés ; les murs les plus épais sont calcinés et s'écroulent ; les roches les plus dures sont vitrifiées, fondues.

L'émission de la lave a, tôt ou tard, un terme. Alors les fumées souterraines, délivrées de l'énorme pression de la masse fluide, se dégagent avec plus de violence que jamais, entraînant avec elles des tourbillons de fine poussière, qui plane en sinistres nuées et s'abat sur la plaine environnante, ou même est poussée par les vents jusqu'à des centaines de lieues de distance. Enfin la terrible montagne s'apaise, et tout rentre dans le repos pour un temps indéterminé.

En des moments de repos, l'intérieur de quelques cratères peut être visité sans grand danger. C'est un morne chaos de roches calcinées, de scories noires et caverneuses comme du mâchefer, de blocs de lave entassés en désordre. Çà et là des bouffées suffocantes jaillissent des fissures, et par les fentes brille la rougeur sinistre de l'intérieur. Au fond de l'entonnoir, pareille au couvercle de quelque chaudière infernale, s'arrondit une voûte de lave figée, qui bouche l'entrée de la cheminée volcanique.

Descendons dans le cratère du Vésuve en compagnie de M. de Quatrefages, qui nous fait l'émouvant récit de sa visite au volcan : « A une vingtaine de mètres de l'orifice du cratère s'étendait une croûte de lave noire, semblable à un grossier pavé et parsemée de gros blocs de toute forme. Les parois intérieures formaient tout autour comme une muraille circulaire. Au milieu de ce cirque s'élevait un petit cône d'une douzaine de mètres de hauteur, dont la bouche lançait sans cesse, avec un bruit assez fort de mousquetade, des tourbillons de fumée rouge de feu, mêlés de cendres et de scories.

« Nous descendîmes sans trop de peine dans l'intérieur du cratère, et ce fut sur un large bloc placé à dix pas du petit cône que nous nous installâmes pour manger un poulet froid. En arrivant, nous avions aperçu, malgré l'éclat du jour, les teintes rouges de la lave à travers quelques fentes ; nous avions vu quelques blocs s'ébranler comme sous les efforts d'une main invisible. Parfois aussi, une sourde détonation se faisait dans les profondeurs de la montagne.

« Pendant notre dîner, les clartés devinrent plus nombreuses, plus vives, vers le bout oriental du cratère, à cinquante pas environ de nous. Évidemment quelque chose se préparait. Les détonations qui partaient sous nos pieds étaient plus fréquentes et plus fortes ; les scories lancées par le petit cône s'élevaient plus haut ; la croûte solide qui nous portait faisait entendre des craquements, et quelques blocs mal assis se renversaient.

« A ce moment, le sol commença à s'élever à une quarantaine de pas de nous, à se bomber et à s'ouvrir. Une lave parfaitement liquide sortit par la crevasse et se dirigea droit vers nous, d'un mouvement fort lent. A son origine, ce ruisseau embrasé pouvait avoir deux mètres tout au plus, et sa teinte était d'un beau blanc éblouissant ; mais il s'élargissait considérablement dans sa course et prenait une couleur rouge foncé. Au bout de deux heures environ il nous avait atteints, et nous reculions pas à pas devant lui.

« En même temps, le cratère tout entier semblait se réveiller. Toutes les fentes s'éclairaient ; le bloc qui nous avait servi de table se teignait à la base d'une teinte rougeâtre. La chaleur devenait de plus en plus forte. La croûte solide qui nous avait servi de plancher, le couvercle de la cheminée, était en voie de se fondre par l'arrivée des laves qui s'élevaient des abîmes du volcan.

Il fallut songer à la retraite. Déjà le sixième au moins du sol du cirque, naguère si solide, était en pleine fusion, et les blocs mêmes où nous marchions ne formaient qu'un simple plancher porté sur un lac de feu. »

Nos explorateurs sortirent sans encombre du cratère, mais il était grandement temps : la lave, liquide, éblouissante, continuait à submerger et à fondre la croûte sur laquelle ils s'étaient aventurés. Quelle périlleuse table pour manger un poulet froid que ce bloc dont la base tremblait et commençait à rougir ! Avouez, enfants, qu'il faut un courage peu ordinaire pour aller dîner au fond d'un cratère, sur un plancher de lave qui, d'un moment à l'autre, peut se liquéfier et s'ouvrir sous vos pas ; mais que ne ferait pas affronter le désir de s'instruire !

XLVII. — Les Volcans éteints.

Après une période d'activité tantôt plus longue, tantôt plus courte, un volcan peut assoupir ses feux, éteindre ses fournaises et cesser de fumer. On dit alors qu'il est éteint. La végétation s'empare de ses coulées de lave, le gazon couvre les pentes de son cratère ; mais sous ce manteau de verdure le terrain garde les traces ineffaçables des ravages du feu, si bien qu'à certains caractères décisifs il est toujours possible de reconnaître une ouverture volcanique, lors même que l'homme n'aurait jamais été témoin de ses éruptions.

Dans quelques provinces de la France, dans l'Auvergne et le Vivarais surtout, se voient, isolés ou assemblés en groupes, de nombreux monticules coniques, tronqués au sommet et creusés d'une grande excavation en forme d'entonnoir. On leur donne le nom de *puys*.

Tantôt l'excavation a la forme d'une conque si régulière qu'on la dirait creusée de main d'homme ; tantôt le bord en est égueulé, c'est-à-dire interrompu par une brèche. Parfois un lac d'une admirable limpidité emplit la conque. Rien de plus calme, de plus riant que ses eaux bleues, où se mirent les nuées blanches du ciel. Plus souvent encore, l'excavation est une prairie où descendent les troupeaux, où, couchées çà et là, les génisses ruminent au tintement de leurs clochettes.

Or ces conques si paisibles, si vertes, si fraîches aujourd'hui, sont les cratères d'anciens volcans. Là où dorment les eaux d'un lac ont bouillonné autrefois les laves en fusion; là où ruminent les troupeaux ont tonné

Aspect des volcans éteints de l'Auvergne.

les feux souterrains. Vainement, sous des pelouses fleuries, se cachent les ruines du vieux volcan : un regard attentif ne peut les méconnaître.

Le monticule de forme conique, au-dessous de sa couche de terre végétale noire, n'est qu'un amas de scories, de cendres volcaniques et de roches vitrifiées. La conque qui le termine, c'est le cratère; la brèche qui souvent en altère la régularité, c'est la voie que les laves se sont frayée pour s'épancher au dehors, quand elles n'ont pas ouvert la terre plus bas, au pied du monticule.

Quant à la coulée de laves, elle n'est pas moins reconnaissable. C'est une puissante traînée de roches noires ou rougeâtres, toute crevassée, d'aspect calciné et qui serpente dans la plaine, à partir du cône volcanique, comme une bande de terrain maudit. Les gens du pays lui donnent le nom de *cheire*. Quelques gazons coriaces, des touffes de mousse, trouvent à peine à végéter sur ces roches que la terre a rejetées embrasées et coulantes. Il ne manque donc aux cônes volcaniques de l'Auvergne que la gerbe de feu du cratère et l'incandescence des laves, refroidies par le temps.

L'époque où plus de cent cratères, déversant à la fois leurs torrents embrasés, mettaient en conflagration le centre de la France remonte si haut, qu'on se demande si l'homme existait déjà lorsque se produisirent ces scènes d'horreur et de magnificence. Depuis combien de siècles alors les volcans de l'Auvergne se tiennent-ils paisibles? Nul ne saurait le dire, comme nul ne saurait dire également si la formidable puissance qui les éveilla une première fois ne les réveillera pas un jour.

Dans l'antiquité, le Vésuve était, lui aussi, une montagne paisible, un volcan éteint pareil aux puys de l'Auvergne. Il ne se terminait pas, comme aujourd'hui, par un cône fumeux de scories, mais par un plateau légèrement creux, reste d'un ancien cratère presque comblé, où végétaient de maigres gazons et des vignes sauvages.

Des cultures d'une grande fertilité couvraient ses flancs; deux villes populeuses, Herculanum et Pompéi, s'étendaient à sa base, lorsque, en l'an 79 de notre ère, le vieux volcan, qui paraissait pour toujours assoupi et dont les dernières éruptions remontaient à des temps dont l'homme n'avait pas gardé souvenir, se réveilla soudain et se mit à fumer.

Une horrible nuée de poussière vomie par le cratère s'abattit dans le voisinage et ensevelit profondément Herculanum et Pompéi. Aujourd'hui, après dix-huit siècles de séjour dans leur linceul de cendres volcaniques, ces deux villes sont exhumées par la pioche du mineur, telles que les surprit le volcan. Depuis cette époque le

Vésuve n'a cessé de fumer et de rejeter de loin en loin des coulées de lave.

Des volcans en activité peuvent s'éteindre, comme le prouvent les puys de l'Auvergne et du Vivarais; des volcans assoupis depuis les temps les plus reculés peuvent se rallumer, ainsi que le Vésuve en a donné un terrible exemple en l'an 79; enfin des bouches volcaniques nouvelles peuvent soudainement apparaître.

En septembre 1538, après de nombreuses secousses du sol qui duraient depuis deux ans et tenaient en émoi les environs de Naples, on vit, dans le voisinage de Pouzzoles, la plaine se gonfler en une ampoule d'une demi-lieue de tour. Le 29, à deux heures de la nuit, cette ampoule creva tout à coup au sommet avec un horrible fracas, et s'ouvrit en un cratère qui lançait un mélange de feu, de fumée, de pierres et de boue.

Des détonations, comparables à celles du tonnerre le plus fort, accompagnaient les déchirements du sol. Les pierres lancées atteignaient une hauteur prodigieuse, puis elles retombaient, soit dans l'intérieur de l'ouverture, soit sur ses bords. La boue, très fluide, ressemblait à une pâte de cendres. En moins de douze heures, le terrain gonflé par la poussée souterraine et exhaussé par la déjection de cendres, de pierres et de boue, forma une colline de 144 mètres d'élévation.

Réveillés en sursaut au milieu de la nuit par les premières détonations, les habitants de Pouzzoles fuyaient au hasard, tout souillés de boue, effarés d'épouvante. Les uns emportaient leurs enfants dans leurs bras ou traînaient après eux des sacs remplis de bagages; les autres s'acheminaient du côté de Naples avec un âne chargé de leur famille en proie à la terreur.

Ceux qui conservaient encore quelque présence d'esprit recueillaient à la hâte sur leur passage une multitude d'oiseaux tombés morts au commencement de l'éruption, et de poissons que la mer voisine, en se retirant sur une largeur de deux cents pas, avait laissés à sec.

Le troisième jour l'éruption cessa. Tout semblait fini, et les curieux affluaient déjà sur la montagne pour voir de près l'orifice volcanique, quand, le septième jour, une nouvelle éruption éclata, presque aussi violente que celle de la première nuit. Plusieurs personnes furent tuées par les pierres ou étouffées par la fumée.

Quelque temps encore on vit des vapeurs et des traits de feu s'élever de la montagne; enfin tout s'apaisa, et

Le Monte-Nuovo, état actuel.

depuis une tranquillité parfaite a constamment régné. On a donné à ce singulier cône volcanique, sorti de terre en une nuit, le nom de Monte-Nuovo, signifiant « montagne nouvelle ».

Ce fait d'une montagne qui naît avec fracas en un point d'abord plaine et surgit du sol ainsi qu'un champignon, vous paraît sans doute quelque chose de très extraordinaire, dont on ne posséderait aucun autre exemple. Détrompez-vous. Des bouleversements pareils, bien plus considérables encore, sont assez nombreux, tellement que le loisir nous manquerait pour parler de tous.

Il y a mieux : on connaît diverses îles volcaniques de formation récente, des îles qui se sont élevées du fond de la mer aussi brusquement qu'a paru le Monte-Nuovo. Tout cela nous prouve que le sol, aussi bien sous les mers que sur la terre ferme, n'a pas, comme nous sommes portés à le croire, une stabilité inébranlable, une forme non sujette à changer.

XLVIII. — Les Tremblements de terre.

Nous disons *terre ferme* pour désigner le sol que foulent nos pieds. On veut entendre par là que c'est un appui fixe, inébranlable, tel aujourd'hui qu'il était dans le passé et qu'il sera dans l'avenir. Cette qualification de *ferme* est-elle bien méritée ? Un doute à cet égard paraît d'abord fort singulier, tant est grande notre foi dans la stabilité du sol, foi confirmée par l'expérience de tous les jours. Autour de nous rien ne bouge. La preuve en est tel gros rocher familier à nos regards et donnant son ombre à nos jeux. Malgré les ans, il garde une forme invariable et se dresse à la même place.

Oui, c'est bien ainsi que les choses se passent habituellement : aucun point du terrain ne remue, aucun roc ne chancelle, aucun sommet ne s'écroule. Cependant nous ne devons pas avoir une confiance absolue dans cette immobilité. Déjà les volcans nous donnent à réfléchir. Lorsqu'une éruption se prépare, le sol tremble à de grandes distances autour de la montagne, avec des bruits d'écroulements souterrains. Y aurait-il, dans les profondeurs, des appuis chancelants, des vides non comblés ? On le dirait du moins d'après ce qui se passe.

Les régions volcaniques ne sont pas les seules exposées à pareilles secousses ; tout pays, quel qu'il soit, peut en éprouver. Il ne se passe pas d'année, que dis-je ? peut-être pas de jour où, tantôt ici, tantôt ailleurs, ne survienne à l'improviste un tremblement de terre, le plus souvent sans gravité, mais parfois aussi cause des plus terribles désastres. Au milieu d'une sécurité parfaite, car rien ne fait prévoir ce qui va se passer, soudain le sol remue, oscille comme un plancher dont les appuis viendraient à céder. Un mugissement sourd gronde sous terre. Cela dure quelques secondes. Puis plus rien; le calme renaît.

Si l'événement a eu lieu pendant la nuit, les gens réveillés par la secousse s'empressent d'en causer le lendemain entre voisins. L'un parle du mouvement de balançoire ressenti, comme si le lit, saisi des deux bouts par des mains vigoureuses, avait été rapidement incliné de la tête aux pieds et des pieds à la tête à plusieurs reprises.

Un second raconte sa surprise d'entendre la boiserie des armoires grincer, et les portes claquer en se fermant d'elles-mêmes; un troisième mentionne le frémissement des vitres et le cliquetis des bouteilles entre-choquées. Ici des gravures encadrées se sont détachées du mur, des morceaux de plâtras sont tombés du plafond; là des assiettes ont glissé de leur étagère et se sont brisées sur le parquet; ailleurs la pendule s'est arrêtée à l'instant précis de la secousse, parce que le balancier, dérangé de sa position, est devenu immobile.

Celui-ci, plus matinal, a vu ses poules sortir précipitamment du poulailler et fuir affolées avec des cris d'effroi. Sur leur perchoir branlant et haut placé, elles avaient ressenti, mieux que les animaux couchés à terre, la faible oscillation du sol. Celui-là s'est levé pour faire taire son chien qui hurlait plaintivement sous les fenêtres. L'animal avait compris, lui aussi, qu'il se passait quelque chose de très extraordinaire, de très inquiétant, et la terreur l'avait gagné.

Ainsi s'échangent pendant quelques jours les observations faites et les impressions ressenties. Ceux dont le profond sommeil n'a pas été troublé peuvent à peine croire ce qu'ils entendent dire. Enfin l'émoi s'apaise et l'oubli se fait sur l'étrange événement. Dans nos contrées, ainsi se passent en général les tremblements de terre, objets de curiosité plutôt que de terreur.

En est-il de même partout? Hélas! non. Trop de malheurs nous montrent combien peut devenir redoutable une secousse de quelques secondes au plus de durée. Les habitations chancellent comme si les fondements

Sol crevassé par un tremblement de terre.

cédaient sous le poids, les murs se crevassent, les plafonds et les toitures s'effondrent, les édifices élevés s'écroulent, et la population, brusquement surprise par le fléau, périt écrasée sous les décombres. Voulez-vous que je vous en raconte un exemple navrant? Écoutez ceci.

Des tremblements de terre ressentis en Europe, le plus terrible est celui qui ravagea Lisbonne en 1755, le jour de la Toussaint. Aucun danger ne paraissait menacer la ville en fête, quand éclata sous terre une grande rumeur pareille au roulement continu du tonnerre. Puis le sol, violemment secoué à diverses reprises, s'éleva, s'abaissa,

14.

et la populeuse capitale du Portugal ne fut en un instant qu'un monceau de ruines.

Cherchant un refuge contre la chute des décombres, une partie de la population s'était retirée sur un vaste quai longeant la mer. Tout à coup le quai s'engouffra sous les eaux, entraînant avec lui la foule, les bateaux, les navires amarrés. Pas une victime, pas un débris ne revint flotter à la surface. Un abîme s'était ouvert sous les eaux, engloutissant le quai, les navires, les gens, et, se refermant, les gardait pour toujours. En six minutes, soixante mille personnes avaient péri.

Pendant quatre années, à partir de février 1783, l'Italie méridionale fut ravagée par une longue suite de commotions que séparaient des intervalles de repos. La première secousse renversa en deux minutes la majeure partie des villes, villages et bourgades. La surface du sol se plissait en vagues mouvantes, comme le fait la surface d'une mer agitée. Au passage de l'ondulation terrestre, les arbres s'agitaient et balayaient le sol de leurs cimes.

La campagne se crevassait de fissures rappelant en grand les fentes d'un carreau de vitre cassé. De vastes étendues de terrain glissaient sur les pentes avec leurs champs cultivés, leurs habitations, leurs vignes, leurs oliviers, et allaient à des distances considérables recouvrir d'autres terrains. Ici, des collines se fendaient en deux; là, elles étaient arrachées de leur place et transportées plus loin. En certains points, le sol, délayé par les eaux détournées de leurs cours, se convertit en torrents de boue qui couvrirent des plaines ou remplirent des vallées. La cime des arbres et les toits des fermes en ruine dominaient seuls le niveau de ces grands lacs boueux.

Par intervalles, de brusques secousses ébranlaient le sol de bas en haut. Quand la terre se soulevait en se fracturant, à l'instant maisons, gens et bestiaux étaient engloutis. Puis, le sol s'abaissant, la crevasse se refermait; et, sans laisser de vestige, tout disparaissait, broyé entre les deux parois du gouffre rapprochées.

Plus tard, lorsque après le désastre on fit des fouilles pour retrouver les objets de valeur enfouis, les ouvriers remarquèrent que les bâtiments engloutis et tout ce qu'ils contenaient n'étaient plus qu'une masse compacte, tant avait été violente la pression de l'espèce d'étau formé par les deux bords des crevasses refermées.

Mais en voilà bien assez pour nous montrer qu'un tremblement de terre est un accident très grave, dont les effets ne se bornent pas à des piles d'assiettes cassées, à l'effarement de la volaille secouée sur son perchoir. En terminant, il convient de se demander quelle pourrait bien être la cause de ces ébranlements soudains du sol. Le terrain ne s'agite pas tout seul. Si de grandes étendues, tantôt dans une région et tantôt dans une autre, se mettent à remuer ainsi que des planchers branlants, il faut une cause qui trouble leur ordinaire immobilité.

Les ébranlements du sol ont des origines diverses. Remarquons d'abord que les eaux de la surface, eaux des pluies, des neiges fondues, des fleuves, des lacs, n'importe, fréquemment s'infiltrent dans le sol et forment des cours souterrains qui vont ressortir plus loin sous forme de sources. Ces eaux souterraines délayent peu à peu les argiles traversées et les réduisent en boue qu'elles entraînent au dehors; lentement elles rongent le roc le plus dur, le fendillent, l'émiettent.

Ainsi se forment profondément de vastes excavations, chaque jour agrandies. Un moment arrive donc où le terrain, miné par la base, manque d'appui, chancelle, s'affaisse et vient combler les vides. Voilà le plus simple des tremblements de terre. L'étroite région fouillée en dessous par les eaux en est seule affectée.

D'autre part, que nous ont appris les volcans? Ils nous ont appris qu'il y a sous terre, à des profondeurs de quelques lieues peut-être, d'immenses amas de matières minérales fondues. Ces fournaises peuvent rejeter, en une seule éruption, un volume de lave équivalant au volume d'une montagne. Quelle doit être alors l'étendue de ces réservoirs de feu? Qui pourrait le dire? Quelle imagination oserait se le figurer?

Cela dit, admettons que par des fissures les eaux de la mer arrivent jusqu'à ces brasiers. Qu'adviendra-t-il? Avez-vous jamais remarqué les rugissements de l'eau et le fracas de sa vapeur lorsque le forgeron y plonge simplement un fer rouge? Que sera-ce donc quand la mer mettra ses eaux en présence des énormes fournaises volcaniques? Sous terre éclateront des grondements plus forts que ceux du tonnerre; de leur force indomptable, les vapeurs secoueront le sol de bas en haut, le feront trembler et onduler, le casseront de larges fentes, ainsi que le ferait l'explosion de quelque poudrière de géants. Cette fois le tremblement de terre acquiert une intensité formidable et se fait ressentir sur de grandes étendues.

Il y a plus. Tout porte à croire que l'intérieur du globe terrestre est lui-même en fusion, comme le sont les réservoirs volcaniques. Si l'on creusait assez profondément, après avoir traversé des roches, des minerais de toute nature, on finirait par trouver des matières fondues d'une ardeur encore supérieure à celle des laves.

Si nous prenons un œuf pour figurer la terre, la coquille représentera l'enveloppe solide, la couche externe, l'écorce du globe; tout le reste, blanc et jaune, représentera l'amas central de minéraux en fusion. Ah! quel mince plancher nous sépare de l'immense abîme en feu!

Et quelles preuves a-t-on des étranges choses dont je vous parle? — Ces preuves abondent. Citons-en une, la mieux à notre portée. A mesure que l'on descend plus bas en terre, la chaleur augmente. Tandis qu'il gèle et qu'il neige à la surface, tandis que l'hiver y sévit, à quelques cents mètres de profondeur règne perpétuellement la température de l'été. Plus profondément, la chaleur devient si forte que les mineurs sont obligés d'y travailler nus; plus bas encore, elle est intolérable.

Et pourquoi, s'il vous plaît, le mineur trouve-t-il chaleur plus grande à mesure qu'il descend plus bas? — Parce qu'il se rapproche davantage de l'universel océan de feu.

Avec cela nous en savons assez pour nous rendre
compte des commotions qui parfois secouent terre et
mers d'un bout du monde à l'autre. Que l'intérieur liquéfié
du globe terrestre bouge dans sa coque, que les abîmes
en fusion s'agitent un peu, et les continents tremblent.

XLIX. — Les Cailloux roulés.

Que pourrait bien nous apprendre une pierre, si nous
parvenions à lui faire raconter son histoire, ou plutôt si
nous pouvions lire ce qu'elle dit aux yeux qui savent
regarder? Peut-être des choses fort intéressantes. Un
caillou, cela dure si longtemps! C'est vieux comme le
monde! C'est un témoin des événements les plus anciens,
mais un témoin muet, qui garde ses secrets tant qu'on
ne sait pas l'interroger par une étude attentive. Essayons
cette étude.

Rendons-nous sur les bords de la rivière voisine. Les
eaux coulent sur un lit de pierres dont la surface est lisse
comme si quelque marbrier patient s'était avisé de les
polir. Il y en a de rondes presque comme des boules,
d'ovalaires, d'aplaties, de grandes et de petites, de
courtes et d'allongées, de blanches, de cendrées, de
noires, de rougeâtres. Les moindres font songer aux
dragées dont le confiseur emplit ses bocaux. Toutes sont
remarquables par le poli de leur surface. La main se
promène avec plaisir sur leur lisse rondeur. Ces pierrailles des cours d'eau se nomment *cailloux roulés* ou *galets*.

Qui les a façonnées et polies de la sorte? Un éclat de
pierre, tel qu'il se détache des rochers par un accident
quelconque, n'a pas du tout cet aspect. Il est irrégulier,
anguleux, rude à la main. Sur les pentes rocailleuses
des montagnes ne se voient guère que des pierres aussi
informes que celles que le cantonnier met en tas sur le
bord des routes après les avoir concassées. Pourquoi
sous les eaux sont-elles, au contraire, toujours lisses et
rondes? La réponse n'a rien de difficile.

A la suite d'éboulements que provoquent les orages, la fonte des neiges, les fortes crues, la rivière reçoit une infinité de débris pierreux descendus des pentes voisines. Ces débris sont d'abord informes, avec les arêtes anguleuses, les irrégularités d'une pierre cassée au hasard. Les voilà désormais sous les eaux, dans le lit de la rivière. Qu'adviendra-t-il? Vous le saurez en songeant à ce qui se passerait si l'on agitait très longtemps dans un tonneau en rotation une multitude de morceaux de pierre irréguliers.

Tombant et retombant sans cesse l'un sur l'autre, se choquant, se frottant entre eux, ces morceaux perdraient peu à peu leurs angles, émousseraient leurs moindres aspérités et finiraient par devenir lisses. Pour arrondir et polir les billes chères à vos jeux, on ne s'y prend pas autrement. Des morceaux de pierre sont d'abord grossièrement arrondis au marteau, puis jetés dans un tonneau roulant, où s'achève et se perfectionne l'ouvrage.

L'eau qui court fait comme le tonneau qui tourne. Lors des grandes crues, la force du courant pousse avec fracas les pierres du fond, les entraîne, les roule à de grandes distances. Continuellement choquées l'une contre l'autre, ces pierres s'arrondissent. Puis le sable entraîné les frotte et les lisse; la fine boue qui passe et repasse leur donne doucement le dernier poli. Pareil travail est de très longue durée. Si des mois ne suffisent pas à la rivière pour façonner ses galets, elle mettra des années; si des années ne suffisent pas, elle mettra des siècles: car ici le temps n'est pas à compter.

Voilà de quelle manière tout cours d'eau, du plus grand jusqu'au moindre, étale dans son lit un amas souvent énorme de pierrailles arrondies. Voilà pareillement le motif de cette expression: cailloux roulés. Les eaux courantes les ont roulés tout en les façonnant; elles les ont charriés quelquefois de très loin, si bien que pour retrouver des pierres de nature pareille il faut remonter jusqu'aux montagnes où la rivière et le fleuve prennent origine. Là seulement se voit en place la roche dont les éclats sont devenus les cailloux roulés des plaines.

A quoi bon cette histoire des galets? Vous allez le comprendre. — Chacun de nous a pu voir, loin de tout cours d'eau, en pays plat, sur les pentes des collines, et même sur des hauteurs assez considérables, de grands amas de cailloux arrondis et polis, pareils en tout à ceux que roulent les rivières. C'est de part et d'autre la même surface lisse, la même forme de boules, d'œufs, de grosses dragées, de palets. Les pierres que nous choisissons une à une sur les bords de la rivière pour les faire rebondir en ricochets à la surface des eaux ne sont pas mieux façonnées.

Ces cailloux-là, par quoi donc ont-ils été travaillés de la sorte? Évidemment par les eaux courantes, puisqu'ils ne diffèrent en rien des galets ordinaires. Ce sont les eaux qui les ont charriés d'ailleurs, et les ont polis en les frottant l'un contre l'autre, ainsi que cela se passe dans tout lit de rivière. Là-dessus pas d'hésitation possible : par leur forme arrondie, ces pierres disent clairement leur origine.

Mais aujourd'hui ces amas de galets, immenses d'épaisseur et d'étendue, couvrent des régions souvent dépourvues du moindre cours d'eau. Où coulaient des rivières, où mugissaient des torrents impétueux, ne se trouve plus qu'un terrain aride. Les eaux ont disparu ; leur lit seul est resté, large parfois de plusieurs lieues, comme celui des plus grands fleuves du monde.

L'histoire ne parle pas de ces antiques courants. Elle ne peut en parler, car il est douteux que l'homme les ait jamais vus ; et s'il les a vus, les siècles en ont effacé tout souvenir. Des traînées de cailloux sont les seuls témoignages qui nous disent où leurs flots ont coulé.

Or ces traînées caillouteuses occupent souvent des pentes rapides et des hauteurs qui dominent de beaucoup les plaines d'alentour. Jamais fleuve et rivière n'ont pu couler sur de pareilles élévations. Il leur faut pour lit le creux des vallées, et non le dos des collines. Comment alors accorder entre eux ces deux points contradictoires : les eaux ont certainement passé là, comme le prouvent les cailloux roulés laissés en abondance ; et les eaux n'ont pu s'élever jusque-là, même pendant les crues les plus fortes ?

La contradiction disparaît, et tout s'explique en reconnaissant que la configuration du sol n'est pas invariable. Le temps change tout, même les montagnes. Avec les siècles, ce qui est vallée peut devenir plaine, et ce qui est plaine peut s'exhausser en colline. Les tremblements de terre et l'apparition brusque du Monte-Nuovo nous ont déjà fourni quelques renseignements sur ce curieux sujet ; les cailloux roulés nous en fournissent d'autres.

Ils nous disent que les hauteurs où nous les voyons maintenant étaient autrefois des plaines, des vallées où coulaient de puissants cours d'eau ; ils nous affirment que telle pente caillouteuse, où l'on chercherait en vain aujourd'hui la moindre source, était jadis le lit d'un énorme torrent ; ils nous enseignent enfin que, dans les anciens âges, de profonds bouleversements ont changé la configuration du sol. Telle est l'étrange histoire que nous raconte un caillou rond lorsqu'on sait l'interroger.

L. Les Coquilles fossiles.

La mer abonde en magnifiques coquilles. Il y en a de semblables à d'élégants coffrets formés de deux pièces, qui s'ouvrent et se ferment au gré de l'animal constructeur et propriétaire de cette demeure. Leur intérieur est souvent revêtu de nacre, qui reluit de teintes changeantes comme la gorge du pigeon. Leur extérieur est parfois lisse ou rayé finement de traits réguliers dignes du burin d'un patient graveur ; parfois encore il est orné de crêtes lamelleuses, de piquants recourbés, de bourrelets noueux, de côtes ouvertes en éventail, de verrues inégales figurant des rangées de perles à grosseur décroissante.

Il y en a d'une seule pièce, qui s'enroule en longue spirale ainsi qu'un escalier à vis. De leur ouverture, rapprochée de l'oreille, monte comme une rumeur de tempête lointaine ; on dirait que la coquille conserve au fond de sa rampe un écho des bruits de la mer. Cette ouverture, plus lisse que marbre poli, est ici d'un rose tendre, là d'un blanc d'ivoire, ailleurs d'une douce teinte aurore. Elle peut s'épaissir sur les bords en un bourrelet dentelé, s'ouvrir d'une échancrure courbe, s'amincir en long bec.

Coquille marine.
Troque.

Le dehors n'est pas moins ornementé que celui des coquilles à deux pièces. Épines droites ou crochues, nodosités pareilles à des pastilles, replis tuyautés surpassant ce que le fer de la repasseuse peut obtenir de mieux, cordons saillants tour à tour plus gros ou plus fins, et mille détails pour lesquels les expressions manquent s'y rangent en spirales d'une admirable précision.

Ces beaux coquillages, qu'on ne se lasserait de manier et d'examiner, sont tous, dans la mer, la demeure d'animaux de pauvre apparence, voisins pour la structure du vulgaire escargot. Cette demeure est leur ouvrage. Ils naissent avec elle, grandissent avec elle, et ne la quittent jamais. Ils la bâtissent de toutes pièces avec des matériaux pierreux qui lentement leur suintent de la peau. De la même manière, l'escargot de nos jardins façonne sa coquille avec le peu de pierre contenu dans sa glaire visqueuse.

Coquille marine
Cérithe.

Une fois la bête morte et décomposée, l'habitation vide persiste, presque aussi indestructible qu'un caillou, dont elle a la nature minérale. La vague peut la jeter sur la plage, la reprendre, la rouler longtemps sur le gravier et parmi les pierres. Alors, par des chocs et des frottements répétés, disparaît l'ornementation de début, et la coquille,

quand elle n'est pas mise en morceaux, devient une
ruine méconnaissable.

Mais habituellement son poids la maintient sous les
eaux, à des profondeurs où la vague n'a pas de prise. Des
sables fins et des boues limoneuses ne tardent pas à
l'ensevelir avant qu'elle ait éprouvé de dommage. La
voilà désormais à l'abri de la destruction par le choc.
Dans son linceul de boue, elle conservera indéfiniment
son ornementation, jusqu'au moindre repli dentelé, jusqu'au moindre trait de gravure. Ainsi se forment au fond
des mers, dans un lit épais
de sables et de limons,
des amas de coquillages
morts possédant depuis
des siècles et des siècles
tous les détails de délicate
structure qu'ils avaient à
l'état vivant.

Quittons maintenant la
mer pour la terre ferme.
Il est bien peu de pays où,
dans les couches de sable
et d'argile, dans les assises
de pierre, même les plus
dures, ne se trouvent des
coquillages plus ou moins
ressemblants à ceux qui
peuplent aujourd'hui les
mers. On les rencontre à
toutes les profondeurs,

Coquille marine. — Porcelaine.

depuis la surface du sol jusqu'au sein de la terre, ex-
ploité par le pic du carrier et du mineur.

Vous en avez vu, c'est presque sûr, mais sans leur
accorder attention. Qui n'est pas prévenu rarement sait
regarder. Une fois avertis, vous saurez mieux profiter
de ce que pourra vous mettre sous les yeux quelque heureuse trouvaille. Cherchez dans votre voisinage, fouillez
les argiles, cassez les pierres, et vous aurez mille preu-

ves pour une des faits intéressants dont nous allons parler.

En certains points privilégiés, ces coquillages sont d'une abondance extrême. La roche en est pétrie. Chaque morceau détaché, pas plus gros que le poing, en contient quelques-uns. En d'autres ils sont rares, çà et là disséminés. Enfouis dans les sables et les argiles, ils se dégagent aisément du bloc qui les enveloppe ; logés dans

Coquille marine. — Strombe.

Coquille marine. — Oreille de mer.

la pierre, parfois très dure, ils ne s'extraient qu'avec difficulté, et non sans être quelquefois cassés par le choc du marteau.

Aucun ne possède la belle coloration des coquillages vivants. Il y en a de blancs comme la craie, de noirâtres, de rougeâtres, suivant la nature du terrain qui les renferme. Fréquemment ils ont perdu leur propre substance et se sont convertis en une matière pierreuse ne différant pas de celle qui les enveloppe; en un mot, ils se sont pétrifiés, ils se sont changés en pierre. Aussi les désignet-on sous le nom de *pétrifications*. Il vaut mieux les appeler coquillages *fossiles*, c'est-à-dire enfouis.

Ce qu'ils ont conservé sans altération, c'est la forme générale ainsi que les ornements du dehors, jusqu'aux plus fragiles. Ces plis, ces piquants, ces bourrelets, ces stries croisées, ces côtes rayonnantes, ces cordons spi-

Coquille marine.— Peigne.

raux que nous admirons dans les coquilles vivantes, tout s'y retrouve avec une conservation parfaite. On est émerveillé de voir ces délicates élégances intactes au milieu des rudesses de la pierre.

Or, d'où viennent ces coquillages? A coup sûr de la mer, puisque c'est exclusivement dans la mer que vivent aujourd'hui des êtres semblables. Sont-ils venus de loin, charriés par des eaux tumultueuses qui, dans les fureurs de quelque tempête, auraient momentanément envahi les terrains à sec? — Non, ils ne sont pas venus de loin; des flots dévastateurs ne les ont pas balayés d'autre part pour les amonceler ici.

Coquille marine.
Cythérée.

Il suffit à la vague de rouler une coquille pour la briser ou du moins pour effacer à fond ses ornements. Que serait-ce alors, même pour les coquilles les plus solides, si des eaux tourmentées les avaient ballottées d'un écueil à l'autre sur un long parcours? Tout ne serait plus que débris sans forme. Les coquillages fossiles, pour la plupart d'une si merveilleuse conservation, ne proviennent donc pas d'ailleurs.

Ils ont vécu aux points mêmes où maintenant on les trouve; ils y ont vécu non dans des eaux bouleversées et troubles, mais dans des eaux calmes et limpides, seules compatibles avec la vie. Très longtemps, dans une profonde tranquillité, leurs races ont prospéré là; aux générations ont succédé des générations sans nombre , car l'amas des restes laissés est immense.

Toute coquille extraite du sol nous raconte à sa manière une grandiose histoire. Elle nous dit : « Ici la mer a séjourné un temps indéfini ; par des mouvements de terrain qui élèvent le bas et abaissent le haut, les eaux où j'ai vécu se sont retirées autre part ; moi je suis restée dans ma sépulture de pierre, comme témoin de l'antique mer disparue.

Ce qui maintenant est terre ferme, ce qui s'arrondit en dos de colline, ce qui se dresse en cime de montagne, jadis était sous les eaux et servait de lit aux océans. Je date de plus loin que l'histoire ; je suis bien plus vieille que l'homme. Aux points où s'étendent aujourd'hui Paris, Bordeaux, Lyon et autres grandes villes, j'habitais moi-même autrefois, sur un lit de sable, dans des eaux profondes. »

Elle dit encore : « Morte, je me suis envasée dans les boues sous-marines, elles-mêmes peu à peu converties en pierre par le travail des siècles. Là, dans mon enveloppe de pierre, je suis restée intacte. Plus tard, dérangé de son niveau par des bouleversements souterrains, le fond des golfes que j'habitais s'est élevé au-dessus des eaux, et la partie mise à sec est devenue la contrée où maintenant le curieux m'extrait du sol. Si quelque bras de mer actuel éprouvait, chose possible, semblable trouble de stabilité, les coquillages morts amoncelés dans les boues de ses profondeurs remonteraient des abîmes, au sein des vases durcies en roc, et seraient comme moi des fossiles. »

Aussi parlent les coquillages de la pierre. Ils nous répètent d'une autre façon ce que nous ont appris les cailloux roulés. La configuration de la terre ferme n'a pas toujours été la même. D'immenses changements sont survenus qui, des bas-fonds occupés d'abord par les eaux marines et leurs populations, ont fait en grande partie la terre ferme, avec ses accidents de collines et de montagnes. Les rivages se sont déplacés, la distribution des mers et des terres a varié, la géographie d'aujourd'hui n'est pas la géographie d'autrefois.

LI. — Quelques animaux des anciens âges.

Outre les coquillages, l'on rencontre aussi dans la
pierre des restes de toutes sortes d'animaux, des plus
gros jusqu'aux moindres : lézards qui, vivants, trouve-
raient à peine sur beaucoup de nos places publiques le
large nécessaire pour se retourner, tant ils sont monstrueux ; tortues dont la carapace a l'ampleur d'un bate-
let ; poissons étranges de structure ; oiseaux comme on
n'en voit plus d'aussi singuliers ; quadrupèdes énormes,
auprès desquels notre bœuf serait un nain. Tout ce qui
vole aujoud'hui dans les airs, tout ce qui chemine ou
rampe sur la terre, tout ce qui nage dans les eaux, a
des représentants ensevelis dans la roche, mais avec des
formes et souvent des dimensions bien différentes de ce
que nous montrent les animaux actuels.

Ces antiques créatures, l'homme ne les a jamais vues
vivantes, tant elles remontent loin dans le passé. Leurs
races, après avoir très longtemps peuplé le monde, ont
disparu pour toujours, remplacées par d'autres. Ce qui
nous en reste consiste surtout en ossements qui, par
leur dureté et leur nature minérale, résistent le mieux
aux diverses causes de destruction. Avec le secours seul
de ces os, la science parvient à retrouver la forme exacte
de la bête. Elle nous dit de quoi se nourrissait l'animal
et quelles étaient ses habitudes. Par un miracle de saga-
cité, elle ressuscite pour ainsi dire l'antique carcasse dis-
loquée et la fait revivre aux yeux de l'esprit.

Les os fossiles sont habituellement enclavés dans la
pierre que le mineur remonte des profondeurs du sol ; il
faut le travail du pic, du ciseau, du marteau, pour les
dégager de la roche. Comment sont-ils là ? — De la même
façon que les coquilles. Si l'animal a vécu dans les
eaux d'un lac ou de la mer, les boues du fond ont enseveli ses débris. S'il a vécu sur terre, les eaux des orages
ont roulé son cadavre à la rivière, qui l'a conduit au lac

ou à la mer. Plus tard, le lac s'est desséché, la mer s'est retirée, et leurs limons durcis sont devenus la pierre d'où se retirent aujourd'hui les restes des vieilles populations.

Quelles étaient donc ces populations, antérieures à l'homme? — Pour nous en tenir aux animaux pourvus d'os, sorte de charpente intérieure soutenant l'édifice du corps, on peut dire, d'une manière générale, qu'une succession graduelle s'est faite de l'inférieur au supérieur en structure. Ont paru d'abord les poissons, puis sont venus les reptiles, ensuite les oiseaux, enfin les quadrupèdes allaitant leurs petits. L'homme, que ses incomparables dons mettent au-dessus de toutes les autres créatures, est venu le dernier.

Donnons un rapide coup d'œil à quelques exemples des antiques habitants des terres et des mers. Voyez celui-ci. L'arrière, par sa forme et ses rangées d'écailles, rappelle quelque peu la queue d'un poisson; mais l'avant, à quoi peut-on le comparer? Que signifient ces larges plaques osseuses, assemblées l'une contre l'autre

Le Ptérichthys.

ainsi que les briques d'un parquet? L'animal est cuirassé d'une armure pour braver peut-être la dent de l'ennemi.

A quoi peuvent servir ces espèces d'ailerons qui battent les flancs; de quel usage sont ces deux courtes cornes dressées à la base du front? Quelle est donc cette bête où se trouvent bizarrement associées la queue du poisson, la cuirasse de la tortue, l'aile déplumée de l'oiseau, la corne naissante du bélier? Vous ne devineriez pas, tant l'animal s'éloigne de tout ce qui vous est connu.

C'est un poisson, mais un poisson comme nos fritures n'en préparent jamais de tels, un poisson comme la mer n'en possède plus de pareils.

Il remonte aux plus vieilles époques du monde. On l'appelle *ptérichthys*. Ne vous récriez pas sur ce nom, aussi étrange pour nos oreilles que l'animal l'est pour nos yeux ; traduit en notre langue, il signifie poisson

Le Poisson volant.

ailé. L'antique poisson volait-il en effet ? A coup sûr non. Il était trop lourd, trop massif, pour se permettre l'essor. Ses ailerons étaient tout simplement des rames excellentes pour la nage.

Dans les mers de notre temps vivent certains poissons aptes à voler. Leurs nageoires latérales, fort longues, s'étalent en vaste éventail qui leur permet de se soutenir quelque temps dans les airs. Traqués de trop près par un ennemi, ils échappent à sa poursuite en s'élançant hors des eaux pour voleter au-dessus des flots, franchir une certaine distance et replonger dès que leurs nageoires commencent à perdre leur souplesse en se desséchant. On leur donne le nom de *poissons volants.* Comparez les deux images, et vous verrez combien le poisson volant actuel diffère du poisson ailé d'autrefois.

Le Ptérodactyle.

Et cet autre ! Quel rêve extravagant imaginerait semblable monstruosité ? C'est le col et la tête d'un oiseau déplumé ; c'en est aussi le bec, mais un bec énorme, armé de dents pointues sur chaque mandibule. C'est l'aile de la chauve-souris. Un doigt des pattes antérieures s'allonge démesurément et soutient une ample membrane à peu près comme une baleine de parapluie soutient l'étoffe tendue. Ses autres doigts sont libres et pourvus de griffes.

15.

Les pattes postérieures sont celles du lézard. Le corps est finement écailleux, marbré de taches, et se termine par une queue écourtée. Enlevons à la bizarre bête ses ailes de chauve-souris, son long col et sa tête d'oiseau, et nous aurons à peu près le lézard, celui qui prend le soleil sur les vieilles murailles, ou cet autre, plus gros et tout vert, qui nous cause une subite émotion quand il court, parmi les feuilles mortes, dans l'épaisseur des haies.

C'était, en effet, un reptile, une sorte de lézard. Il y en avait de plusieurs espèces, depuis la taille de l'alouette jusqu'à celle du corbeau. Comme les chauves-souris, l'animal sortait au crépuscule de ses retraites dans le creux des rochers, et voletait gauchement dans les airs à l'aide de ses ailes de peau tendue. De son bec denté, il happait au passage de grandes libellules, les principaux insectes d'alors. Repu, il se reposait à terre, les ailes ployées contre les flancs, le corps dressé sur les pattes postérieures ; ou bien il se suspendait aux rochers par la griffe du pouce. Son nom est *ptérodactyle,* signifiant doigt ailé.

Passons à un autre. Maintenant c'est un oiseau. Et quel oiseau, mes amis ! Son bec, monstrueux comme celui de l'animal qui précède, avait pareillement les mandibules armées d'un râtelier féroce. Des dents pointues dans la gueule d'un reptile, lézard, crocodile, serpent, c'est tout naturel ; mais dans le bec d'un oiseau, c'est inouï.

On chercherait vainement dans le monde entier pour trouver aujourd'hui quelque chose de semblable. Il y a des becs de toute forme, de toute grosseur ; il y en a de courts, d'allongés, de droits, de crochus, de robustes, de faibles ; mais tous sont dépourvus de râtelier, comme le sont les becs de la poule et du moineau. Quelle singulière mode chez l'oiseau primitif d'adopter pour bec la gueule dentée du reptile !

Il a fait plus : il en a adopté la queue, mais en la couvrant de plumes. Les oiseaux de notre temps ont un court et large croupion où s'implantent une douzaine de fortes plumes. L'oiseau premier en date a la sienne for-

mée d'une longue série d'osselets donnant chacun soutien à deux plumes. Voici en image cette queue, telle
qu'on l'a trouvée dans la pierre où l'étrange créature a
laissé ses dépouilles. L'oiseau qui la portait est appelé
par les savants *archæoptéryx,* ou bête ailée des anciens
âges.

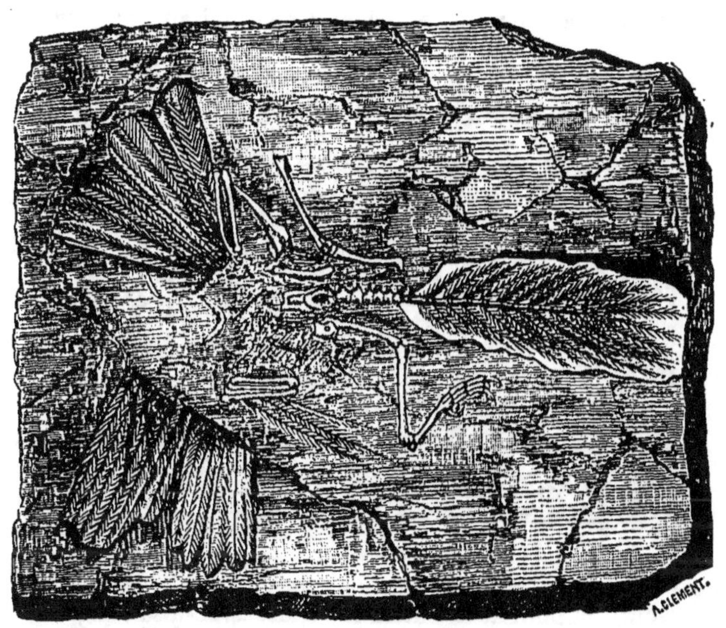

L'Archæoptéryx.

Encore un et pas plus. L'animal que voici se nomme
mammouth. C'était un monstrueux éléphant velu, dont le
dos aurait touché le plafond de la plupart de nos grandes
salles. Sa hauteur atteignait six mètres. A son côté,
l'éléphant ordinaire, le plus gros des animaux terrestres actuels, ferait la figure d'un mouton à côté d'un
bœuf.

Ses défenses, fortement recourbées, mesurent quatre

mètres de longueur et pèsent jusqu'à quatre cent quatre-
vingts livres chacune. Quelle ne devait pas être la vigueur
du colosse qui portait à l'entrée des lèvres un poids de
neuf quintaux avec la même aisance que le chat porte
les poils de sa moustache !

L'homme existait déjà du temps du mammouth. Armé
de cailloux tranchants et de flèches à pointe d'os, il osait
s'attaquer à l'énorme bête, dont le poids faisait trembler

Le Mammouth.

le sol. Il la poursuivait dans ses chasses, il faisait régal
de ses chairs. Quelle pièce de gibier lorsque le géant
tombait dans la fosse profonde dont l'ouverture était
masquée par un léger plafond de verdure et de bran-
chages ! On accablait le captif sous des blocs de rocher,
puis c'était festin interminable pour toute la tribu.

N'allons pas plus loin et disons pour terminer : les
animaux d'aujourd'hui ne sont plus les mêmes qu'autrefois ; bien avant les populations actuelles des terres et
des mers, ont paru graduellement d'autres populations,
toutes différentes, dont les races ont pour toujours dis-

paru. Nulle part au monde ne vivent maintenant des
êtres pareils à ceux dont le sol nous a conservé les
restes fossiles.

LII. — La Houille.

Le charbon avec lequel s'entretient le feu de la forge,
où rougit et se ramollit le fer avant d'être travaillé sur

Intérieur d'une mine de houille.

l'enclume ; le charbon que nous brûlons dans nos poêles
pour obtenir de la chaleur en hiver, se nomme habituellement *charbon de terre*. Que veut-on entendre par cette expression ? On veut dire que ce charbon n'est pas l'œuvre de

l'homme, comme celui que les charbonniers obtiennent en brûlant à demi le bois de leurs forêts, mais se trouve tout fait dans le sein de la terre, où le mineur va le chercher au milieu des assises du roc. On le nomme aussi *houille*.

C'est un combustible de valeur incomparable. Par la chaleur qu'elle dégage, la houille donne le mouvement aux diverses machines. Elle fait mouvoir la locomotive des chemins de fer et le paquebot fumeux des océans. Avec son aide se travaillent les métaux, se tissent les étoffes, se cuisent les poteries, se fondent les verres, s'impriment les journaux et les livres, se façonnent les outils, s'obtiennent les instruments nécessaires à notre activité. L'industrie n'a pas de plus puissant auxiliaire. S'il fallait remplacer la chaleur de la houille par celle du bois, les forêts n'y suffiraient pas.

Quelle est donc l'origine de ce combustible, aliment d'un travail immense et source d'incalculables richesses? — D'ordinaire, un morceau de houille n'a pas grand intérêt pour le regard. C'est noir, luisant, informe, friable, sans caractère précis qui puisse nous renseigner. On s'instruit mieux avec les morceaux de rebut, dédaignés du mineur comme trop pauvres en matière charbonneuse, morceaux où domine la pierre noire, se divisant en feuillets. Là nous attend une surprise qui nous dira le secret de la houille.

Ces blocs feuilletés, plutôt pierre que charbon, nous montrent sur les éclats que vient de séparer le choc du marteau, des dessins merveilleux où se reconnaît sans hésitation l'empreinte, le moulage d'un végétal. Impossible de s'y méprendre : une plante a laissé là ses restes. Voilà bien la feuille avec ses subdivisions et ses nervures. Tout y est, jusqu'aux détails les plus délicats. C'est bien réellement la feuille, moins la couleur verte, remplacée par la couleur noire du charbon. Nous n'obtiendrions pas un dessin plus exact en prenant nous-mêmes, sur une molle plaque d'argile, l'empreinte de quelque feuillage coriace.

En attendant qu'une heureuse chance vous mette en

possession, au voisinage de quelque mine de houille,
d'un bloc lamelleux que vous débiterez en feuillets
pour obtenir à découvert les empreintes végétales qu'il
recèle, voici en image ce que vous montrera la curieuse
pierre.

Qu'en pensez-vous ? N'est-ce pas là vraiment des
feuilles, et de fort élégantes ? Elles sont étalées avec un

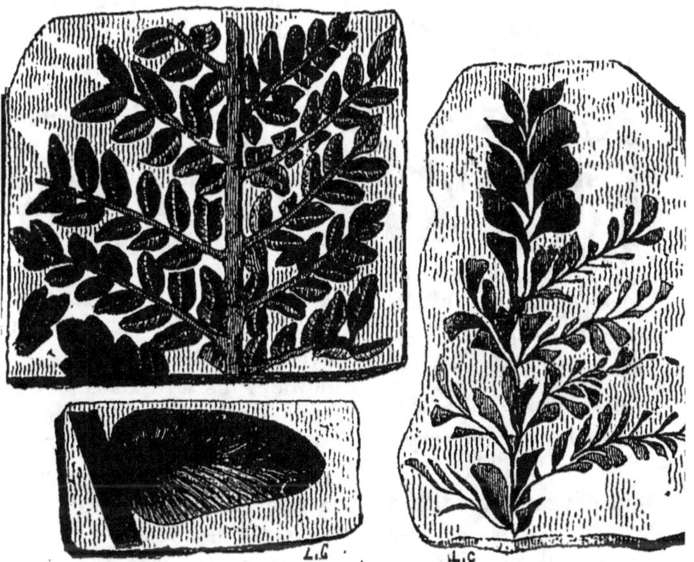

Fragments de Fougères de l'époque de la houille.

soin où semblerait avoir pris part une main minutieuse.
Oui, ce sont des feuilles, mais converties en charbon et
solidement incrustées dans leur lit de roche noire.

Semblables empreintes sont d'une abondance extrême
dans toutes les mines de houille. Certains bancs, épais
de plusieurs mètres, en sont exclusivement formés; la
moindre plaque qu'on en détache porte sur chaque face
des effigies de feuillage. Ce n'est qu'un amoncellement
de feuilles et de tronçons de tiges écrasées. Tout le pro-

duit d'une forêt, mis en tas, ne donnerait pas l'égal d'un amas pareil. Ainsi est démontré que la houille représente les restes d'une antique végétation.

Les fleuves d'autrefois, pendant les fortes crues, charriaient en radeaux les troncs arrachés de leurs rives et les feuillages balayés sur les pentes par les eaux pluviales, puis laissaient échouer le tout à leurs embouchures vaseuses, dans quelque baie ou quelque lac. De la sorte s'amassaient çà et là, sous les eaux, pendant une longue série de siècles, les débris des forêts primitives.

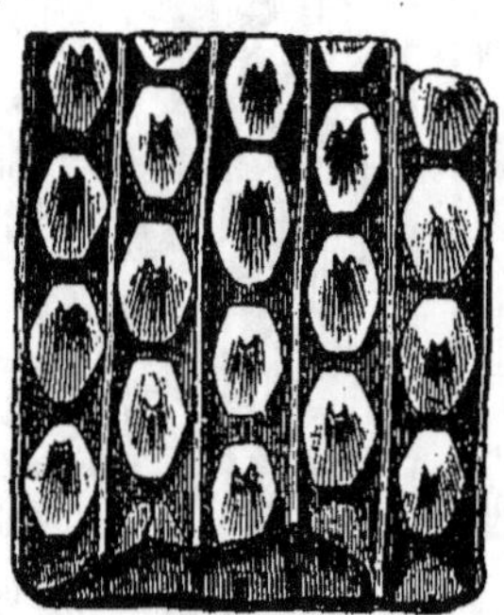

Fragment de tige d'un végétal de la houille.

De fins limons enveloppaient ces amas, en moulant avec délicatesse jusqu'à la moindre feuille; le poids des boues superposées écrasait les tiges ramollies; un lent travail de pourriture convertissait le tout en charbon, et finalement la masse ligneuse devenait une couche de houille. Plus tard les eaux ont changé de lit, chassées ailleurs par les bouleversements du sol, et les bas-fonds inondés sont devenus terre ferme, où nous trouvons maintenant la houille sous de puissantes assises de roche.

Serait-il possible de reconnaître les végétaux d'où nous est venu le charbon de terre? Oui, c'est possible, tant sont bien conservés de forme les débris qui nous en restent. Or, l'examen des empreintes laissées dans les feuillets de pierre nous apprend que les végétaux des lointaines époques où s'est amassée la houille n'ont pas la moindre ressemblance avec ceux de nos bois. Il fallait s'y attendre. Les animaux ont changé, nous venons de le voir; pourquoi les végétaux seraient-ils restés les mêmes?

On ne trouve donc dans la houille rien de semblable aux arbres actuels. Nulle part au monde ne se voient plus des végétaux pareils; ou, s'il en existe encore d'ana-

Vue idéale d'une forêt de l'époque de la houille.

logues, il faut aller les chercher dans les îles des mers
les plus chaudes. Qu'il soit arbre, arbuste ou simple
touffe de feuillage, aucun végétal de la houille n'a de
fleurs. Les magnificences de la corolle ne doivent apparaître que plus tard.

Ce sont, pour la plupart, des tiges élancées, sans ramifications, d'égale venue, sillonnées de cannelures ou
marquetées de larges points rangés en lignes spirales.
Au sommet se balance un panache d'énormes feuilles,
dont la face inférieure porte des bourrelets allongés ou
arrondis d'une fine poussière brune dont chaque grain
est une semence propre à la multiplication de la plante.

Les végétaux qui portent ainsi leurs semences par
amas poudreux à la face inférieure des feuilles se nomment *fougères*. Nos pays en possèdent quelques espèces.
Ce sont d'humbles plantes, amies de l'ombre et de la
fraîcheur. Les vieilles murailles humides, les rochers
d'où l'eau suinte goutte à goutte, les fourrés les plus
sombres des bois, sont leur habituelle demeure.

Une courte souche souterraine, un maigre bouquet de
feuilles, très élégamment découpées il est vrai, voilà les
fougères de nos régions. Celles de la houille avaient une
autre tournure. Certaines d'entre elles étalaient à la cime
d'une tige élancée comme celle de nos peupliers une
touffe de feuilles de cinq à six mètres de longueur. On
les nomme *fougères en arbre*. Elles ont contribué pour
la majeure part à la formation du charbon de terre.

La figure qui précède nous donne une idée de ce que
devait être alors la végétation. Quels arbres étranges!
Comme nous voilà loin de nos bois de chênes, de hêtres,
de sapins! Le sol est une bourbe mouvante où se couchent et pourrissent les troncs abattus par le poids des
années; l'air est tiède, humide, lourd, fortement imprégné de l'odeur de moisi; l'épaisseur du feuillage laisse à
peine pénétrer quelques rayons de soleil, qui font miroi-
ter des flaques d'eau croupissante.

Partout, silence profond. Aucun chant d'oiseau ne descend des vertes cimes, car l'oiseau n'existe pas encore;

aucun pas de quadrupède ne foule le sol, car le quadrupède à vêtement de poils ne viendra que bien plus tard.
Quelques lézards dans les crevasses de rocher, quelques
grandes libellules au bord des eaux, quelques odieux
scorpions sous les amas de feuilles mortes, voilà tout
ce qui peuplait les forêts d'où nous est venue la houille.

LIII. — La force de la vapeur.

Je veux vous montrer aujourd'hui une paire d'expériences que nous faisions le jeudi entre camarades
lorsque j'avais votre âge. Vous les répéterez vous-mêmes
à la prochaine occasion favorable. Elles
vous apprendront comment la vapeur
de l'eau a pu devenir le travailleur le
plus vaillant que l'homme ait jamais eu
à son service.

Nous avons vu de quelle manière la
vapeur produite par le soleil engendre
les nuages, d'où descendent les pluies
et les neiges, cause de tous les cours
d'eau de la terre ; essayons maintenant
de comprendre par quel artifice, avec
les vapeurs que produisent les ardeurs
d'un foyer, l'homme est en possession
d'un serviteur capable de tous les
efforts, apte à tous les métiers.

Expérience sur la
force de la vapeur.

Prenez une toute petite bouteille de verre, une fiole
guère plus grosse qu'un œuf. Vous y versez un peu
d'eau, le contenu d'une cuiller à peu près, et vous la
fermez avec un excellent bouchon, qui ne laisse aucune
fuite. Ainsi disposé, l'engin est placé devant le foyer,
sur la cendre chaude, à proximité des charbons ardents.
Puis retirez-vous à distance, pour éviter des éclabous-
sures possibles, et laissez faire.

L'eau s'échauffe, donne des vapeurs, se met à bouillir.
Soudain, pouf!... C'est le bouchon qui saute en l'air avec

explosion, chassé par la poussée de la vapeur prisonnière. Pour la réussite de ce coup de pistolet chargé avec de l'eau, il faut que le bouchon ferme exactement et ne laisse pas fuir la vapeur avant l'heure. S'échappant avec plus ou moins de liberté à mesure qu'elle se forme, ainsi qu'elle le fait d'un pot uniquement fermé de son couvercle, la vapeur ne produirait rien.

Mais le bouchon de liège, convenablement choisi, ferme toute issue et résiste jusqu'à ce que la vapeur, accumulée en quantité suffisante, le projette au loin avec fracas. Il pourrait même trop résister; et c'est alors la fiole qui volerait en pièces, brisée par l'indomptable effort de la vapeur.

Aussi cette expérience demande-t-elle quelques précautions. Faite avec étourderie, elle exposerait à des brûlures, à des éclats de verre. Donc tenez-vous à distance pendant que la fiole s'échauffe, sans toutefois vous exagérer le péril, qui est bien petit, presque nul. A moins d'être ficelé, le bouchon cédera avant la bouteille, la chose est sûre.

Voici qui est plus commode et qui rassurera les plus craintifs. Il passe entre vos mains certain porte-plume en métal, composé de deux parties s'emboîtant l'une au bout de l'autre. A la plus courte s'adapte la plume. La seconde, beaucoup plus longue, est le manche de l'outil à écrire. Elle en est aussi l'étui. C'est un cylindre creux dans lequel se loge la plume quand elle ne sert plus.

Eh bien, prenez un de ces petits cylindres métalliques, un de ces étuis, et versez-y quelques gouttes d'eau. Puis à travers une tranche de pomme de terre ou de carotte de l'épaisseur du doigt faites passer l'étui, l'ouverture la première. Le bord tranchant de l'orifice découpera une rondelle qui restera dans l'étui et formera bouchon. Le pistolet à eau est alors chargé, prêt à partir.

Vous en présentez le fond à la flamme d'une bougie, en le tenant avec des pinces, avec un morceau de bois fendu, pour ne pas vous brûler. Quelque chose s'entend bruire dans l'intérieur de l'étui. C'est la vapeur qui se forme, l'eau qui se met à bouillir; puis le pistolet détone, le tampon de pomme de terre est lancé à distance, et un jet de vapeur s'échappe du cylindre.

La pièce d'artillerie est bientôt rechargée. Encore quelques gouttes d'eau, encore un tampon découpé à travers la tranche de pomme de terre, et voilà l'instrument prêt pour une autre explosion. Ainsi se répètent, jusqu'à satiété, ces curieuses canonnades où la poudre est remplacée par de l'eau, où le boulet est un inoffensif morceau de pomme de terre.

Ces expériences faites, votre esprit s'interroge : il se demande d'où vient cette puissance à la fumée de l'eau, à la vapeur. D'un linge mouillé nous voyons cette fumée s'élever si tranquille, si faible d'apparence, que nul de nous n'y prend garde; d'une marmite bouillant sur le feu nous la voyons monter dépourvue de la moindre force; et voilà que dans une fiole, dans un étui de porteplume, elle se révèle avec la puissance explosive de la poudre. D'où cela provient-il?

La vapeur est comparable à un ressort qui, retenu dans un espace trop étroit pour lui, ramassé sur lui-même, presse et repousse l'obstacle tant qu'il est gêné, et qui une fois détendu au point convenable cesse d'agir.

Autant faut-il en dire de la vapeur. Libre de se répandre à sa guise, elle est sans force appréciable; prisonnière dans un espace insuffisant, où il s'en forme de plus en plus, elle s'accumule, se comprime et fait effort croissant pour se dégager, si bien qu'à la fin tout obstacle cède, si résistant qu'il soit.

Si la bouteille n'était pas bouchée, si l'étui de porteplume n'avait pas de tampon, la vapeur formée se dégagerait librement aussitôt apparue; elle ne pourrait s'accumuler et devenir ainsi une sorte de ressort tendu, chassant devant lui ce qui l'arrête. Avec le bouchon de liège, avec le tampon de pomme de terre, les choses ne peuvent plus se passer de la sorte. Forcée de rester en place dans une capacité trop étroite, la vapeur s'accu-

mule de plus en plus et finit par acquérir assez de puissance pour rejeter au loin, avec explosion, ce qui la re-
tenait prisonnière.

Il va de soi que cette poussée de la vapeur ne s'exerce
pas seulement sur le bouchon de la fiole et le tampon du
porte-plume ; elle s'exerce partout avce la même

Autre expérience sur la force de la vapeur.

force à l'intérieur de l'étui de métal et de l'ampoule de
verre, et c'est le point de moindre résistance qui cède à
la pression. Résistant moins que la fiole, moins que le
tuyau métallique, le bouchon et le tampon cèdent à la
poussée et sont projetés à distance ; s'ils résistaient davantage, ce serait la petite bouteille et le porte-plume
qui voleraient en éclats.

Peut-être ne comprenez-vous pas suffisamment encore

le pouvoir de la vapeur accumulée dans une capacité trop étroite pour elle. Un jouet cher à votre âge, la *canonnière* de sureau, va vous aider à comprendre. Vous êtes, j'en suis certain, plus habiles que moi à façonner et à manœuvrer ce jouet. C'est égal : pour ceux qui pour-

La canonnière de sureau.

raient l'ignorer, disons en quoi consiste la fameuse canonnière, et comment on la fait fonctionner.

Dans la haie, une branche de sureau est choisie, de la grosseur à peu près du col d'une bouteille. On en détache un morceau bien droit, bien régulier, d'un empan de longueur environ. Le sureau est très riche en moelle, qu'il est facile d'enlever. Il suffit de la pousser avec une baguette. Nous voilà riches d'un solide cylindre creux.

Alors est fabriqué au couteau un refouloir. C'est une pièce en bois qui peut entrer dans le canal du cylindre, d'une extrémité à l'autre. Pour en rendre la manœuvre aisée, un manche plus gros est ménagé au bout. C'est fini : l'instrument est prêt; il ne reste plus qu'à le charger.

De l'étoupe bien assouplie, provenant de quelque vieille corde détordue, est mâchée, remâchée et façonnée en tampon que l'on introduit dans la canonnière et que l'on amène à l'autre bout avec le refouloir. Voilà un bout du cylindre exactement bouché, au point que rien ne pourrait y trouver passage, pas même l'air, matière si subtile.

Un second tampon d'étoupe, pareil au premier, est maintenant enfoncé dans l'orifice libre. Appuyé contre la poitrine par son large manche, le refouloir le chasse devant lui. Clap!... Le pistolet part; le tampon d'avant est lancé comme une balle. Lancé par quoi? Je vais vous le dire.

Qu'y avait-il d'abord dans la canonnière entre les deux tampons, l'un à l'orifice d'avant, l'autre à l'orifice d'arrière? — Rien, me répondrez-vous sans doute. — Rien de visible, soit; mais l'invisibilité n'est pas signe de néant. Il y avait de l'air, que nous ne pouvons voir, et n'est pas moins réelle matière.

Cet air, vous l'avez emprisonné entre deux solides tampons, ne laissant passage aucun, pas plus d'un bout que de l'autre. Au début, il occupe toute la longueur du cylindre, espace convenable qui lui laisse pour ainsi dire ses coudées franches et n'éveille pas son action.

Mais le refouloir fonctionne. Le tampon d'arrière se rapproche de celui d'avant, de manière que l'air prisonnier se comprime, s'accumule dans un canal de plus en plus court. A mesure que l'espace occupé diminue, cet air fait effort plus grand pour redevenir ce qu'il était, ainsi que le ferait un ressort comprimé. Un moment arrive donc où sa poussée chasse violemment le tampon antérieur, seule partie de la canonnière qui puisse céder.

Eh bien, la vapeur d'eau, accumulée par la chaleur dans un espace trop étroit pour elle, agit exactement de la même façon que l'air accumulé par le refouloir dans une longueur de plus en plus courte de la canonnière. C'est de part et d'autre même effort pour occuper un espace plus grand et même violente poussée contre les obstacles qui s'y opposent.

LIV. — La Machine à vapeur.

L'étui de porte-plume n'a pas fini ce qu'il peut nous apprendre. Imaginons-le fermé des deux bouts, au lieu de l'être seulement à une extrémité, ainsi que l'exige l'usage auquel il est destiné; supposons aussi dans son intérieur un tampon de pomme de terre qui divise l'étui en deux compartiments sans communication entre eux.

Admettons en outre que, par des moyens dont les détails seraient ici hors de propos, de la vapeur puisse apparaître dans chacun des compartiments tour à tour, et disparaître en se dissipant au dehors dès qu'elle a agi sur le tampon par sa poussée. Que se passera-t-il dans l'engin ainsi disposé? Il me semble que vous le voyez déjà, tant c'est simple.

La vapeur apparue dans le compartiment de gauche chassera devant elle le tampon et le refoulera jusqu'à l'autre bout de l'étui. Cela fait, cette vapeur cessera d'agir, puisque nous admettons qu'elle s'écoule librement au dehors, ce qui lui fait perdre sa force. Mais à l'instant même de la vapeur apparaît, avec toute sa puissance, dans le compartiment de droite, réduit à sa moindre longueur par le déplacement du tampon. Celui-ci, que rien ne presse plus sur la face gauche, revient donc sur ses pas et gagne l'extrémité gauche du cylindre.

Les mêmes faits recommencent. La vapeur, douée de tout son pouvoir, apparaît dans l'étroit compartiment de gauche, et ramène le tampon à droite. Ainsi de suite, la vapeur agissant et cessant d'agir à tour de rôle sur l'une

et puis sur l'autre face de la rondelle mobile. Cette rondelle, tampon de pomme de terre ou de carotte, est de cette
façon animée d'un continuel mouvement de va-et-vient
qui lui fait parcourir la longueur de l'étui de gauche à
droite et de droite à gauche alternativement.

L'idéale machine que notre imagination conçoit ainsi
agencée, l'industrie la réalise, dans de vastes proportions, pour en obtenir des effets d'une puissance presque
sans limites. Elle remplace notre étui de porte-plume
par un robuste cylindre de fer, nommé *corps de pompe*,
capable de résister à toutes les violences de la vapeur ;
elle substitue à notre tampon de pomme de terre une
épaisse rondelle de fer, appelée *piston*.

La vapeur ne se produit pas dans le corps de pompe ;
elle y vient d'ailleurs, toute formée. Elle arrive d'une
chaudière spéciale, sorte de colossale marmite de forme
cylindrique, arrondie aux deux bouts et couchée tout de
son long sur un foyer d'une ardeur extrême. Des plaques de fer de plusieurs travers de doigt d'épaisseur,
assemblées à coups de marteau avec de gros clous à
large tête, composent l'énorme ustensile où la vapeur
captive gronde, furieuse, sans autre issue qu'un conduit
lui permettant d'aller agir sur le piston.

Des soupapes habilement ménagées, des robinets qui
s'ouvrent et se ferment d'eux-mêmes au moment oppor-
tun, la laissent pénétrer à tour de rôle dans les compartiments du corps de pompe ; d'autres soupapes, après sa
poussée tantôt sur l'une et tantôt sur l'autre face du
piston, la laissent fuir au dehors en bouffées blanches.

Par le jeu de ces combinaisons, le piston va et vient
dans le cylindre du corps de pompe ; il monte puis descend, il remonte puis redescend ; il alterne, infatigable,
l'aller et le retour. Mais ce n'est pas pour faire danser
une rondelle d'acier dans un cylindre que l'on se met en
frais de pareil engin ; c'est pour utiliser le brutal élan du
piston et le communiquer à une machine. On y parvient
de la façon que voici.

Le piston porte, soudée avec lui, une forte tige de fer

qui sort du corps de pompe par une de ses extrémités, au moyen d'un orifice tout juste suffisant à son passage, afin que la vapeur ne puisse en même temps fuir par là. Obéissant au piston qui l'entraîne dans un sens puis dans l'autre tour à tour, l'extrémité extérieure de cette tige avance et recule, va et revient, tire et pousse, de façon à mettre en branle soit une roue soit une autre pièce du mécanisme. Voilà le mouvement communiqué à l'ensem-

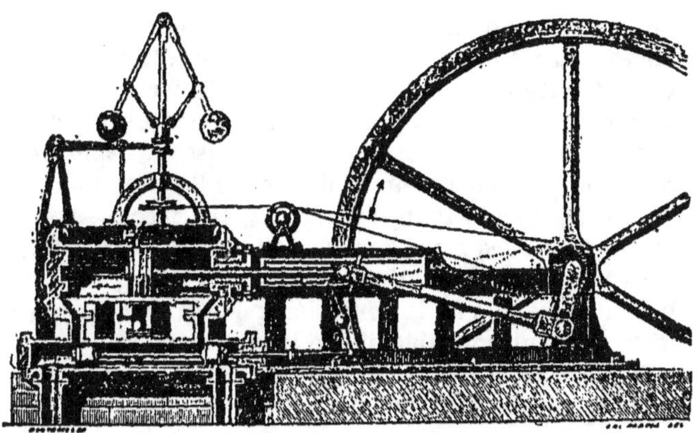

Une Machine à vapeur.

ble de la machine. L'élan alternatif du piston dans son cylindre met le tout en action.

Suivant le travail qu'elle doit faire, une machine est disposée de telle façon ou de telle autre. Elle est parfois de structure assez simple; plus souvent elle est de structure compliquée. Des roues tournent, qui dans un sens, qui dans le sens opposé, ici lentement, là avec une vitesse effrayante; des engrenages mordent les uns sur les autres, engageant et dégageant leurs dents de fer ou de cuivre; des courroies enroulent et déroulent leur large ruban sans fin; des barres d'acier, polies comme des bijoux, gravement montent et descendent; telle pièce oscille sur place, telle autre avance et puis recule, telle autre encore ouvre et referme ses deux branches qui font songer à des mâchoires. C'est tout un monde bruyant et tournoyant, où l'oreille est assourdie, où le regard se perd.

Or ces mouvements si variés, si précis dans leurs limites, si puissants dans leurs effets, reçoivent tous l'impulsion du piston, que pousse et repousse la vapeur. Tous s'arrêtent du moment que le piston s'arrête. N'importe l'arrangement de ses rouages, n'importe le travail accompli, toute machine à vapeur possède une pièce fondamentale, toujours la même, sans laquelle rien ne marcherait. Cette pièce, âme pour ainsi dire de l'ensemble, c'est le piston oscillant dans son étui de fer.

Que ne fait-on faire à la machine ! Tous les métiers lui sont confiés, si délicate que soit l'adresse à déployer, si puissant que soit l'effort à donner. Elle tisse une gaze aussi fine qu'une toile d'araignée ; elle façonne comme en se jouant des blocs de fer que les bras de cent forgerons ne parviendraient pas à remuer. Elle aiguise et polit la fine aiguille de la couturière ; elle traîne sur la voie ferrée une interminable file de lourds wagons.

Veut-on de la dextérité ? Elle en a : les doigts les plus habiles ne sauraient rivaliser avec elle. Veut-on de la puissance brutale ? Elle en a : jamais épaules de géants ne remueraient les fardeaux dont elle se charge.

Elle fait tout. Et quel total énorme pour la somme de son travail ! Tous les ouvriers du monde, secondés par tous les animaux dont nous utilisons les forces, n'accomplissent pas la centième partie de l'œuvre due à l'ensemble des machines. Quel travailleur que ce piston oscillant dans un cylindre ! quelle source incalculable de richesses et de bien-être !

LV. — Denis Papin.

Certes, ce fut une maîtresse idée que celle d'amener la vapeur dans un cylindre pour la faire agir sur un piston ; idée féconde, qui devait transformer l'industrie et centu-

pler les forces de l'homme en lui donnant un serviteur
que rien ne lasse. Cette idée, le monde la doit à l'une
des gloires de la France, à Denis Papin.

N'allez pas vous méprendre; la machine à vapeur
d'aujourd'hui n'est pas, de bien s'en faut, l'œuvre de
Papin. Beaucoup d'autres sont venus après, améliorant
de plus en plus la disposition première; et de tous les
perfectionnements réunis est résultée la machine actuelle, vrai chef-d'œuvre.

Presque jamais les grandes inventions ne se font en
entier par un seul, tout
d'une pièce. On peut les
comparer à de majestueux
édifices lentement élevés
par des générations d'ou-
vriers. Chacun y apporte sa
pierre, grande ou petite,
moellon brut ou bloc
équarri au ciseau, parfois
modeste grain de sable,
utile tout de même à l'ensemble.

Papin, le premier, a
songé à l'emploi de la vapeur comme force utili-

Denis Papin.

sable, et, le premier, est parvenu à la faire travailler en
effet, mais très modestement, ainsi que vous allez voir.
Tout début est pénible, imparfait; il n'en est pas moins glo-
rieux, précisément parce que c'est le début, parce qu'il est
très méritoire de voir ce que personne ne voyait encore.

Comment cette idée lui est-elle venue? Qui le sait?
Peut-être en réfléchissant au coin du feu sur les fumées
de la marmite en ébullition pour les besoins de la cuisine. C'est si riche de résultats, le fait le plus vulgaire,
lorsqu'on sait le bien observer et l'étudier à fond! Rien
n'affirme qu'un pot d'eau bouillante n'ait inspiré l'imagination de l'inventeur.

Peu importe, après tout, de quelle façon Papin fut con-

duit à son invention; ce qui est certain, c'est qu'on lui
doit la pièce capitale de toute machine à vapeur, l'âme,
comme nous disions tout à l'heure, c'est-à-dire le corps
de pompe et son piston, sans lesquels tout le reste n'aurait valeur aucune. Ouvrier de la première heure, il a
commencé l'édifice; il en a fourni la pierre fondamentale, appui de tout l'ensemble.

Papin est un navrant exemple des difficultés qui trop
souvent accablent l'homme ingénieux sans fortune. Après
avoir doté l'humanité de sa merveilleuse invention, il est
mort à l'étranger, dans l'abandon et la noire misère. Aujourd'hui, récompense hélas! bien tardive, sa statue,
coulée en bronze, sculptée en marbre, se dresse sur nos
places publiques. Écoutez quelques mots de son histoire.

Papin naquit à Blois en 1647. Son père, médecin, lui
fit faire ses études à Paris, en vue de la médecine; mais
le jeune docteur, entraîné par des goûts irrésistibles,
abandonna bientôt l'art de guérir pour s'adonner à la
science dans ses applications mécaniques.

Il était protestant. Exposé aux odieuses persécutions
dont ses coreligionnaires étaient alors les victimes,
il quitta son pays pour avoir quelque tranquillité, et vint
à Londres, où des protecteurs et des amis lui procurèrent
un modeste emploi, lui rapportant soixante-deux francs
par mois.

Quarante sous par jour, c'était à peine de quoi vivre.
Avec ces mesquines ressources, impossible de construire
la machine dont le plan mûrissait de jour en jour dans
son esprit. On lui propose des leçons à donner en Allemagne. Il accepte, et, consacrant à ses chères recherches le
peu de loisir dont il dispose et les petites économies faites
au prix de mille privations, il parvient enfin à construire
le mécanisme objet de ses préoccupations.

Voici Papin en possession d'un cylindre de fer, muni
d'un piston que chasse la vapeur venue d'une chaudière
close. Que fera-t-il de son engin, dont l'ignorant ne man-
quera pas de sourire, tant les apparences en sont modestes? Il l'emploie d'abord à faire mouvoir des pompes

pour retirer l'eau des profondeurs des mines. La machine marche à souhait. L'eau monte, en abondance. Le travail marche mieux que si des hommes manœuvraient les pompes : car nos bras se fatiguent, et le piston jamais.

Encouragé par ce premier succès, l'inventeur s'avisa plus tard d'utiliser son cylindre pour faire mouvoir des roues à palettes qui, choquant l'eau de droite et de gauche, à la manière de rames, pourraient faire progresser un bateau. C'était là le point de départ de la navigation à vapeur.

Le bateau à palettes tournantes fut construit et mis à flot sur la Fulda, près de Cassel, en Allemagne. Le 24 septembre 1707, Papin s'y embarqua, avec sa femme, ses enfants et toute son humble fortune, consistant en quelques effets, quelques misérables ustensiles de ménage. Il se proposait de revenir en Angleterre pour y continuer ses essais.

Mais les bateliers du fleuve ont connaissance de ce départ; ils voient avec déplaisir une machine qui permet de se passer de leurs bras pour faire mouvoir les rames; ils craignent que les palettes mouvantes ne leur enlèvent le travail. Ils accourent à l'embarcation qui fume, furieux, décidés à tout détruire.

Bien des fois, du reste, lors des premières applications de la vapeur, les populations ouvrières se sont soulevées contre les machines, et les ont détruites avec une aveugle fureur, redoutant en elles des concurrents qui les priveraient de leur gagne-pain.

Ces craintes n'ont jamais été fondées : à mesure que les machines se sont multipliées, l'industrie s'est développée, le travail est devenu plus abondant, et l'ouvrier a trouvé, pour occuper ses bras, mille ressources qui n'existaient pas avant.

La vapeur ne supplante pas l'homme, mais lui vient en aide. Elle fournit la force; et l'ouvrier, affranchi de la sorte du plus rude labeur, peut appliquer ses facultés aux travaux plus nobles et plus lucratifs qui réclament le concours de l'intelligence.

Les bateliers allemands furent donc fort mal inspirés;
ils déclaraient la guerre à ce qui devait être un jour la
plus féconde source de travail. Armée de haches et de
massues, la foule stupide se rua sur le bateau à palettes.
En vain Papin suppliait; en vain, pour les protéger, il
enlaçait de ses bras tantôt la chaudière bouillante et
tantôt le cylindre moteur; c'est là que les coups s'abat-
taient de préférence. Tout fut brisé et noyé dans le fleuve.

Dans la machine dont les eaux gardaient les débris
reposaient toutes les espérances de Papin. Pour lui
désormais plus de ressources. Il revint en Angleterre, où
pour vivre il reprit la solde précaire des quarante sous
par jour d'autrefois.

La misère, plus poignante parce qu'elle est partagée
avec une famille, contraignit l'inventeur à délaisser ses
chères machines, reléguées maintenant dans un coin de
la pauvre demeure. Les privations abrégèrent cette triste
existence ; après avoir ruiné la vigueur de l'âme, elles
achevèrent de tuer le corps. Le père de la machine à
vapeur mourut à peu près de faim.

LVI. — La Locomotive.

Qui ne l'a vue passer, sur la voie ferrée, la rapide
locomotive, ce puissant coursier de fer attelé à une
longue file de voitures lourdement chargées? Qui ne
connaît sa cheminée à large embouchure, d'où s'élance
par moments un noir tourbillon de fumée, et par moments un blanc panache de fumée ?

Quelle vitesse et quelle vigueur! Jamais attelage de
chevaux ne pourrait lutter avec elle. Quelle facilité pour
le transport des marchandises et quelles aisances pour
les voyages! Avant son invention, bien des gens ne sor-
taient jamais de chez eux; les moyens de communication
manquaient, étaient trop chers. Aller à la ville voisine
était gros événement combiné des mois à l'avance.

Aujourd'hui tout le monde voyage, qui pour ses

affaires, qui pour ses plaisirs. En une journée, le Breton
visite le Provençal, le Provençal visite le Breton ; les distances ne comptent plus, et les liens se resserrent entre
populations se connaissant mieux. Aujourd'hui tous les
pays échangent leurs produits; aujourd'hui règne une
activité commerciale comme jamais il ne s'en est vu de
pareille. De progrès en progrès, d'un inventeur à l'autre,
les méditations d'un infortuné mort de misère ont renouvelé la face du monde.

Examinons un peu de près l'une des plus belles appli-

La Locomotive.

cations de la marmite close et du cylindre de Papin, la
locomotive, cette admirable machine, assez rapide pour
nous transporter en une journée d'une extrémité à
l'autre de la France, assez puissante pour traîner plus
de chariots que ne le ferait aucun équipage de rouliers.
La voici en image.

Cette grande pièce à dos arrondi, que vous voyez
couchée tout de son long sur trois paires de roues, c'est
la *chaudière*, où la vapeur s'engendre. Elle est formée
d'épaisses plaques de fer rivées avec de gros clous. Des
planchettes de bois verni l'enveloppent pour éviter le
refroidissement du métal lorsque le temps est mauvais,
lorsqu'il pleut ou qu'il neige.

En arrière est le foyer, destiné à chauffer l'eau de la chaudière et à lui faire donner en abondance la vapeur continuellement dépensée par le jeu de la machine. L'ardeur en est entretenue, à pelletées de houille, par un surveillant spécial, le *chauffeur*. Les flammes de ce vif brasier vont d'un bout à l'autre de la chaudière au moyen de nombreux canaux en cuivre, dont vous voyez quelques-uns par une large brèche B, que le dessinateur a ménagée exprès.

Ces conduits traversent, dans toute sa longueur, la couche d'eau de la chaudière. Pleins de flammes et enveloppés par l'eau, ils offrent à celle-ci une vaste surface brûlante, ce qui permet une prompte et copieuse production de vapeur. Voilà certes un moyen de chauffage autrement efficace que celui de quelques tisons allumés sous une marmite. Ces violences sont nécessaires pour donner à la vapeur force suffisante.

En avant est la cheminée. Là se rendent, par les conduits de cuivre, les flammes du foyer, plus abondantes et plus noires chaque fois que le chauffeur renouvelle la charge de charbon. Là se rendent aussi les jets de vapeur après avoir agi. Ils s'élancent en bouffées blanches par intervalles réguliers. Pouf! pouf! pouf! — C'est comme le souffle bruyant de la bête de fer en marche.

La pièce qui fait mouvoir le tout est de pauvre apparence; elle n'a pas les grandes dimensions de la chaudière; elle ne livre pas au vent, comme la cheminée, un panache de vapeur ou de fumée; modestement reléguée de côté, elle échappe presque aux regards non avertis. Vous la voyez en avant de la locomotive, en A. Elle est représentée avec une ample déchirure pour montrer son intérieur. Une seconde pièce pareille est de l'autre côté!

Cette pièce fondamentale, dont le vigoureux élan anime la locomotive, c'est le fameux cylindre de Papin, c'est le *corps de pompe* avec son *piston*, indispensable à toute machine. Poussé par la vapeur, qui lui arrive en avant puis en arrière à tour de rôle, le piston oscille dans son étui de fer; il avance, il recule; il recommence pour recommencer encore, et toujours ainsi.

La tête de sa tige alternativement tire en avant puis repousse une seconde tige, reliée elle-même à la grande roue voisine en un point éloigné du centre. Le tout fait office de la manivelle et de la corde qui mettent en branle la meule à repasser les couteaux, lorsque le pied du rémouleur presse sur la pédale ou planchette reposant à terre par un bout.

Ainsi se mettent à tourner, mues chacune par le piston correspondant, les grandes roues de droite et de gauche de la locomotive. On les appelle les *roues motrices*, parce qu'elles communiquent le mouvement à tout le reste. Les deux autres paires de roues, de dimension moindre, servent seulement à soutenir sur leurs essieux l'énorme poids de la chaudière.

Pour un va-et-vient de leurs pistons, les roues motrices font un tour complet sur elles-mêmes, et la machine avance sur la voie d'une longueur égale à la circonférence de ses roues. Chacun de leurs tours est, pour ainsi dire, un pas de la locomotive. Plus les roues motrices sont grandes, plus aussi la progression est rapide. Élevé sur jambes, un animal fait de plus longues enjambées et chemine plus vite ; ainsi se comporte la machine à hautes roues.

Mais si la vitesse est plus grande, par une compensation inévitable la force se trouve diminuée. De là deux sortes de locomotives, pareilles pour la structure et différentes pour les dimensions de leurs roues motrices. Un train de voyageurs, qui exige toute la célérité possible et dont le poids, quoique très considérable, n'est pas exagéré, est remorqué par une locomotive à hautes roues. On dirait la machine hissée sur des échasses pour aller plus vite. S'agit-il, au contraire, d'un train de marchandises, le faix énorme est alors traîné par une locomotive à petites roues, qui permettent un effort plus grand aux dépens de la rapidité.

La voiture qui vient immédiatement après la locomotive s'appelle *tender*, expression empruntée à la langue anglaise. Là, sans abri aucun, pour avoir les mouvements libres, se tiennent le *chauffeur*, qui s'occupe de l'entretien du foyer, et le *mécanicien*, qui surveille la machine, lui fait prendre l'élan, l'accélère et la ralentit, l'arrête au moyen de certains robinets à portée de sa main. Ouvert, tel conduit laisse pénétrer la vapeur dans les deux corps de pompe, et la locomotive marche; fermé, il suspend l'arrivée de la vapeur, et la locomotive ne chemine plus.

Sur le tender se trouvent aussi les provisions de charbon dont le foyer fait consommation copieuse, et la provision d'eau pour renouveler petit à petit, au moyen de canaux de communication, celle de la chaudière dépensée en vapeurs.

Les voitures suivantes, pour voyageurs ou pour marchandises, se nomment *wagons*, autre expression anglaise. L'ensemble de ces chariots, de la locomotive et de son tender, compose un *train*. Toutes les roues sont en fer et munies d'un rebord qui les maintient sur la ligne à suivre, c'est-à-dire sur la ligne des *rails*. Ce terme de *rail*, anglais lui aussi, désigne de fortes barres de fer disposées bout à bout en deux rangées parallèles et maintenues solidement en place par des *traverses* en bois, que recouvre la pierraille concassée de la voie.

Roulant, sans jamais les quitter, sur ces deux rubans de fer, les roues n'éprouvent pas les heurts, les chocs, les durs frottements inévitables avec les ornières et les cailloux d'une route ordinaire, ce qui augmente de beaucoup la facilité de traction et la rapidité de la marche. Munie de deux lignes de rails, la voie est dite ferrée ou bien *chemin de fer*.

Wagon, tender, rail, autant de locutions anglaises consacrées aujourd'hui par l'usage dans notre propre langue. La première locomotive et le premier chemin de fer ont été construits en Angleterre. En empruntant à nos voisins leur invention, nous leur avons emprunté

aussi les termes usités chez eux. Le mot nous est venu
avec la chose. Nous ne quitterons pas le pays des
wagons, des rails, des tenders, sans faire connaissance
avec Stephenson, qui sut, le premier, construire une locomotive apte à cheminer sur la voie ferrée.

LVII. — Stephenson.

C'est une bien noble vie que celle du père de la locomotive, et l'un des plus beaux exemples de ce que peuvent l'amour de l'instruction et la persévérance dans le
travail. George Stephenson était fils d'un pauvre mineur
des environs de Newcastle[1], la grande cité du charbon,
en Angleterre.

Dans la misérable cabane de sa famille le pain quotidien n'abondait pas ; pour en gagner sa part, il lui
fallut se mettre au travail dès sa plus jeune enfance. Au
point du jour, à l'heure où ceux de son âge dorment
d'un si profond sommeil, il se levait et courait à la mine,
où lui était confiée la conduite de quelques chevaux.

Il eût fallu voir de quel air de grave responsabilité
l'enfant à la chevelure blonde, aux joues roses, toutes
souillées de poussière de charbon, s'acquittait de sa
charge et guidait l'attelage avec un fouet dont sa petite
main pouvait à peine tenir le manche. Le travail était
long et pénible, mais une large paye dédommageait le
laborieux bambin. Il gagnait la somme de deux sous par
jour. C'était pour lui presque une fortune.

Aussi avec quelle joie rentrait-il à la cabane paternelle, riche des deux sous de la journée, et quelle appréhension de perdre d'un moment à l'autre sa place
lucrative ! Quand l'inspecteur du personnel passait, l'enfant se cachait derrière quelque tas de charbon, de
peur qu'en le voyant si petit il ne le trouvât incapable
de gagner son gros salaire et ne le renvoyât.

---

1. Prononcez *Nioucassle.*

Ce malheur lui fut épargné, et il le méritait bien : car si jamais quelqu'un gaspilla les richesses de la compagnie des charbons par des salaires supérieurs au travail, certes ce ne fut pas l'enfant qui, pour deux sous la journée, donnait vaillamment ses forces, son activité, son intelligence.

Cependant, avec quelques années de plus la vigueur était venue, et le premier métier fut abandonné pour un autre. Stephenson avait alors treize ans. Pour sortir le charbon des mines, il était et il est encore d'usage d'établir le long des galeries deux barres parallèles de bois ou de fer, c'est-à-dire des rails, sur lesquels roulent les chariots. C'est le point de départ des chemins de fer d'aujourd'hui.

Eh bien, le mineur de treize ans avait pour charge de pousser hors de la mine les chariots pleins de houille et de les y ramener vides. Il remplissait donc, jusqu'à un certain point, le rôle de la locomotive qu'il devait un jour donner au monde.

Comme consolation en sa rude besogne, Stephenson avait alors un ami dévoué, qui prêtait son concours dans les passages difficiles. Cet ami était un gros chien, qu'il attachait aux wagons pour en obtenir aide.

Quand l'heure du repas était venue, sur un ordre de son maître l'animal partait et allait à la cabane chercher le dîner, qu'il apportait avec une fidélité scrupuleuse. Les deux amis se partageaient la maigre pitance, un pain noir et un hareng sec rôti sur un feu de houille. Un court repos suivait.

Tandis que le chien, couché aux pieds de l'enfant, le caressait de son doux regard, Stephenson, livré à ses pensées, sentait déjà peut-être vaguement éclore en lui le projet de remplacer un jour l'homme par la machine, dans le travail de bête de somme qu'il accomplissait en poussant des chariots sur des rails.

Ses rêves trouvèrent un nouvel aliment dans les fonctions qui lui échurent plus tard. Il fut nommé chauffeur et surveillant de la machine employée à mouvoir les pompes qui mettaient à sec les galeries envahies par les eaux. Le jeune chauffeur ne se lassait pas d'admirer la puissance de l'appareil, dont la structure, l'agencement, le jeu, furent pour lui l'objet d'une étude attentive.

Pour comble de bonheur, il obtint la faveur insigne de nettoyer la machine, et par conséquent d'en démonter et d'en remonter toutes les pièces. Pour ce délicat travail, Stephenson déploya toutes les ressources de sa dextérité et de son intelligence.

L'opération fut si habilement conduite, que désormais on n'eut recours qu'à lui pour les réparations de l'appareil. Sa renommée d'ouvrier adroit et expert s'étendit bientôt à la ronde, si bien que les usines de la contrée se le disputaient pour réparer leurs machines et pour remédier à quelques vices de détail.

Cependant quelques livres lui tombèrent sous les yeux, dépareillés, noircis par les doigts des mineurs. Le désir lui vint d'apprendre à lire. Qui veut bien a bientôt fait. George sut lire. Ce succès en amena un autre : l'écriture.

A vingt ans, dans les intervalles de repos, il apprenait, de l'un de ses camarades, quelques lambeaux d'arithmétique. Le futur ingénieur, on le voit, avait eu le temps de gagner à ses mains les nobles durillons du travail, avant d'acquérir ces précieuses connaissances élémentaires que nous avons le bonheur de posséder dès le premier âge.

Bientôt après George se maria. Il eut un fils nommé Robert, sur lequel se portèrent toutes les tendresses de son âme affectueuse. Le père comprenait trop bien les bienfaits de l'instruction pour abandonner son fils à l'ignorance et le laisser acquérir péniblement, tout seul, à la dérobée, comme il l'avait fait lui-même, quelques misérables éléments de savoir. Il voulut faire donner à Robert une instruction aussi large que possible.

La difficulté n'était pas petite : car, avec son salaire de mineur et d'ouvrier réparant les machines, Stephenson pouvait tout juste nourrir sa famille. Quand le pain quotidien réclame tout l'avoir, comment payer les maîtres chargés de l'éducation de Robert? comment encore se priver du concours de deux bras vigoureux, qui pouvaient

apporter à la cabane paternelle un supplément de gain ?
George n'hésita pas. « Je travaillerai le double, se dit-il ;
le jour pour nous, et la nuit pour Robert. »

Comme occupation nocturne, Stephenson adopta le
raccommodage des montres. Le jour il travaillait aux
mines de charbon ; la nuit venue, à la clarté d'une lampe
fumeuse, il rajustait les vieilles montres des mineurs, ses
camarades. Les mêmes doigts qui dans la journée avaient
manié les rudes et pesants outils propres à l'extraction
de la houille maniaient, le soir, avec une incomparable
adresse, les menus rouages d'une délicate horlogerie.

La majeure partie de la nuit se passait à pareil
travail, et bien des fois, à la première aube, les mineurs
se rendant aux galeries voyaient une lueur briller
derrière la petite fenêtre de la cabane : c'était Stephenson
qui, pour faire instruire son fils, avait oublié de dormir.

Par son application à l'étude et ses rapides progrès,
Robert répondit admirablement aux espérances d'un
père aussi dévoué. Plus tard, dans ses travaux sur la
locomotive et les chemins de fer, George Stephenson
se l'associa, le père apportant sa longue pratique, le fils
ses vastes connaissances. Ce concours de l'expérience et
du savoir eut les plus heureux résultats.

En 1829, des rails en fer, imités de ceux des galeries
des mines, étaient placés sur une route reliant Liverpool à
Manchester. Cette voie ferrée, qui facilitait le mouvement
des roues et permettait des charges plus lourdes, était destinée au service de voitures publiques traînées par des chevaux. Un prix de douze mille cinq cents francs fut proposé
pour la meilleure machine qui remplacerait l'attelage.

Stephenson se souvint de ses rêves faits jadis en compagnie du chien, lorsqu'ils traînaient de concert et péniblement dans les galeries de la mine la file de chariots
pleins de charbon. Il se mit à l'œuvre aidé de son fils,
et présenta au concours la machine de son invention, la
première locomotive, peu différente de celle d'aujour-
d'hui. Le prix lui fut décerné.

Dès lors le voilà fabricant de locomotives, entrepre-

neur de chemins de fer, propriétaire de mines et de
forges nombreuses. Honneurs, richesses, grand renom,
tout lui vint à la fois. Interrogé un jour sur sa carrière,
il répondit :

« On m'appelait autrefois George tout court ; maintenant je suis le chevalier George Stephenson. J'ai partagé
le repas avec les plus misérables mineurs et je me suis
assis à la table des princes ; j'ai passé par la misère la plus
noire ; j'ai dîné bien des fois avec un hareng saur, assis
dans un trou ; j'ai vu les hommes dans toutes les positions, et je suis resté convaincu que si nous avions tous
reçu de l'instruction, il n'y aurait pas une grande différence entre les hommes. »

Robert hérita du noble caractère de son père. Devenu
le premier des ingénieurs de chemin de fer et le plus
important constructeur de locomotives, comblé d'honneurs et de richesses, en possession d'un crédit immense
par ses talents et sa fortune, enfin l'une des sommités
les plus illustres de son pays, Robert Stephenson ne se
glorifiait que d'une chose : c'était d'être le fils du pauvre
ouvrier mineur qui, pour lui faire donner de l'instruction, avait passé tant de nuits à réparer des montres
après les fatigues de la mine pendant le jour.

LVIII. — L'Électricité.

Le sol durci par le gel sonne sous le talon ainsi qu'un
parquet de pierre ; autour des fontaines pendent des
chandelles de glace ; la bise gronde à travers la ramée
appesantie de verglas. Oh ! quelles sont longues les
heures désœuvrées d'une rude journée d'hiver ? Comment
les dépenser ? Comment chasser l'ennui ?

Les jeux dehors ne sont plus de saison. Engourdis
par le froid, les doigts se refusent à lancer la bille, à
rouler la ficelle autour de la toupie. C'est le moment du
coin du feu, c'est le moment d'entourer le poêle qui
ronfle. Le chat est de cet avis : l'œil à demi clos, les

pattes repliées sous la poitrine, il ronronne béatement dans le recoin le plus chaud.

C'est le moment aussi de quelques belles expériences qui exigent, pour bien réussir, un temps très sec. Profitons, pour les faire, de l'âpre sécheresse d'aujourd'hui. Nous y trouverons double profit: nouvelles connaissances pour notre instruction, et amusement qui vaudra bien celui de la bille et de la toupie. Nous ne pourrions mieux utiliser nos loisirs, qui, trop prolongés, amènent l'ennui. A l'œuvre donc!

Il nous faut une courte baguette de verre. Si nous n'avons rien de pareil, contentons-nous d'un morceau de verre quelconque qui puisse être manié facilement, d'un bouchon de carafe, par exemple. Les choses n'iront que mieux si nous disposons en outre d'un bâton de cire d'Espagne, d'un morceau de soufre et de résine. Joignons à cet attirail une pièce de drap de l'ampleur de la main. Le drap de nos habits peut d'ailleurs la remplacer très bien.

Je prends la baguette de verre et le morceau de drap, et je chauffe l'un et l'autre devant le poêle pour les rendre aussi secs qu'il est possible; puis je frotte vivement sur le drap une extrémité de la baguette. Voilà qui est fait. Rien de visible ne s'est passé. Le verre est maintenant, en apparence, tout juste ce qu'il était avant d'être frotté, et néanmoins un étrange changement vient de se produire, comme vous allez le voir.

Répandons sur la table de très petits morceaux de papier, de menus bouts de paille, des parcelles de barbes de plume et autres objets très légers, à notre choix; puis approchons de l'un d'eux, à quelque distance, l'extrémité frottée de la baguette. Aussitôt la parcelle de papier, de paille, de barbe de plume, n'importe, bondit de la table, s'élance et vient se coller au verre.

Voulez-vous rendre ce curieux résultat plus frappant? Avec de la moelle de sureau façonnez une bille de la grosseur d'un tout petit pois, et traversez-la d'un fil que vous fixerez quelque part. Abandonnez à lui-même cette sorte de fil à plomb, qui se tiendra immobile suivant la verticale. Approchez-en alors la baguette frictionnée. La bille de sureau abandonnera sa position de repos et se précipitera sur le verre.

Avec le morceau de soufre ou de résine, avec le bâton de cire d'Espagne, et bien d'autres matières dont je ne

La bande de papier électrisée par la friction.

parlerai pas, vous étant moins connues, vous obtiendriez les mêmes effets : bouts de paille, parcelles de papier, flocons de duvet et autres objets se porteraient sur ces diverses matières frottées contre du drap.

Le papier nous montrera mieux encore. Ayez une belle feuille de papier cloche et pliez-la en deux suivant sa longueur, de façon à obtenir une bande large comme la main. Cette bande, que vous laissez double pour plus

de solidité, vous la chauffez et desséchez devant le feu
du mieux possible; puis, la tenant des deux mains, vous
la frottez vivement sur votre genou, que je suppose
couvert d'un vêtement en drap.

Si l'étoffe était différente, vous tendriez sur le genou
un large morceau de drap, et c'est là-dessus que la friction se ferait. N'oublions pas de dire qu'avant de frotter
il convient, pour bien réussir, de chauffer le drap, afin
de lui enlever toute trace d'humidité. Présentez donc le
genou au foyer. Plus il sera chaud, ainsi que la bande
de papier, et mieux iront les choses.

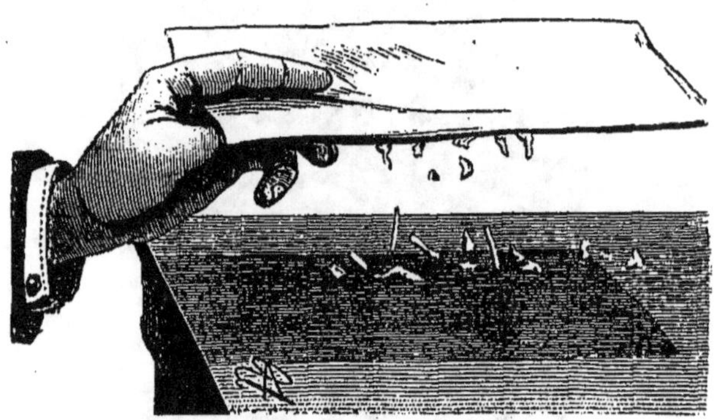

Électrisé, le papier attire les corps légers.

Et maintenant, allez; passez et repassez vivement à
plusieurs reprises la bande sur le genou chaud. Puis
lâchez d'une main la bande et, la tenant de l'autre, pré-
sentez-la à plat au-dessus de parcelles de paille et de
barbes de plume répandues sur la table. Vous verrez ces
menus débris s'animer soudain, venir choquer le papier
avec un cliquetis de petite grêle, retomber, remonter.
Ce sera, pour quelques instants, une danse tumultueuse
entre la table et la bande de papier.

Les parcelles trop lourdes pour un élan jusqu'au
papier, les fétus de paille et les brins de plume trop longs
se dresseront debout et oscilleront sur leur base, hésitant
entre l'ascension et la chute sur le flanc. Enfin en peu de

temps cette folle danse se calmera ; la merveilleuse propriété que le frottement a communiquée au papier se
dissipera, et tout retombera dans le repos. Mais si vous
chauffez et frottez de nouveau, les mêmes faits se repro-
duiront autant de fois que vous le désirerez.

Or notez bien, enfants, que les effets étranges dont
vous venez d'être témoins ne se produisent qu'à une condition indispensable : la friction. Vainement vous pré-
senteriez aux mêmes brins de paille, à la petite bille de
sureau suspendue par un fil, soit le verre, la cire d'Es-

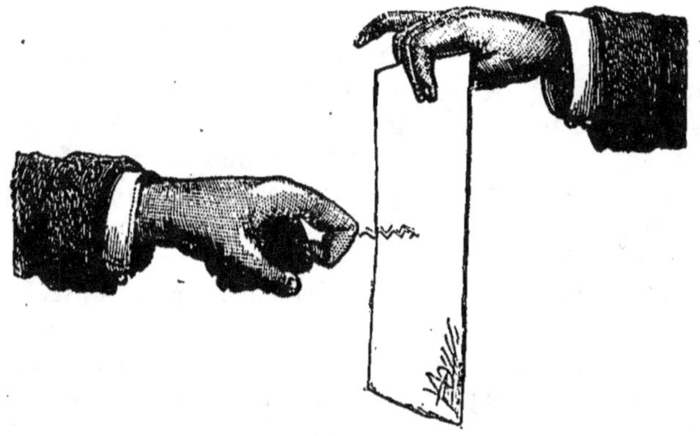

Électrisé, le papier donne une étincelle.

pagne, la résine, soit la bande de papier : rien ne bou-
gerait, rien ne quitterait son immobilité tant que le
frottement n'interviendrait pas.

Ce n'est donc pas là une propriété que le verre, le
soufre, la résine et autres possèdent d'eux-mêmes, en
tout temps, comme ils possèdent leur coloration, leur
poids, leur degré de dureté ; c'est une propriété temporaire, que la friction éveille pour une durée limitée,
habituellement assez courte.

Une fois frottés ainsi qu'il convient, le verre, la résine,
la cire d'Espagne, le soufre, le papier, sont dits *électrisés*. Ils possèdent alors la propriété d'attirer à eux
les menus objets, tels que ceux dont nous avons fait

17.

usage. La cause de cette attraction se nomme *électricité*.

Ici une interrogation vous vient certainement sur les lèvres. Qu'est-ce que l'électricité? Est-ce quelque chose qu'on puisse toucher, manier, peser en kilogrammes? Non, mes amis : l'électricité ne se manie point, ne se pèse à la balance ni ne se mesure au litre. C'est quelque chose d'infiniment subtil, sans rapport aucun avec tout ce qui possède un poids, une forme, un volume. Les mains ne peuvent la saisir; mais du moins il est possible de vous la montrer dans l'une de ses plus frappantes manifestations.

Revenons à la bande de papier frottée sur le genou. Électrisée à point et tenue de la main gauche par un bout, nous la portons rapidement dans un recoin très obscur de la salle, et là nous en approchons, à quelque distance, un objet en métal : l'extrémité d'une clef, par exemple, ou bien tout simplement l'articulation d'un doigt de la main droite fermée. A l'instant un petit éclair se fait, et une blanche étincelle lumineuse jaillit entre le papier et l'articulation. Un léger pétillement l'accompagne.

Ce soudain jet lumineux, cette étincelle si brillante, voilà l'électricité en mouvement, soutirée du papier par l'approche du doigt. C'est magnifique, mais court : à peine la durée d'un clin d'œil. Aussitôt l'étincelle lancée, plus rien : la bande de papier a perdu toute sa charge d'électricité; ni la clef ni l'articulation du doigt n'en soutirent plus de lueurs.

Pour obtenir un second jet lumineux, il faut électriser de nouveau le papier, le chauffer devant le poêle et le frotter sur le genou. Rien n'empêche de recommencer la manœuvre indéfiniment et d'obtenir ainsi, une par une, autant d'étincelles que l'on veut.

Voilà certes un passe-temps dont vous me saurez quelque gré. Tirer un feu d'artifice d'une feuille de papier, n'est-ce pas superbe distraction? Je vous réserve mieux encore, avec le secours du chat qui sommeille en ce moment sous le chaud abri du cendrier.

Retirons-nous dans un coin obscur et prenons le matou

sur les genoux. Puis, comme si nous caressions l'animal,
passons et repassons la main sur la fourrure, tout le long
du dos. Merveille! Voici que sous la douce friction de la
main éclate tout un feu roulant d'étincelles pareilles à
celles que nous donnait le papier!

Mais ici ce n'est pas une par une qu'elles jaillissent,
c'est par douzaines à la fois. Les compter n'est pas possible. La fourrure
de la bête est comme
incendiée de perles
de feu qui craquent
çà et là et d'éclairs
qui pétillent. Et cela
dure tant que nous
voulons, tant que le
permet surtout le
chat, dont la pa-
tience est bientôt
lassée par ce feu dé-
plaisant pour son
échine. N'abusons
pas de lui, lâchons-
le, sinon gare à la
griffe.

Ce ruissellement
d'étincelles, c'est en-
core de l'électricité
que la friction de la

Des étincelles électriques jaillissent de la
fourrure du chat.

main développe sur la fourrure chaude et soyeuse de
l'animal. Nous avons ici exactement ce que nous obte-
nions avec la bande de papier, exactement aussi ce que
nous donnaient le verre, la résine, la cire d'Espagne,
mais en trop faible abondance pour un jet lumineux.

En voilà bien assez pour aujourd'hui. Disons pour terminer que ces magnifiques expériences n'ont de succès
qu'à la condition que le temps soit très sec. Tel est le
motif qui nous a fait choisir une rude journée d'hiver, rendue plus sèche par l'âpre souffle de la bise. Mais toutes

les fois que l'air est d'une sécheresse convenable, ces délassements électriques sont possibles, n'importe la saison.

LIX. — Le Tonnerre.

Tirer des éclairs d'une feuille de papier, faire ruisseler des perles de feu sur le dos d'un chat, c'est là, chacun en conviendra, un amusement non dépourvu de charme ; toutefois, si nos récréations électriques devaient rester simple jeu, sans autre portée que de nous distraire un moment, je me serais fait scrupule de vous en parler. Vous le savez, on ne s'amuse ici que pour s'instruire ; tout divertissement appelle une étude sérieuse. Où donc nous a conduits le feu d'artifice du papier et du matou ? Il nous a conduits tout droit à l'histoire du tonnerre.

A ce mot seul de tonnerre, j'en connais, et plus d'un, que la frayeur saisit. Que serait-ce alors si l'orage éclatait en réalité, avec ses éclairs éblouissants et ses détonations pareilles au bruit de quelque écroulement des cieux ? Affolés de terreur, ils se croiraient perdus. Contre ces puériles craintes, le chat et le papier vont nous aguerrir un peu, en nous apprenant ce que c'est que le tonnerre. Le savoir dissipe l'épouvante ; le péril s'amoindrit lorsque la raison intervient.

Avez-vous jamais regardé en face une nuée orageuse d'où jaillissent par moments de violentes lueurs ? Peut-être non ; le courage vous a manqué. Ce courage, il faut l'avoir un jour. Surmontez des appréhensions que rien ne motive et surveillez d'un œil attentif ce qui va se passer dans l'obscure nuée.

Soudain un ruban de feu sillonne le nuage. Son éclat est plus vif que celui d'une barre de fer chauffée à blanc dans le brasier d'une forge. Malgré soi, on cligne la paupière devant l'éblouissante apparition. Sa forme est irrégulière, sinueuse, fort souvent avec des ramifications dardées çà et là. Sa longueur, dont nous jugeons fort mal à cause de la distance, atteint des centaines de mètres.

Une illumination subite et aveuglante l'accompagne. En un clin d'œil c'est fini. Aussitôt paru, aussitôt disparu.

Peu après nous arrive un bruit intense, tantôt majestueux grondement qui roule d'un nuage à l'autre, tantôt fracas formidable comme n'en produisent pas d'aussi puissant les explosions de l'artillerie. Le roulement

Ce ruban de feu, c'est la foudre.

sonore meurt dans le lointain, puis silence jusqu'à nouvelle apparition du trait de feu.

Voilà donc trois faits qui se succèdent dans un ordre invariable : le ruban de feu, l'illumination subite, le bruit. Le ruban de feu, c'est la *foudre ;* l'illumination, c'est l'*éclair ;* le bruit, c'est le *tonnerre*.

Eh bien, tout cela, nous l'avons en petit, en très petit, dans les expériences que nous venons de faire. Une étincelle brillante s'élance du papier électrisé à l'articulation du doigt. Voilà la foudre. Une soudaine lueur illumine le recoin obscur où nous nous sommes retirés pour provoquer ce jet électrique et mieux le voir. Voilà l'éclair. Un bref claquement se fait entendre, pareil à celui d'un léger coup de fouet. Voilà le tonnerre.

Ah ! certes, avec nos mesquines étincelles nous sommes bien loin des terrifiantes splendeurs de la foudre, tellement loin que nul n'oserait établir entre elles la moindre comparaison si les preuves les plus convaincantes n'affirmaient leur parité de nature. Je vous raconterai bientôt par quels audacieux essais on s'est assuré qu'en jouant avec le dos lumineux du chat, avec la bande de papier électrisée sur le genou, nous jouons réellement avec la substance de la foudre.

Pour le moment, sachons que la foudre est une énorme étincelle électrique, qui jaillit soit entre deux nuages, soit entre un nuage et le sol. Les nuages sont électrisés, absolument comme notre bande de papier. Pourquoi le sont-ils ? Serait-ce en se frottant les uns contre les autres sous la poussée des vents qu'ils se chargent d'électricité ? En aucune manière. Le frottement est un moyen de production de l'électricité, le plus simple, le mieux à notre portée, mais il n'est pas le seul : il y en a une foule d'autres.

Aucun changement ne s'accomplit dans la matière sans que l'électricité survienne, tantôt abondante, s'imposant à notre attention ; tantôt en quantité si faible qu'il faut des instruments d'une délicatesse extrême pour en révéler la présence. C'est ainsi, par exemple, que l'évaporation d'une simple goutte d'eau suffit pour produire de l'électricité. Il y en a si peu, il est vrai, qu'il faut pour la constater les moyens les plus subtils dont la science dispose. Mais l'atome de poussière invisible s'ajoutant à l'atome de poussière forme le grain de sable, qui s'ajoutant à d'autres grains de sable donne le bloc, et le bloc entassé sur le bloc se dresse en montagne. La somme de l'infiniment petit devient l'infiniment grand. Ainsi grossit la charge électrique donnée par l'évaporation sur l'immense étendue des mers. Chaque goutte réduite en vapeur ne donne à peu près

rien; leur ensemble fournit aux orages de quoi suffire
aux plus retentissantes explosions.

Les nuages sont donc électrisés à des degrés divers. Il y
en a de pacifiques; il y en a d'où la foudre est prête à jaillir
si les circonstances s'y prêtent. Or comment sera provo-
quée la décharge électrique? La bande de papier nous
l'apprend. Il suffit d'en approcher à quelque distance l'articulation du doigt, le fer d'une clef ou tout autre objet
pour que l'étincelle, cette foudre en petit, aussitôt éclate.

Les choses ne se passent pas autrement dans un ciel
orageux. Que d'un nuage fortement électrisé un autre se
rapproche, en dessus, en dessous, de côté, et un ruban
de feu serpentera entre les deux dès que le permettra
la distance amoindrie. Ainsi se produisent les traits de
feu que l'on voit sillonner l'espace ténébreux : les nuées
échangent entre elles leurs charges électriques.

Si le sol est plus rapproché du nuage électrisé que ne le
sont les nuages d'alentour, c'est sur le sol que la foudre se
précipitera. La foudre n'a pas le choix, épargnant ceci
pour atteindre cela; elle va au plus près. Essayez avec la
bande de papier. Présentez-lui à la fois deux clefs, l'une
plus près, l'autre plus loin. C'est sur la plus rapprochée
que l'étincelle se portera toujours, jamais sur l'autre.

Quand la foudre tombe, que trouve-t-on au point
atteint? Les uns disent une barre de fer, d'autres des
pierres, d'autres des masses de soufre. Laissez-les dire
et n'en croyez rien. Certes, la foudre laisse des traces de
son passage, trop souvent désastreux; mais enfin elle ne
laisse à terre absolument rien de matériel. Ce que les
naïfs racontent là-dessus n'est qu'un amas de sottises.

Regardez l'articulation de votre doigt où vient de
jaillir l'étincelle du papier électrisé. Qu'y a-t-il au point
atteint? Rien du tout. La grande étincelle des nuages
ne laisse rien non plus après elle, ni soufre enflammé,
ni pierres du tonnerre, ni barre de fer rougie.

Elle ne produit pas moins des effets redoutables. Elle
ébranche les arbres, les fend de la cime à la base; elle
renverse les murailles, fait crouler les cheminées et les

toitures; elle enflamme les meules de paille, met l'incendie dans les habitations; elle blesse grièvement bêtes et gens, leur fait d'atroces brûlures, parfois les tue net.

La pacifique étincelle de notre bande de papier ne ferait guère prévoir cette puissante brutalité de la foudre. Avec un peu d'attention, cependant, nous reconnaîtrions qu'elle n'est pas tout à fait inoffensive. L'articulation du doigt qui la reçoit éprouve un léger picotement, trop faible pour nous donner méfiance. Sur un point plus sensible, au bout du nez, par exemple, la chose commencerait à devenir déplaisante. Essayez et vous verrez.

Avec des instruments bien supérieurs en puissance à notre humble feuille de papier, la science sait produire des étincelles qui mettent le feu aux matières inflammables et font voler en éclats des rondelles de chêne. Provoquées de la main, elles vous secouent avec une rudesse inouïe, qui semble disloquer toute la charpente humaine. Si la charge est plus forte, une brutale commotion vous suffoque ainsi que le ferait un coup violent reçu dans la poitrine; les jarrets fléchissent, et l'imprudent tombe terrassé. Telle étincelle de ces redoutables machines est capable de tuer un bœuf sur-le-champ. C'est presque la puissance de la foudre.

Le ruban de feu, autrement dit l'étincelle électrique qui jaillit entre les nuages et le sol, voilà donc la seule chose à redouter au milieu des fracas d'un orage. Le tonnerre n'est que du bruit. Si violent qu'il soit, il ne nous expose à aucun péril. Il nous fait sursauter de surprise, il nous émeut de ses profonds grondements, mais ses effets ne vont pas au delà. Nous n'avons pas à nous préoccuper de ses retentissantes détonations.

L'éclair n'est que de la lumière. La vive illumination fait tressaillir par sa soudaineté, elle fait cligner les paupières, elle aveugle le regard par les splendeurs de sa clarté; mais de sa part aucun péril non plus. La foudre seule est à craindre. Malheur à qui se trouverait sur son trajet. Elle frappe à l'improviste et avec une telle rapidité, que la personne atteinte n'a pas le temps d'apercevoir l'éclair, et encore moins d'entendre le tonnerre, dont le son nous arrive toujours le dernier. L'éclair vu et, à plus forte raison, le tonnerre entendu, tout danger est passé jusqu'à nouvelle explosion.

S'adonner à une folle terreur lorsqu'il tonne est une honteuse poltronnerie. Nous effrayons-nous de la chute possible d'une tuile sur notre tête lorsque nous circulons dans les rues? Pas le moins du monde. Cependant, tout compte fait, il périt plus de personnes chaque année par des accidents de ce genre que par des coups de foudre. Se cacher dans un appartement reculé, fermer portes et fenêtres, c'est précaution bien inutile, ne diminuant en rien le péril, s'il y en a. Que faire alors pendant un orage? Dans les circonstances ordinaires, rien. Tenez-vous le cœur ferme et laissez tonner.

En certains cas, néanmoins, un peu de prudence est nécessaire. Je vous l'ai dit : la foudre se porte sur les objets les plus rapprochés du nuage orageux, de même que l'étincelle de notre papier électrisé se porte sur la clef la plus voisine quand on en présente plusieurs à la fois. Les cimes des montagnes, les tours, les clochers, les arbres élevés, voilà ce que la foudre frappe habituellement.

Si donc nous nous trouvons en rase campagne pendant un orage, évitons de nous réfugier sous un arbre pour nous garantir de la pluie. Il vaut mille fois mieux recevoir l'averse en plein que de s'exposer à un terrible danger. Si la foudre doit tomber dans le voisinage, ce sera probablement sur cet arbre, surtout s'il est isolé. La plupart des personnes foudroyées sont atteintes sous des arbres où elles avaient cherché refuge contre la pluie. Évitons pareil refuge, dussions-nous être trempés jusqu'aux os. Voilà l'unique précaution à prendre, précaution des plus sérieuses.

LX. — Expériences sur la foudre.

J'ai promis de vous raconter de quelle façon on avait acquis la certitude que la foudre n'est autre chose qu'une grande étincelle électrique. L'heure est venue de vous tenir parole. Biens des chercheurs, d'une téméraire audace, se sont occupés de cette grave question. Je ne parlerai que de l'un d'eux, sinon le premier en date, du moins celui dont les expériences ont été les plus frappantes.

De Romas était un magistrat de Nérac, dans la Guyenne. En 1753, il mit à exécution une idée grandiose, mûrie depuis longtemps : l'idée d'aller provoquer la foudre au sein même des nuages et de l'amener à ses pieds pour l'étudier de près. Son appareil était un simple cerf-volant de papier, semblable à ceux que vous vous amusez à lancer dans les airs. La différence portait sur quelques détails. La tige du milieu, au lieu d'être un roseau, était une baguette de fer pointue. De plus, un menu fil de cuivre fixé à la baguette de fer s'enroulait tout le long de la corde.

Qu'attendre de pareille machine? Le deviner est aisé après ce que vous venez de voir. Si l'on présentait à quelque nuage orageux une tige métallique assez longue pour l'atteindre presque, ne serait-ce pas la même chose que lorsque nous présentons le fer d'une clef à la bande de papier électrisé? Le nuage est la bande de papier, le long fil de cuivre est la clef, et le cerf-volant est la machine qui monte ce fil et le met en présence du nuage.

La foudre prendra le chemin qu'on lui offre. Mais la provoquer de la main en touchant la corde pourrait être imprudence mortelle. De Romas se servait d'un engin spécial appelé *excitateur*, c'est-à-dire d'une tige de fer adaptée à un long manche en verre. Ce manche protège l'expérimentateur, parce que l'électricité ne peut se propager et circuler dans le verre, ce qu'elle fait très aisément dans les matières métalliques. Cela dit, voyons à l'œuvre le courageux magistrat.

Quelques nuées, les premières de l'orage, passent à proximité du cerf-volant, qui plane dans les hauteurs de l'air. De Romas approche l'excitateur de la corde, et une vive lueur jaillit. C'est une éblouissante étincelle qui s'élance, pétille, jette un éclair et se dissipe à l'instant. Voilà la substance de la foudre, voilà l'électricité de l'orage dans la corde du cerf-volant.

Elle est inoffensive encore, à cause de sa faible quantité ; aussi de Romas n'hésite-t-il pas à la faire jaillir avec le doigt. Les spectateurs, enhardis, viennent, à son exemple, provoquer l'explosion électrique. On s'empresse autour de la corde qui recèle le feu du ciel appelé par le génie de l'homme ; chacun veut en tirer des éclairs, chacun veut voir étinceler entre ses doigts la substance foudroyante descendue des nuages.

Qu'en pensez-vous, enfants ? Ne reconnaissez-vous pas là les étincelles tirées de la feuille de papier, les pétillantes perles de feu données par la fourrure du chat ? La foudre et l'électricité ne sont-elles pas même chose ? Ne vous laissez jamais tenter par un semblable cerf-volant. Le péril n'est pas petit, vous allez voir.

Tandis qu'on joue ainsi avec le tonnerre, une étincelle violente atteint tout à coup de Romas et le renverse à demi. L'heure du danger est venue. L'orage s'approche ; d'épais nuages planent au-dessus du cerf-volant. De Romas rappelle toute sa fermeté ; il fait rapidement écarter la foule et reste seul à côté de son appareil, au centre du cercle de spectateurs que l'épouvante commence à gagner.

Alors, à l'aide de l'excitateur, il fait jaillir d'abord de fortes étincelles, puis des lames de feu qui serpentent comme la foudre et éclatent avec fracas. Ces lames mesurent bientôt une longueur de deux à trois mètres. Celui qu'elles atteindraient périrait infailliblement. Un robuste chien est là, victime vouée par l'expérimentateur aux cruelles nécessités de ses recherches. De Romas lui fait éclater sur le front une étincelle, une des moindres, et le pauvre animal tombe mort.

De Romas, qui redoute d'un moment à l'autre quelque accident terrible, fait élargir davantage le cercle des curieux et cesse la périlleuse provocation du feu électrique ; mais, bravant une mort imminente, il continue de près ses redoutables observations, avec le même sang-froid que s'il eût procédé à l'expérience la plus inoffensive. Autour de lui quelque chose bruit comme le souffle continu d'une forge ; une odeur rappelant celle du soufre brûlé règne dans l'air ; la corde du cerf-volant se couvre d'une enveloppe lumineuse et figure un ruban de feu joignant le ciel à la terre.

Quelque longues pailles, gisant par hasard sur le sol, se dressent debout, sautillent, s'élancent vers la corde, retombent, s'élancent encore, et pendant quelques minutes égayent les spectateurs par leur danse désordonnée. Ainsi sautillent, dans votre expérience d'écoliers novices, les barbes de plume entre la table et la bande de papier électrisée. Nouvelle preuve que la substance de la foudre est bien l'électricité.

Soudain, tout le monde pâlit d'effroi : une violente explosion, composée de trois craquements successifs, se fait entendre, et le tonnerre tombe sur la plus longue des pailles. Enfin le cerf-volant redescend. Ceux qui les premiers portent la main sur la corde pour guider la chute de la machine éprouvent une secousse qui les force à tout lâcher précipitamment.

Avec son appareil, mis en action à de nombreuses reprises, de Romas déchargeait les nuées orageuses ; il leur soutirait peu à peu la foudre, qu'il guidait à sa fantaisie et qu'il faisait tomber sur tel ou tel autre point à son choix. Comme les expériences étaient publiques, un tel pouvoir, dont toute la population de Nérac et des environs avait été témoin, ne manqua pas de susciter contre lui les superstitieuses terreurs du vulgaire.

Quand il passait dans les rues, les gens s'écartaient d'effroi à son approche et se le montraient du doigt, disant : « Voilà le sorcier qui tient du malin le pouvoir de faire tomber le tonnerre où bon lui semble. » Dans la campagne, les paysans, les enfants, l'assaillaient à coups de pierre, mais à respectueuse distance, crainte d'être foudroyés.

Ainsi fut récompensé par l'ignorance ce vaillant qui nous donna des notions précises sur la nature de la foudre. La sottise cherchait à lapider l'homme ingénieux qui, par son audace, venait d'enrichir, au grand profit de tous, le trésor de nos connaissances.

LXI. — Le Paratonnerre.

Maintenant que nous connaissons les périlleuses recherches faites par de Romas au moyen d'un cerf-volant
lancé vers les nuages orageux, expérimentons nous-
mêmes encore une fois sur l'électricité d'une bande de
papier frottée. Ici, pas le moindre péril. La nouvelle
étude n'en sera pas moins fructueuse : elle nous apprendra comment on parvient à préserver les édifices de la
foudre.

Rappelons d'abord à notre souvenir le peu que nous
avons appris. La bande de papier, au préalable chauffée
devant le feu, puis vivement frottée sur le génou, est
tenue d'une main par un bout, dans un recoin obscur,
tandis qu'on lui présente, à une petite distance, l'articulation d'un doigt de l'autre main. Aussitôt une étincelle
jaillit entre le papier et l'articulation. Voilà l'expérience
telle que nous l'avons pratiquée jusqu'à présent.

Aujourd'hui nous allons opérer d'une autre façon.
Ayons une aiguille à coudre, un peu longue et bien
pointue. Présentons-la par sa pointe à la bande électrisée,
sans toucher le papier de l'extrémité de l'aiguille, bien
entendu. Vous vous attendriez, sans doute, à voir jaillir
une étincelle, comme il en jaillit une à l'approche du
bout d'une clef. L'acier de l'aiguille et le fer de la clef
devraient, ce semble, se comporter de même.

Oui, en tant que métaux, le fer et l'acier sont aptes,
aussi bien l'un que l'autre, à provoquer l'apparition de
l'étincelle ; mais la forme, dans les deux cas, est très
différente. Le bout de la clef est obtus, arrondi ; l'extrémité de l'aiguille est pointue. Cela suffit pour changer
complètement les résultats. Voyez, en effet.

A l'approche de l'aiguille, aucune étincelle n'apparaît,
absolument aucune. Pourtant le papier avait été électrisé avec soin, et nous en aurions obtenu à coup sûr
une superbe étincelle soit avec la clef soit avec l'articu-

lation du doigt. Rien ne jaillit, vous dis-je. Est-ce que la pointe d'acier serait sans effet sur la charge électrique ? Détrompez-vous : elle a un effet, mais bien différent de celui qu'il était tout naturel d'attendre.

Cette aiguille dont vous venez de présenter un moment la pointe à la feuille de papier, mettez-la de côté et présentez alors à la bande l'articulation du doigt. Nouvelle surprise ! La bande, qui n'a rien perdu, semblerait-il, puisqu'elle n'a pas encore donné de jet électrique, ne lance pas la moindre étincelle sur le doigt. Elle n'en lance pas davantage sur une clef ; elle n'attire plus les menus débris de paille épars sur la table.

Bref, elle ne se comporte pas autrement que le premier morceau de papier venu, non frotté sur le genou.

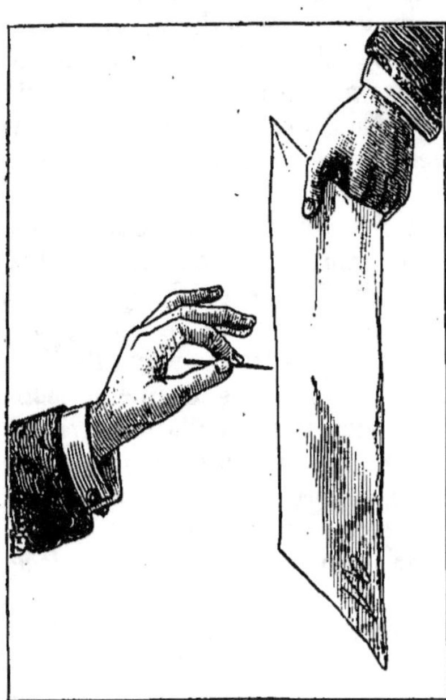

Le papier électrisé perd sa charge à l'approche d'une pointe de métal.

Avant l'approche de la pointe de l'aiguille, notre bande était électrisée et propre à donner une étincelle ; après l'approche de cette pointe, elle n'est plus électrisée, elle n'est plus capable de fournir une étincelle, bien qu'il ne se soit rien passé d'appréciable au regard.

Que vient de nous apprendre l'aiguille ? Elle vient de nous montrer qu'une pointe métallique a la propriété d'enlever, par sa seule approche, la charge d'un objet électrisé. Elle désarme, pour ainsi dire, cet objet ; elle lui fait perdre doucement, sans bruit, sa puissance explosive ; elle le ramène, enfin, à l'état non électrisé. Avant l'intervention de la pointe d'acier tenue à quelque distance, la bande de papier était électrisée et pouvait foudroyer le doigt présenté, c'est-à-dire lui lancer une étincelle ; après sa courte intervention, l'électricité s'est dissipée et l'étincelle n'est plus possible.

Il n'y a pas loin de notre aiguille au paratonnerre, le merveilleux appareil qui défend les édifices de la foudre. Au point le plus élevé de la tour, du clocher, du monument, de l'habitation qu'il s'agit de protéger, se dresse une longue barre de fer pointue. De la base de cette barre part un conducteur, c'est-à-dire une tringle en fer qui, fixée à la toiture

Le Paratonnerre.

et aux murs par des crampons, descend jusqu'à terre, où elle plonge, en s'y ramifiant en plusieurs branches, soit dans un puits, soit dans un sol humide. Voilà le paratonnerre.

Un nuage orageux vient à passer à proximité, capable de foudroyer l'édifice si des précautions n'étaient prises. Qu'adviendra-t-il avec le paratonnerre ? Exactement ce que nous a montré notre modeste expérience. Le nuage orageux est en grand la bande de papier avec sa charge électrique ; la barre de fer pointue est l'aiguille.

Ce nuage, planant au-dessus du paratonnerre, perdra
son pouvoir foudroyant et deviendra inoffensif, de la
même façon que le papier perd son électricité en face
de l'aiguille. Emporté par les vents, il passera outre sans
explosion. A notre insu, tout pacifiquement, sans fracas,
la longue barre de fer nous aura préservés de la foudre.

C'est ainsi que les choses se passent habituellement.
Le paratonnerre agit sans nous montrer son action. Mais
il peut se faire que la charge électrique du nuage soit
trop forte pour que la pointe de fer puisse l'anéantir à
temps. Alors la foudre tombe sur le paratonnerre,
comme étant l'objet le plus rapproché du nuage. De plus,
la dangereuse étincelle suit la tige de métal et le conducteur également en fer, parce que de toutes les matières
ce sont les métaux qui fournissent à l'électricité la voie
la plus facile. La foudre est ainsi conduite dans les eaux
d'un puits, dans la terre d'un sol humide, où elle se dissipe sans produire de dégâts.

L'invention du paratonnerre est due à Benjamin Franklin, né à Boston, dans l'Amérique du Nord, en 1706.
Le futur vainqueur de la foudre était le plus jeune de
dix-sept enfants ; aussi trouva-t-il dans la maison de son
père, pauvre fabricant de chandelles et de savon, tout
juste les ressources nécessaires pour apprendre à lire, à
écrire et à compter.

A dix ans, il est retiré de l'école et occupé à de menus
services dans la maison. Il coupe des mèches pour les
chandelles et remplit les moules de suif fondu ; il sert
les acheteurs à la boutique paternelle et fait les commis-
sions. Son travail lui vaut quelques sous pour s'acheter
des livres. Tourmenté du besoin d'apprendre, il met
toutes ses petites économies en livres, qu'il achète volume par volume, pour les revendre, une fois lus, et
avec l'argent s'en procurer d'autres.

Après avoir essayé d'en faire un coutelier, son père,
qui ne savait quel métier lui donner, songea à le mettre
en apprentissage dans une imprimerie. L'enfant fut ravi
de la proposition: là du moins il trouverait des livres

autant qu'il en voudrait. Son frère Jacques, imprimeur
à Boston, le prit pour apprenti.

Des livres lui sont prêtés, un à un, chaque soir. Il
passe les nuits à les lire, car le lendemain le travail de
l'atelier lui laisse à peine quelques moments de liberté.
Ces moments, si courts qu'ils soient, ne sont pas perdus.

Franklin.

Pendant que son frère et les ouvriers vont prendre leur
repas, il reste à l'imprimerie, dîne à la hâte d'un morceau de pain, de quelques fruits et d'un verre d'eau et
reprend jusqu'à leur retour ses lectures. C'est ainsi qu'il
fit son instruction, sans ordre, au hasard, suivant les
ouvrages qui lui tombaient entre les mains.

Quand il se crut l'intelligence suffisamment meublée
d'idées et d'expressions, le jeune apprenti s'essaya dans

l'art difficile d'écrire. Un matin, veillant bien à ce que personne ne le vît, il glissa une composition de sa plume sous la porte de l'imprimerie. Son frère aperçut le papier, lut l'article et le trouva digne du journal qu'il publiait. Le morceau parut imprimé et valut des éloges à son auteur inconnu.

Entendant ces éloges, le jeune Franklin contint sa joie pour ne pas se trahir, et composa en cachette un second article, qui eut l'heureux sort du premier. Après quelques essais semblables, il s'avoua comme l'auteur des écrits que, de temps à autre, à l'ouverture matinale de l'atelier, on trouvait sous la porte de l'imprimerie. Enchanté d'un tel collaborateur, son frère se l'associa comme rédacteur du journal. Franklin avait alors seize ans.

Plus tard se montre chez lui une aptitude étonnante pour les recherches concernant l'électricité. Son instruction scientifique est nulle encore ; n'importe : il apprendra. Il manque d'instruments, et ses ressources pécuniaires sont trop modestes pour lui permettre de s'en procurer ; ce n'est pas là pour lui une difficulté sérieuse : il en fabriquera.

Le voilà donc constructeur d'appareils à son usage, tour à tour verrier, fondeur, menuisier, tourneur en métaux et en bois, suppléant par l'étonnante dextérité de ses mains à l'imperfection de ses outils. Un bon ouvrier, disait-il, doit au besoin savoir raboter avec une scie et scier avec un rabot. Et c'est ce qui lui arrivait bien des fois, le manque de ressources le mettant dans l'obligation d'employer le même outil à des usages divers pour lesquels il n'était pas fait.

Ainsi se firent avec de petits moyens de grandes découvertes, parmi lesquelles celle du paratonnerre occupe le premier rang. Le bon vouloir, dit-on, vient à bout de tout. Franklin en est un frappant exemple. Par son zèle au travail et sa passion d'apprendre, le petit coupeur de mèches de chandelle devint l'un des hommes les plus honorés de son pays et de son siècle.

LXII. Le Télégraphe électrique. — Le Téléphone.

Faire descendre la foudre à ses pieds pour l'explorer de près, c'est ce que Franklin entreprit le premier, avec un cerf-volant formé d'un mouchoir de soie tendu sur deux baguettes croisées. De Romas vint après, avec les formidables expériences que je vous ai racontées. Un résultat superbe était obtenu : on connaissait désormais la nature de la foudre, on savait d'où proviennent le tonnerre et l'éclair.

Connaître, c'est bien beau, mais ce n'est pas assez. Il faut encore utiliser à notre avantage le peu que nous savons. Or quel avantage attendre de la foudre ? Aucun, ce semble. Tout ce que l'on peut désirer, c'est de se préserver de ses terribles atteintes. Ce désir est satisfait : nous avons la barre pointue de Franklin, le paratonnerre, qui rend inoffensive la nuée foudroyante. Obtiendrons-nous mieux encore ? Certes, oui, car chaque succès amène d'autres succès.

De la substance de la foudre, la brutale ennemie cause de tant de terreurs, la science est parvenue à faire une amie, une ouvrière incomparable que nous chargeons des travaux les plus délicats et les plus merveilleux. Ce qui foudroie, ce qui fait gronder le tonnerre est devenu, de découverte en découverte, un serviteur docile propre à tous les métiers.

Mais ce n'est pas dans les nuées orageuses que se recueille l'électricité destinée au travail : le moyen serait trop dangereux, et d'ailleurs non utilisable en tout temps. Bien d'autres manières permettent de l'obtenir sans recourir à la foudre. Vous connaissez déjà les effets du frottement, qui électrise la bande de papier et la fourrure du chat. Je vous ai dit un mot en passant des effets de l'évaporation, qui fournit aux nuées l'électricité des orages. Sans entrer dans des détails trop difficiles pour votre âge, je vous mentionnerai un troisième moyen.

Certains liquides d'une violence extrême, appelés *aci-
des*, ont la propriété de ronger les métaux et de les dissoudre aussi aisément que l'eau ordinaire dissout le
sucre et le sel de cuisine. Eh bien, si l'on fait dissoudre
un métal, notamment le zinc, dans un acide, la corrosion
de ce métal produit de l'électricité ne différant en rien
de celle des nuages, de celles du chat et de la bande de
papier.

L'engin propre à donner de la sorte une source continuelle d'électricité se nomme *pile*. Il y a là, rangés avec
méthode, des vases contenant le liquide corrosif, des
lames de zinc attaquées par ce liquide, des lames de
cuivre recueillant l'électricité développée. N'insistons pas
davantage ; le peu que je vous en dis suffit pour aujour-
d'hui.

Or, que fait-on faire à l'électricité fournie par la pile ?
Une foule de choses, et des plus extraordinaires. On la
charge, entre autres fonctions, de transmettre la pensée
à l'instant même, à n'importe quelle distance, serait-ce
au bout du monde. Vous voulez, je suppose, donner de
vos nouvelles à un ami qui se trouve à l'autre extrémité
de la France, ou plus loin même, en pays étranger, à
quelques mille lieues de vous ? A quel courrier confier la
dépêche pour la remettre aussitôt et aussitôt revenir
avec une réponse ? Il n'y en a pas d'assez rapide, dispo-
sât-il de l'essor de l'hirondelle ou de l'impétuosité des
vents.

Je me trompe : il y en a un capable de ce prodige, un
seul. C'est l'électricité cheminant dans un fil de métal.
Imaginez un fil métallique, un gros fil de fer, par exemple, qui s'enroulerait sur la boule du monde et en ferait
une douzaine de fois le tour. Pour parcourir d'un bout
à l'autre ce fil immense, mesurant douze fois le circuit de la terre ou douze fois dix mille lieues, il faudrait à l'électricité environ une seconde, la soixantième
partie d'une minute, guère plus que la durée d'un clin
d'œil.

Que pensez-vous de pareil messager ? Est-ce que pour

lui les distances comptent ? Le rapproché et l'éloigné lui
sont indifférents. Aller chez le voisin ou courir de Paris
à Marseille, d'Europe en Amérique, pour sa vitesse c'est
tout un. Voilà l'incomparable messager que met à notre
service le *télégraphe électrique*.

Fils télégraphiques le long d'une voie ferrée.

Sur les côtés des routes, le long des voies ferrées
surtout, se dressent de distance en distance des poteaux
qui servent de support à de gros fils de fer. Ces fils conduisent l'électricité qu'une pile fournit à chacun d'eux.
Ainsi fonctionnait le fil de cuivre qui, intercalé dans le
cordon de chanvre du cerf-volant, amenait des nuages

jusqu'à terre l'électricité de la foudre expérimentée par de Romas.

Au moyen de l'un de ces fils tendu sans interruption aucune entre deux villes, aussi éloignées l'une de l'autre que nous le voudrons, il nous est possible de faire parvenir à l'instant même dans la seconde ville l'électricité produite dans la première.

Qui nous empêche alors de faire jaillir à Bordeaux, par exemple, une étincelle dont l'origine première est à Paris ou ailleurs ; qui nous empêche d'en faire jaillir deux, trois, quatre, autant que nous en voudrons? Il nous suffira, au point de départ, ou Paris, de lancer une, deux, trois, quatre fois dans le fil l'électricité dont la source inépuisable est à notre disposition. Aussitôt partie, l'électricité atteindra le point d'arrivée, Bordeaux, et donnera chaque fois une étincelle.

Qui nous empêche enfin de faire signifier à une seule étincelle la lettre A, à deux la lettre B, à trois la lettre C, et ainsi de suite? N'aurons-nous pas ainsi un alphabet de convention qui nous permettra de traduire notre pensée en signaux aussitôt aperçus que donnés, dussent-ils franchir les plus longues distances?

Là se réduirait la télégraphie électrique la plus facile à comprendre, mais non la plus simple dans la pratique. En réalité, pour abréger les signaux et obtenir rapidité plus grande, on procède autrement. Essayons d'entrevoir la méthode usitée.

A l'une des extrémités du fil est la personne qui envoie la dépêche ; à l'autre est la personne qui doit la recevoir. La première dispose d'une pile dont elle peut, à son gré, lancer ou ne pas lancer l'électricité dans le fil conducteur. Un outillage très simple permet cette double manœuvre. Si le fil est mis en communication avec la pile, l'électricité passe ; si la communication est interrompue, l'électricité ne passe plus. En outre, la durée du passage est, à volonté, plus longue ou plus courte suivant la durée de la mise en communication.

A l'autre bout du fil, la personne recevant la dépêche a sous les yeux une longue bandelette de papier qui lentement se déroule, et un poinçon mis en mouvement par l'électricité chaque fois qu'elle arrive. Si le passage électrique est de .courte durée, le poinçon s'abaisse, applique son extrémité sur le papier et y trace un point ; si le passage est de durée plus longue, le poinçon abaissé applique plus longtemps son extrémité sur le papier et y trace cette fois un trait ou courte barre. Et c'est tout. Un point et un trait convenable-ment combinés suffisent pour représenter tous les caractères de l'alphabet, tous les signes or-thographiques, tous les chiffres.

Un seul point, si vous le voulez, sera la lettre A, deux points seront la lettre B. Un trait seul représentera C, deux représen-teront D. Un point et un trait équivaudront à E, un trait et un point équivaudront à F. Deux signes ne suffisant plus, pre-nons-en trois, points ou traits ; puis quatre, ou davantage ; nous obtiendrons de la sorte autant de signes qu'il en faut pour la dépêche la plus complexe.

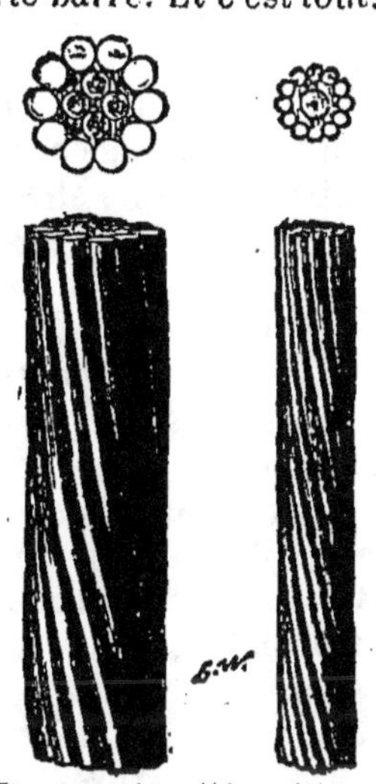

Structure des câbles télégra-phiques sous-marins.

Ainsi se trace sur le ruban de papier une longue ligne de traits et de points groupés en diverses manières, dont chacune a sa signification propre. Pour une personne étrangère à ce mystérieux alpha-bet, c'est griffonnage indéchiffrable ; pour une personne exercée, cela se lit aussi couramment que l'écriture ordi-naire.

La mer, avec les immensités de son étendue et les abîmes de sa profondeur, n'est pas un obstacle à la trans-mission télégraphique. D'un continent à l'autre, sur des mille lieues de longueur parfois, reposent au fond des

mers des câbles formés au dehors de cordons tordus,
au dedans d'un ou de plusieurs fils métalliques que protège contre l'eau la robuste enveloppe de chanvre. L'électricité circule dans ces conducteurs sous-marins comme
dans les fils télégraphiques ordinaires.

N'est-ce pas admirable, enfants, que de pouvoir transmettre en quelques instants sa pensée d'une partie du
monde à l'autre à travers les abîmes océaniques? Là où
les monstrueux poissons des mers n'osent plus descendre, le génie de l'homme place des câbles où voyage sa
pensée.

On fait mieux encore. A la faveur de l'électricité et
d'un fil métallique conducteur, on sait aujourd'hui transmettre la parole elle-même. La parole est cueillie pour
ainsi dire sur nos lèvres et transportée à l'instant même
à des distances énormes où ne pourraient se faire entendre les plus retentissants éclats du tonnerre. Ces merveilleux résultats sont obtenus avec le *téléphone*.

Placées chacune à l'un des bouts du fil conducteur de
cet appareil, fil semblable à celui du télégraphe, deux
personnes causent entre elles d'une ville à l'autre, d'un
pays à l'autre, comme elles causeraient étant face à face.
La voix est transmise avec tous ses caractères : timbre,
inflexion, accent, syllabes rapides ou traînantes, rien n'y
manque; si bien que l'ami reconnaît l'ami lui parlant
à cent lieues de là. C'est à peine croyable : entendre ici,
de ses propres oreilles entendre qui vous parle de si
loin, rien néanmoins de plus vrai.

On n'en finirait pas s'il fallait énumérer tous les services que nous rend l'électricité. Encore un, et pas plus.
Que connaissions-nous, il n'y a pas bien longtemps,
comme moyens d'éclairage? D'abord la lampe fumeuse
alimentée d'huile, et la puante chandelle, puis la bougie
sans odeur, le gaz à large flamme brillante, le pétrole,
d'emploi si économique. Enfin l'idée est venue d'utiliser
l'électricité, dont la lumière est pareille à celle de
l'éclair.

Aujourd'hui dans les grandes villes se dressent sur

les places publiques d'élégants candélabres où ne brûle
ni huile, ni pétrole, ni gaz, et d'où rayonne une blanche lumière presque comparable à celle du plein jour.
Cette lumière est fournie par l'électricité que certaines
machines à rotation rapide engendrent dans un établis-
sement spécial et que des fils souterrains conduisent
jusqu'aux candélabres. Ce qui donne à la foudre son
éclair nous sert de luminaire.

LXIII. — Le Son.

Donnez un léger coup à un verre à pied. Le verre tinte;
il rend un son, plus faible ou plus nourri, plus grave ou
plus aigu, suivant la qualité de sa matière et l'ampleur
de ses dimensions. Cela dure un moment, puis le verre
se tait. Recommencez, et tandis que le son dure encore,
appliquez le doigt sur le bord du verre. A l'instant, plus
rien; silence complet. Pourquoi le verre résonne-t-il par
un choc? pourquoi cesse-t-il de résonner quand le doigt
le touche? Avant de répondre, essayons d'autres objets
sonores.

Une corde de violon résonne, soit frottée par un coup
d'archet, soit pincée du bout des doigts. Tout le temps
qu'elle chante, on la voit animée d'un trémoussement
rapide. Son va-et-vient est si prompt, qu'elle semble occuper à la fois tout l'espace compris entre ses positions
extrêmes, ce qui la fait paraître renflée en son milieu, à
la façon d'un fuseau. Elle se tait lorsque le trémoussement cesse. Elle se tait encore, et soudainement, pour peu
qu'on la presse du doigt.

D'un coup de son battant, une cloche sonne. En l'exa-
minant alors de près, on voit ses flancs agités d'un tremblement très vif. La main appliquée sur le bronze éprouve
une sensation désagréable, presque douloureuse, provo-
quée par le frémissement du métal. Enfin, si la main
persiste dans son contact, la cloche cesse de frémir et à
l'instant ne donne plus de son.

Faisons mieux encore. Du verre qui tinte, de la cloche qui résonne approchons, à une très courte distance, la tête d'une épingle. Nous entendrons un roulement de chocs très rapides. D'où proviennent-ils, ces chocs? Du verre et de la cloche, venant heurter l'épingle à coups précipités, tant que le son se fait entendre; ils proviennent du vif ébranlement de l'objet sonore.

Recourir à d'autres exemples est inutile; ces trois suffisent. Ils nous montrent que, pour rendre un son, un verre, une cloche, une corde de violon et tout autre objet doivent être animés d'un vif tremblement ou va-et-vient très rapide. Le son se continue tant que l'objet d'où il provient s'agite; il cesse dès que cet objet retombe au repos. Voilà pourquoi le verre ne tinte plus et la corde de violon ne chante plus lorsqu'on les touche du doigt; pourquoi la cloche ne résonne plus lorsqu'on applique la main sur ses flancs. Le contact du doigt et de la main étouffent, arrêtent le frémissement sonore; et cela suf-fît pour qu'aussitôt il n'y ait plus de son. L'agitation donne le son, le repos amène le silence.

Le va-et-vient ou tremblement cause du son se nomme *vibrations*. Un objet qui résonne est en vibration : il *vibre*. Chacune de ses allées et venues, trop promptes pour être suivies du regard, est une vibration. Plus les vibrations sont rapides, plus le son est aigu : plus elles sont lentes et plus le son est grave. En somme, le son est du mouve-ment, à rapidité plus grande à mesure que le son est plus élevé.

Pour être entendu, ce son, ce mouvement, doit arriver jusqu'à nous. La main le connaît à sa manière quand, appliquée sur la cloche vibrante, elle éprouve un fré-missement fort désagréable à supporter; le doigt le con-naît à sa manière lorsque, appuyé sur la corde de violon, il se sent chatouiller. Mais comment fait l'oreille, éloi-gnée de l'objet sonore et sans communication avec lui, à ce qu'il semble?

Ici je vous convie à une récréation bien connue de vous tous. Sur une grande nappe d'eau tranquille laissons tomber une pierre. Autour du point où la pierre a plongé, à l'instant un rond se forme, puis un autre, un autre encore, un quatrième, un cinquième, indéfiniment; et tous ces ronds, issus du même centre, réguliers comme si le compas les avait tracés, courent, de plus en plus grands, à la suite l'un de l'autre, pour aller se dissiper fort au loin si la nappe d'eau est vaste.

Ces ronds courent-ils en réalité à la surface de l'eau? On le dirait vraiment. Vous rappelez-vous comme ils cheminent vite l'un derrière l'autre ? Ils semblent pressés de rattraper chacun celui qui le précède. Mais ils fuient de plus en plus larges, et les distances mutuelles se conservent les mêmes. Eh bien, non : ils ne se poursuivent pas, ils ne cheminent pas réellement; ils nous trompent le regard par des apparences dont nous aurons facilement raison.

Jetons sur l'eau un brin de paille, une feuille sèche. Quand un de ces ronds passe, sous forme d'onde ou de petite vague, la paille est soulevée. Puis, l'onde se portant plus loin, la paille baisse un peu et reste exactement au même endroit. L'eau ne se déplace donc point, car si elle courait elle entraînerait la paille avec elle.

Que sont alors ces ondes? De simples palpitations de l'eau qui, sans changer de place, se soulève un peu puis s'affaisse tour à tour, et produit de la sorte une succession de petites vagues et de sillons alternatifs qui semblent se poursuivre. Lorsque le vent souffle, regardez un champ de blé haut de tige. La surface de la moisson serpente, ondule en vagues qui paraissent cheminer, bien que les chaumes restent fixés chacun au même point du terrain. Pareil est le mouvement de l'eau que la chute d'une pierre ride en cercles concentriques.

Les ronds sur l'eau et les ondulations de la moisson nous expliquent le son. Tout objet rendant un son est en vibration rapide. Dans chacune de ses vibrations il choque l'air environnant, et de ce choc résulte dans l'air une onde, qui se propage tout à l'entour, immédiatement suivie d'une seconde, d'une troisième et d'une foule d'autres produites par les vibrations suivantes.

Il arrive dans l'air choqué par le corps vibrant ce que nous montrent la nappe d'eau tranquille ébranlée par la chute d'une pierre et la surface de la moisson ébranlée par le souffle du vent. Sans changer de place, l'air s'anime d'un mouvement ondulatoire qui se transmet de proche en proche à de grandes distances. En un mot, il se produit des ondes aériennes qui se propagent dans tous les sens à la fois dans la masse de l'air, et prennent ainsi la forme non plus de ronds, mais bien de sphères concentriques.

Ces ondes aériennes, nous ne pouvons les voir, parce que l'air lui-même est invisible. Elles n'en sont pas moins réelles, tout aussi réelles que les ondulations de l'eau et de la moisson. Si l'œil ne peut les apercevoir, l'oreille les entend, car c'est d'elles que provient le son. Aussi les appelle-t-on *ondes sonores*. L'oreille entend quand lui arrivent les ondes sonores, dont le point de départ est un objet en vibration.

LXIV. Le Son (SUITE).

S'il n'y avait pas d'air autour de nous, en vain vibreraient la cloche, le verre, la corde de violon; nous n'entendrions rien, aucun son n'étant produit. Le silence régnerait au milieu des plus puissantes causes de bruit; nous resterions sourds aux violentes détonations du tonnerre. Et pourquoi cela? Parce qu'en l'absence de l'air, les ondes sonores n'étant plus possibles, l'oreille ne recevrait pas ce qui la fait entendre. Vous faut-il une preuve de ce silence résultant du manque d'air? La voici.

Au centre d'un ample ballon de verre est suspendue par un fil une clochette. Ce ballon est muni d'un robinet qui permet d'interrompre ou de rétablir la communication entre l'intérieur et l'extérieur. Au début il est plein d'air, comme l'est naturellement tout vase que nous qualifions de vide. Secouons-le pour agiter la clo-chette : nous entendrons celle-ci tinter, l'air du ballon transmettant au dehors ses ondes sonores. Nous l'entendrons même si le robinet est fermé, parce que le mouvement ondulatoire de l'air intérieur se propagera à travers le verre dans l'air extérieur.

Maintenant, à l'aide d'une pompe spéciale, dite *machine pneumatique,* on enlève l'air du ballon. Vous dire comment fonctionne cette pompe nous entraînerait trop loin et serait d'ailleurs trop difficile pour vous. Passons. Voilà, dis-je, le ballon vidé de tout l'air qu'il contenait. Son robinet est fermé pour empêcher l'air du dehors d'entrer.

En cet état, le ballon peut être secoué tant que nous le voudrons : nous verrons la clochette se balancer en tous sens, son battant osciller et choquer le métal ; mais de son, plus, absolument plus. Et pourtant la clochette vibre, c'est tout clair, puisque le battant la frappe ; mais ses vibrations sont muettes, parce qu'elles n'engendrent plus d'ondes sonores en l'absence de l'air. On ouvre le robi-

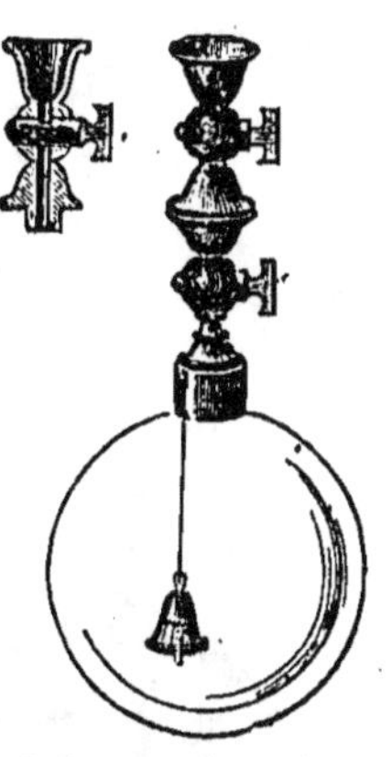

La clochette ne s'entend plus tinter lorsque l'air est retiré du ballon.

net. L'air du dehors entre, le ballon s'emplit et le tintement de la clochette s'entend comme au début. C'est reconnu : avec de l'air, le son ; sans air, le silence.

Revenons encore un peu aux ronds que la chute d'une pierre fait naître à la surface d'une nappe d'eau tranquille. Ces ronds, ces ondes, nous les voyons progresser au loin ; leur vitesse est assez modérée pour que le regard puisse les suivre. Si le désir nous en prenait, nous pourrions, avec un peu d'adresse et une montre marquant les secondes, reconnaître le temps que l'une d'elles met pour aller de tel point à tel autre et savoir ainsi le chemin qu'elle parcourt en une seconde. Les ondes

sonores se propagent d'une façon semblable; le son chemine. Quelle distance franchit-il par seconde? Ce serait
fort curieux à voir. Essayons cette recherche.

Vous êtes, je suppose, en face d'un clocher, à quelque
distance, au moment où une cloche est mise en branle.
Vous voyez la cloche tourner, vous voyez même le battant heurter le bronze. A l'instant même du choc le son

La machine pneumatique.

se produit, et cependant vous n'entendez rien encore.
Le son vous arrive un peu plus tard, alors que la cloche
tourne déjà pour le choc suivant. D'où vient que l'œil a
déjà vu lorsque l'oreille n'a pas encore entendu?

L'œil est averti par la lumière et l'oreille par les ondes
sonores. Or la lumière chemine avec une rapidité excessive, pour laquelle ne sont rien les plus grandes distances
terrestres. Telle se comporte l'électricité cheminant dans
un fil de métal. Nous voyons donc le battant frapper la

cloche à l'instant même où le choc se fait, car partir et arriver sont tout un pour la vitesse de la lumière.

C'est bien différent pour les ondes sonores. Elles se propagent plus vite que les ronds sur l'eau, mais encore leur faut-il un temps appréciable pour parvenir jusqu'à nous. Aussi sont-elles en retard sur l'instant précis du choc du battant, et d'autant plus en retard que le chemin à parcourir est plus long.

Vous regardez de loin un chasseur qui va tirer sur un gibier. Attentifs, vous surveillez la décharge avec cet intérêt que votre âge prend au moindre pinson abattu du haut de sa branche. Le coup part. Vous en voyez à la fois l'éclair et la fumée, mais le bruit de l'explosion ne vous arrive qu'un peu de temps après. Même explication que pour la cloche. La lumière, d'une rapidité sans pareille, nous montre l'éclair et la fumée aussitôt que la décharge se produit; les ondes sonores, à propagation relativement lente, nous apportent plus tard le bruit de l'explosion.

On voit le battant heurter le bronze.

Admettons qu'il s'écoule tout juste une seconde entre l'instant où l'éclair de l'inflammation de la poudre est vu et celui où le bruit du coup de fusil nous arrive. Si l'on mesure la distance qui nous sépare du chasseur, on trouvera trois cent quarante mètres. Le son a donc mis une seconde pour franchir cette longueur. Par des moyens semblables on a reconnu que tout son, faible ou fort, grave ou aigu, produit de telle façon ou de telle autre, se propage dans l'air toujours avec la même vitesse et y parcourt trois cent quarante mètres par seconde.

Arrêtons-nous un moment sur une curieuse application de ce que nous venons d'apprendre. Nous nous proposons de savoir à quelle distance éclate la foudre dont nous voyons l'éclair et entendons le tonnerre. Si la lumière de l'éclair et le bruit du tonnerre nous arrivent à la fois, l'explosion électrique s'est produite tout près de nous, puisque le son, malgré sa lenteur relative, n'éprouve pas le retard que lui donnerait la distance. Mais habituellement le tonnerre gronde après que l'éclair a lui. Cela signifie que le lieu de l'explosion est éloigné.

Pour juger de son éloignement il nous suffira de savoir combien il s'écoule de secondes entre l'apparition de l'éclair et les premiers éclats du tonnerre. Si nous n'avons pas de montre à secondes, chose fort rare dans notre gousset d'écolier, comptons simplement un... deux... trois... quatre, etc., sans nous presser, sans y mettre non plus trop de lenteur. Nous aurons ainsi assez exactement le temps écoulé.

Maintenant, attention! Surveillons la nuée orageuse. L'éclair brille. Comptons. Un... deux... trois... dix... onze... douze. Ah! Le tonnerre s'entend. C'est fini. Il s'est écoulé douze secondes entre l'éclair et le tonnerre. Le son, pour nous venir, a mis douze secondes. Nous sommes donc éloignés du lieu de l'explosion de douze fois trois cent quarante mètres, ou bien de quatre kilomètres environ. Qu'en dites-vous? N'est-ce pas très simple? Comme, avec un peu de savoir, il est aisé de tourner des difficultés qui paraissaient d'abord insurmontables! Voilà que pour mesurer le degré d'éloignement de la foudre, il nous suffit de compter un... deux... trois...

Les ronds sur l'eau ont encore quelque chose de fort intéressant à nous apprendre. Revenons-y. La nappe d'eau, celle d'un bassin, par exemple, est barrée par un mur qui lui sert d'enceinte. Regardons bien ce qui se passe au contact de ce mur. Les ondes produites par la chute d'une pierre s'y acheminent, toujours plus grandes, et viennent l'atteindre l'une après l'autre. Aussitôt le mur touché, elles reviennent en arrière ; tout en conservant leur forme circulaire et leur mutuelle distance, elles cheminent en sens inverse de leur première direction.

La surface de l'eau est alors ridée par deux séries d'ondes, les unes allant au mur et les autres en revenant : et ces ondes, de direction opposée, se croisent entre elles sans se troubler, sans se confondre. Pour désigner ce changement de direction on dit que les ondes se *réfléchissent* sur le mur. Celles qui vont au mur sont les ondes *directes;* celles qui en reviennent sont les ondes *réfléchies.*

En face d'une muraille, d'un rocher ou de tout autre obstacle leur barrant le chemin, les ondes sonores se comportent exactement comme les ronds sur l'eau : elles se réfléchissent sur cet obstacle et reviennent en arrière. De là deux sons entendus au même endroit, à quelque intervalle l'un de l'autre. Le premier est donné par les ondes directes, le second est donné par les ondes réfléchies. Ce dernier son prend le nom d'*écho.*

Lorsque désormais vous entendrez votre voix répétée au loin, comme par un malicieux moqueur, vous saurez que cette répétition est l'effet d'un obstacle, muraille, rocher ou autre arrêt, qui vous renvoie les ondes sonores en les réfléchissant. Vous avez d'abord entendu les ondes que votre voix a directement produites ; vous avez entendu après celles que l'obstacle a renvoyées vers vous.

LXV. — La Lumière.

Le langage, plus vieux que le savoir, abonde en expressions dont l'exacte valeur n'est pas toujours conforme à la réalité des faits. On a parlé avant d'observer, et le mot consacré par l'usage s'est trouvé parfois démenti quand est venue l'étude précise des choses. Nous disons, par exemple, *jeter les regards* sur un objet pour signifier que nous regardons cet objet.

En réalité, lorsque nous regardons, jetons-nous des

regards ? Les yeux lancent-ils des rayons visuels qui vont au loin prendre information des choses vues ? Ce qui nous fait voir s'échappe-t-il de nos prunelles ? L'expression usitée semblerait le dire. Ne l'entendons pas ainsi : ce serait une erreur grossière.

Dans la vision rien ne part de nos yeux; tout y vient, au contraire, de la chose vue. Nos prunelles n'envoient pas, elles reçoivent. Nous ne lançons pas nos regards, mais nous les dirigeons vers les objets, c'est-à-dire nous ouvrons les yeux du côté de ces objets pour en recevoir ce qui nous les montre.

Et que recevons-nous ainsi ? Nous recevons de la *lumière,* qui, partie de la chose vue, nous en donne connaissance en pénétrant [au fond de nos yeux. La porte d'entrée de l'envoi lumineux est cet orifice qui se montre en avant de l'œil sous forme d'une tache ronde et noire. On la nomme *prunelle.*

La lumière nous avertit des objets situés à distance à peu près comme la chaleur nous annonce la présence d'un foyer, comme le son nous donne avis de la cloche qui tinte. La chaleur vient du foyer et non de nous; le son vient de la cloche et non de nous. La lumière, cause de la vision, vient de ce qui est vu et non de nous.

Nous disons encore *ténèbres palpables* pour signifier obscurité profonde. Palpable se dit de toute chose pouvant se toucher. A la rigueur, l'air, quoique très subtil, mérite la qualification de palpable, car il suffit d'agiter la main pour sentir son contact, doux comme un léger souffle. Le nuage et le brouillard, grossiers amas de vapeurs, la méritent encore mieux. En est-il de même des ténèbres ? Peut-on les comparer à une sorte de brouillard qui s'épaissit en nous dérobant la vue des objets ou s'éclaircit en nous rendant le jour ? Résultent-elles d'une substance matérielle, palpable, formant autour de nous un voile obscur ?

Non : les ténèbres ne sont jamais palpables; elles ne s'épaississent pas à la façon d'un brouillard, car elles ne sont rien, absolument rien du tout qu'un mot pour désigner l'absence de la lumière. Elles n'ont pas d'existence propre ; où elles règnent il n'y a rien en plus, mais il y a la lumière en moins. Elles sont à l'égard de la lumière ce que le silence est à l'égard du son.

Le son est vraiment une réalité, avec ses ondes aériennes qui cheminent du corps sonore à notre oreille. La lumière, elle aussi, est une réalité. Avec une vitesse incomparable, elle chemine de l'objet lumineux à nos yeux. Que le corps sonore cesse de vibrer, que le corps lumineux cesse de luire, et voilà d'une part le silence, d'autre part les ténèbres, en somme deux néants.

Tout objet, pour être visible, doit envoyer de la lumière. S'il n'en envoie pas, il est par cela même invisible, quel que soit le perfectionnement de l'œil. De même toute cloche qui ne résonne pas ne peut s'entendre, si fine que soit l'ouïe. Pas de lumière, pas de vision possible ; pas d'ondes sonores, pas d'audition possible.

On dit pourtant que certains animaux, le chat en particulier, sont capables de voir dans l'obscurité la plus complète. Si tel est votre avis, détrompez-vous : aucun animal ne peut voir lorsque la lumière manque totalement.

Le chat a sur nous, il est vrai, un avantage : ses grands yeux, dont il peut rétrécir et fermer presque la prunelle quand il se trouve exposé à une vive lumière qui l'offusquerait par son abondance, ou l'agrandir pour recevoir en plus grande quantité les faibles clartés d'un endroit obscur ; ses grands yeux, dis-je, lui permettent de se guider en des lieux où, pour une autre vue moins bien avantagée, ne règnent que des ténèbres impénétrables.

Mais ce sont, en réalité, d'incomplètes ténèbres, où le chat trouve le peu de lumière qui lui suffit. Si la lumière faisait totalement défaut, l'animal ouvrirait en vain de grands yeux ; il n'y verrait plus, ce qui s'appelle plus ; et pour se guider il devrait recourir aux longs poils de sa moustache ainsi que l'aveugle a recours à son bâton.

Voulez-vous voir comment s'y prend le chat pour régler l'entrée de la lumière dans ses yeux ? Observez-le

au soleil. Vous verrez la prunelle réduite à une étroite
fente et semblable à une ligne noire. Pour ne pas être
ébloui par la trop grande clarté, l'animal a fermé le passage à la lumière; il a clos la prunelle tout en laissant
les paupières écartées. Portez le chat à l'ombre. La fente
des yeux s'élargit et devient un ovale. Mettez-le dans une
demi-obscurité. L'ouverture ovale se dilate jusqu'à devenir un rond, et ce rond s'agrandit de plus en plus à
mesure que la clarté est plus faible.

A la faveur de ses prunelles, qui s'ouvrent énormes et
peuvent ainsi recueillir encore un peu de lumière là où
pour les autres règne une obscurité profonde, le chat peut
donc se guider dans les ténèbres et chasser de nuit encore
mieux qu'en plein jour, invisible qu'il est aux souris tandis qu'il les voit suffisamment lui-même.

Le fer chauffé à blanc pour être battu sur l'enclume
illumine le noir atelier du forgeron; de sa flamme, la
lampe éclaire l'intérieur de nos habitations pendant la
nuit. Toute matière suffisamment chaude, comme la
flamme de la lampe, comme le fer sortant de la forge,
est une source de lumière. Le soleil est le flambeau du
monde, la radieuse fournaise qui donne lumière, chaleur
et animation à tout ce qui vit.

C'est un globe de feu un million et demi de fois environ plus gros que la terre. Son énorme distance, trente
millions de lieues et plus, le réduit, pour nos regards, à
un rond d'une paire d'empans d'ampleur, car un objet
nous paraît d'autant plus petit qu'il est plus éloigné. Tout
amoindri qu'il est par l'immense éloignement, il n'en reste
pas moins pour nous le souverain foyer des splendeurs
lumineuses. Qui s'aviserait de le regarder en face, aussitôt ébloui baisserait forcément la paupière.

Les étoiles, dont nul ne sait le nombre tant il y en a,
sont autant de soleils comparables au nôtre pour l'éclat
et pour la grandeur; mais leur éloignement est si prodigieux que ces astres colosses ressemblent à des points
brillants. La plupart même restent invisibles sans le secours des meilleurs instruments de l'astronome. Ces so-

leils lointains éclairent d'autres mondes et ne participent presque en rien à l'illumination de la terre.

Seul notre soleil est pour notre monde le distributeur de la lumière. Partout où ses rayons pénètrent il y a le jour; partout où ils ne pénètrent pas règne l'obscurité, la nuit.

Éclairés par le soleil, les objets renvoient dans tous les sens ou réfléchissent la lumière qui les atteint, à peu près comme l'obstacle d'un mur ou d'un rocher réfléchit les ondes aériennes cause du son. Arrivant à nos yeux, cette lumière réfléchie nous donne la vision de ce qui nous entoure, par une sorte d'écho lumineux comparable à l'écho sonore. L'objet illuminé devient ainsi un foyer de lumière, mais un foyer d'emprunt, ne brillant que de lueurs étrangères.

Nous en avons dans les cieux un superbe exemple. Par elle-même, la lune n'est pas lumineuse. C'est un astre obscur qui s'illumine en réfléchissant la lumière venue du soleil. Sa moitié faisant face au soleil est éclairée, l'autre est ténébreuse. D'après les positions respectives de la terre, du soleil et de la lune, celle-ci tourne vers nous à certaines époques toute sa moitié éclairée, et alors la lune est pleine; plus tard une partie seulement de cette moitié, ce qui nous montre la lune sous l'aspect d'un croissant; enfin la moitié que n'atteignent pas les rayons du soleil, et pour le moment la lune est invisible, quoique située dans notre ciel. Si elle brillait d'elle-même, la lune n'aurait pas ces aspects changeants; elle nous apparaîtrait toujours, ainsi que le fait le soleil, sous la forme d'un invariable rond lumineux.

En arrière de tout obstacle arrêtant la lumière il y a l'*ombre*. Mettez la main devant la lampe qui éclaire vos veillées. Sur le mur opposé se dessinera une image obscure, l'ombre de votre main. Pareillement, en plein soleil, fait tache sur le sol l'ombre d'un arbre, d'un mur, d'une habitation. Qu'est-ce donc que l'ombre? C'est l'étendue où la lumière n'arrive pas, arrêtée qu'elle est par un obstacle.

Sous le couvert d'un arbre, au pied d'une muraille, à l'abri d'un rocher, les rayons du soleil ne peuvent parvenir; mais il y pénètre toujours la lumière réfléchie par les objets voisins, eux-mêmes directement éclairés. De là résulte un terme moyen entre le plein jour et la nuit totale, une demi-obscurité qui se changerait en ténèbres sans le concours des lueurs réfléchies par le voisinage où donne le soleil. C'est une ombre incomplète. Où ne pénétrerait aucune lueur réfléchie, l'ombre serait nuit noire.

FIN

TABLE DES MATIÈRES

SOCIÉTÉ ANONYME D'IMPRIMERIE DE VILLEFRANCHE-DE-ROUERGUE
Jules Bardoux, Directeur.

www.ingramcontent.com/pod-product-compliance
Lightning Source LLC
LaVergne TN
LVHW050309060726
842525LV00002B/470